电工电子实验教学示范中心实验教材系列

电工电子线路实验教程

唐小华　尚建荣　主编

王　利　徐静萍　巩艳华
刘智芳　张亚婷　弓　楠　编

科学出版社

北京

内 容 简 介

电工电子线路实验在内容要求上和电工电子技术理论教学紧密相关，两者密切配合。通过实验，学生可以在亲身实践中加深对课程的理解，巩固课堂学习的理论知识，并运用概念去分析实验现象和解释实际问题。本书以此为目的，紧密围绕教学大纲而编写，内容由浅入深，从仪器仪表使用、元器件常识到实验课题，主要包括6章：第1章介绍了电工电子实验基础知识；第2章介绍了信号源、示波器的原理及使用方法；第3章介绍了Multisim10的使用与基本操作；第4章和第5章分别设计了电路分析基础实验和模拟电路实验；第6章设计了综合实验课题。

本书在设计电路分析实验和模拟电子线路实验的基础上，介绍了Multisim10软件的使用。内容循序渐进，能激发学生的主动性和创新性。

本书可以作为大学本科和专科通信类、电子电气类、控制类等专业的实验教材，也可供相关领域的工程技术人员参考。

图书在版编目(CIP)数据

电工电子线路实验教程/唐小华，尚建荣主编；王利等编. —北京：科学出版社，2011.6

(电工电子实验教学示范中心实验教材系列)

ISBN 978-7-03-031578-6

Ⅰ.①电… Ⅱ.①唐…②尚…③王… Ⅲ.①电子电路-实验-高等学校-教材 Ⅳ.①TN710-33

中国版本图书馆CIP数据核字(2011)第113434号

责任编辑：贾瑞娜 张丽花/责任校对：郑金红

责任印制：张克忠/封面设计：迷底书装

科学出版社 出版

北京东黄城根北街16号

邮政编码：100717

http://www.sciencep.com

铭浩彩色印装有限公司 印刷

科学出版社发行 各地新华书店经销

*

2011年6月第 一 版 开本：720×1000 1/16

2018年1月第四次印刷 印张：13 1/4

字数：260 000

定价：29.00元

《电工电子线路实验教程》编委会

主　编　唐小华　尚建荣

编　委　罗朝霞　郑　艳　郝建国　师亚莉　王载阳

杨怿菲　田　磊　房向荣　刘立新　田玉良

郭　华　杨　乐　杨　宏　常淑娟　丁鹏飞

张　琦　高　敏　张薇薇

编　审　阴亚芳　毛永毅　刘继红

前　言

电子技术是高等工科院校通信类、电子电气类、控制类各专业实践性很强的专业技术基础课程。为了培养高素质的专业技术人才，在理论教学的同时，必须十分重视和加强实践性教学环节，在实践教学中可以培养学生的实验能力、动手能力、独立分析和解决问题的能力、创造性思维能力及理论联系实际的能力。实践证明，该实践环节能拓宽学生的知识面，也能系统地对学生进行电子电路设计的工程实践训练，为后续的课程设计、电子竞赛、毕业设计等打下了良好的基础。

本书为切合西安邮电学院电工电子实验教学部"陕西省省级教学示范中心"发展，结合西安邮电学院教学改革项目"基于电工电子线路实验'三位一体'的教学改革及创新实践"的研究成果而编写。内容包括电工电子线路实验基础知识、常用仪器仪表使用方法、电路仿真软件 Multisim10 介绍、电路分析基础实验、模拟电子线路实验、综合设计实验知识。在实验的安排上既考虑到与理论教学保持同步，又注重学生实际工程设计能力的培养，减少了验证性实验，增加了设计性和综合性实验，给学生留下更多的发展个性创新的空间。为了保证实验的良好效果，增加了实验预习部分。在实验题目的设计上，紧扣教学大纲和教学内容，从基础层面、提高层面、综合设计层面出发设计了大量的实验题目。教材第 4～6 章里，均有围绕理论教学课程所设计的基础实验，还设计了理论课学习完以后的综合性实验，以适合不同教学条件的学校使用。

全书由唐小华主编，尚建荣副主编。具体分工如下：唐小华编写了第 5 章的实验 2～5；尚建荣编写了第 4 章的实验 1～8、第 5 章的实验 5～12 和第 6 章的 6.1 节；王利编写了第 1 章和第 4 章的实验 7～15；徐静萍编写了第 3 章；徐静萍和张亚婷编写了第 5 章的实验 1；巩艳华编写了第 2 章；刘智芳、巩艳华、弓楠编写了第 6 章 6.2 节。

全书由毛永毅教授主审，西安邮电学院电子工程学院阴亚芳教授和刘继红副教授在百忙之中审阅了全书，西安邮电学院电工电子实验中心教学部的杨怿菲、张亚婷、刘智芳及其他各位老师也对本书提出了许多宝贵的建议，在此谨向他们致以衷心的感谢。

由于编者水平有限，书中难免有不妥之处，敬请读者批评指正。

作　者

2011 年 4 月

目　录

第1章　电工电子线路实验基础知识

1.1　电工电子线路实验的意义、地位和要求

1.1.1　电工电子线路实验的意义和地位

电子技术是电类专业的一门重要技术基础课，课程的显著特征之一是它的实践性。实验是理论教学的深化和补充，具有较强的实践性。在理论教学的同时开设实验，使理论与实际有机地联系起来，让学生接受系统实验方法和实验技能训练，培养学生理论联系实际的能力，是培养科学实验能力的基础。要想很好地掌握电子技术，除了要掌握基本器件的原理、电子电路的基本组成及分析方法外，还要掌握电子器件及基本电路的应用技术，因而实验课已成为电子技术教学中的重要环节之一。学生通过实验，能正确使用仪器设备；了解电子元器件；掌握测试原理和方法；掌握电子技术基本的测量技术及基本调试方法；进一步巩固和加深对电子电路基本知识的理解，提高综合运用所学知识、独立设计电路的能力；能独立撰写设计说明，准确分析实验结果，撰写实验报告。学生通过实际操作，能培养独立思考、独立分析和独立实验的能力；能够利用所学理论知识分析实验中所遇到的实际问题；掌握实际操作中的基本故障检测方法；培养学生综合应用所学理论知识进行小规模电路设计及装调的能力。

1.1.2　电工电子实验的要求

通过电子电路实验课，学生在实验技能方面应达到以下要求：

(1)正确使用万用表、示波器、信号发生器、直流稳压稳流电源等常用的仪器仪表。

(2)根据各个实验要求，正确设计电路，选择实验设备和器件，学会按电路图连接实验电路，要求做到连线正确、布局合理、测试方便。

(3)正确地运用实验手段来验证一些定理和理论。

(4)能够读懂基本电子电路图，具有一定的分析电路作用或功能的能力。

(5)能查阅和利用技术资料，合理选用电子元器件并具有设计、组装、调试基本电子电路的能力。

(6)能够认真观察和分析实验现象，运用正确的实验手段，采集实验数据，绘制图表、曲线，科学地分析实验结果，正确书写实验报告。

1.2 常用电子元器件基础知识

1.2.1 电阻和电位器

电阻是所有电子电路中使用最多的元件。电阻的主要物理特征是变电能为热能,也可说它是一个耗能元件,电流经过它就产生内能。电阻在电路中通常起分压分流的作用。对信号来说,交流与直流信号都可以通过电阻。

电阻都有一定的阻值,它代表这个电阻对电流流动阻挡力的大小。电阻的单位是欧姆,用符号“Ω”表示。欧姆是这样定义的:当在一个电阻器的两端加上1V的电压时,如果在这个电阻器中有1A的电流通过,则这个电阻器的阻值为1Ω。除了欧姆外,电阻的单位还有千欧(kΩ),兆欧(MΩ)等,其换算关系为:1MΩ=1000kΩ,1kΩ=1000Ω。

1. 电阻器的分类

按阻值特性分为:固定电阻、可调电阻、特种电阻(敏感电阻)。不能调节阻值的,我们称之为固定电阻;而可以调节的,我们称之为可调电阻,常见的如调节收音机音量的电阻。

按制造材料分为:碳膜电阻、金属膜电阻、线绕电阻等。

按安装方式分为:插件电阻、贴片电阻。

2. 电阻和电位器的型号命名法

国产电阻器的型号由四部分组成(不适用于敏感电阻)。

第一部分:主称,用字母表示,表示产品的名字。第二部分:材料,用字母表示,表示电阻体用什么材料组成。第三部分:分类,一般用数字表示,个别类型用字母表示。第四部分:序号,用数字表示,表示同类产品中不同品种,以区分产品的外形尺寸和性能指标等。具体表示如表1.1所示。

表1.1 国产电阻器的型号命名

第一部分		第二部分		第三部分		第四部分
主称		材料		分类		序号
符号	意义	符号	意义	符号	意义	
R	电阻	T	碳膜	1、2	普通	包括:
W	电位器	H	合成碳膜有机	3	超高频	额定功率、
		S	有机实心	4	高阻	阻值、
		N	无机实心	5	高温	允许偏差、
		J	金属膜	6	精密	精度等级
		Y	氧化膜	7	精密	
		C	沉积膜	8	高压	
		I	玻璃釉膜	9	特殊	
		X	线绕	G	高功率	
				T	可调	

例如:RT11型普通碳膜电阻。

3.电阻的主要参数

(1)标称阻值:标称在电阻器上的电阻值称为标称值,单位:Ω,kΩ,MΩ。标称值是根据国家制定的标准系列标注的,不是生产者任意标定的。不是所有阻值的电阻器都存在标称阻值。

标称阻值系列如表1.2所示,任何固定电阻器的阻值都应符合表中所列数值乘以$10^n\Omega$,n为整数。

表1.2 标称阻值系列

1.0、1.1、1.2、1.3、1.5、1.6、1.8
2.0、2.2、2.4、2.7
3.0、3.3、3.6、3.9
4.3、4.7
5.1、5.6
6.2、6.8
7.5
8.2
9.1

(2)允许误差:电阻器的实际阻值对于标称值的最大允许偏差范围称为允许误差。它表示电阻器的精度,允许误差与精度等级关系如表1.3所示。

线绕电位器的允许误差一般小于±10%,非线绕电位器允许误差一般小于±20%。

(3)额定功率:在正常的大气压力90～106.6kPa及环境温度为－55～＋70℃的条件下,电阻器长期工作所允许耗散的最大功率。

表1.3 允许误差与精度等级关系

级别	0.05	0.1	0.2	Ⅰ	Ⅱ	Ⅲ
允许误差	±0.5%	±1%	±2%	±5%	±10%	±20%

线绕电阻器额定功率系列为(W):1/20、1/8、1/4、1/2、1、2、4、8、10、16、25、40、50、75、100、150、250、500。

非线绕电阻器额定功率系列为(W):1/20、1/8、1/4、1/2、1、2、5、10、25、50、100。

(4)额定电压:由阻值和额定功率换算出的电压。

(5)最高工作电压:允许的最大连续工作电压。在低气压工作时,最高工作电压较低。

(6)温度系数:温度每变化1℃所引起的电阻值的相对变化。温度系数越小,电阻的稳定性越好。阻值随温度升高而增大的为正温度系数,反之为负温度系数。

(7)老化系数:电阻器在额定功率长期负荷下,阻值相对变化的百分数,它是表示电阻器寿命长短的参数。

(8)电压系数:在规定的电压范围内,电压每变化1V,电阻器的相对变化量。

(9)噪声:产生于电阻器中的一种不规则的电压起伏,包括热噪声和电流噪声两部分。热噪声是由于导体内部不规则的电子自由运动,使导体任意两点的电压不规则变化。

4. 电阻的阻值和误差的标示方法

(1)直标法:用数字和单位符号在电阻器表面标出阻值,其允许误差直接用百分数表示,若电阻上未注偏差,则均为±20%。例如:5.1kΩ,5%。

(2)文字符号法:用阿拉伯数字和文字符号两者有规律的组合来表示标称阻值,其允许偏差也用文字符号表示。符号前面的数字表示整数阻值,后面的数字依次表示第一位小数阻值和第二位小数阻值。例如:0.1Ω=Ω1=0R1,3.3Ω=3Ω3=3R3,3k3=3.3kΩ。

表示允许误差的文字符号:

文字符号	D	F	G	J	K	M
允许偏差	±0.5%	±1%	±2%	±5%	±10%	±20%

(3)数码法:在电阻器上用三位数码表示标称值的标志方法。数码从左到右,前两位为有效值,第三位为指数,即零的个数,单位为Ω。偏差通常采用文字符号表示。

(4)色标法:用不同颜色的带或点在电阻器表面标出标称阻值和允许偏差。国外电阻大部分采用色标法。色环颜色的意义如表1.4所示。

表1.4 色环颜色的意义

色环	棕	红	橙	黄	绿	蓝	紫	灰	白	黑	金	银
表示数字	1	2	3	4	5	6	7	8	9	0		
表示乘方	10^1	10^2	10^3	10^4	10^5	10^6	10^7	10^8	10^9	10^0	10^{-1}	10^{-2}
表示误差	±1%	±2%			±0.5%	±0.2%	±0.1%				±5%	±10%
	F	G			D	C	B				J	K

当电阻为四环时,前两位为有效数字,第三位为乘方数,第四位为误差。当电阻为五环时,最后一环与前面四环距离较大,前三位为有效数字,第四位为乘方数,第五位为偏差。实物图如图1.1所示。

贴片电阻如图1.2所示,它的标注方法为:前两位表示有效数,第三位表示有效值后加零的个数。0~10Ω带小数点电阻值表示为XRX,RXX。例如:102=1kΩ,103=10kΩ,2R2=2.2Ω。

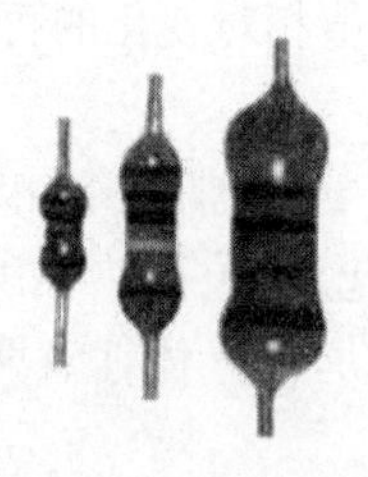

图1.1 常用的色环电阻

图1.2 贴片电阻

5. 电位器

电位器是阻值在一定范围内连续可调的电子元件。电位器是一种机电元件，它靠电刷在电阻体上的滑动，取得与电刷位移成一定关系的输出电压。

常用电位器如图 1.3 所示。R_{12}是固定的电阻值，在电位器上会标示，如 103 表示 $R_{12}=10\times1000=10\text{k}\Omega$。转动电位器上的螺丝改变 R_{13}和 R_{23}的值，但始终保持 $R_{12}=R_{13}+R_{23}$。接入电路时，只需将 1、3 端子或者 2、3 端子接入即可实现可变电阻。

图 1.4 所示也是一种电位器。

图 1.3 常用电位器

图 1.4 电位器

1.2.2 电容

电容是表征电容器容纳电荷本领的物理量。我们把电容器的两极板间的电势差增加 1V 所需的电量，叫做电容器的电容。电容器从物理学上讲，它是一种静态电荷存储介质，就像一只水桶一样，你可以把电荷充存进去，在没有放电回路的情况下，不考虑介质漏电自放电效应（电解电容比较明显，可能电荷会永久存在，这是它的特征），它的用途较广，是电子、电力领域中不可缺少的电子元件。主要用于电源滤波、信号滤波、信号耦合、调谐、隔直流等电路中。电容的符号是 C。在国际单位制里，电容的单位是法拉，简称法，符号是 F，常用的电容单位有毫法（mF）、微法（μF）、纳法（nF）和皮法（pF）等，换算关系是：

1 法拉（F）=1000 毫法（mF）=1000000 微法（μF）；

1 微法（μF）=1000 纳法（nF）=1000000 皮法（pF）。

1. 电容的分类

按照电容的材质及特点其分类如表 1.5 所示。

另外，按照安装方式，可分为贴片电容和直插电容；按其结构，可分为固定电容、可变电容和微调电容三种。

表1.5 电容的分类

1. 名称:聚酯(涤纶)电容 符号:(CL) 电容量:40pF～4μF 额定电压:63～630V 主要特点:小体积,大容量,耐热耐湿,稳定性差 应用:对稳定性和损耗要求不高的低频电路	2. 名称:聚苯乙烯电容 符号:(CB) 电容量:10pF～1μF 额定电压:100V～30kV 主要特点:稳定,低损耗,体积较大 应用:对稳定性和损耗要求较高的电路
3. 名称:聚丙烯电容 符号:(CBB) 电容量:1000pF～10μF 额定电压:63～2000V 主要特点:性能与聚苯电容相似但体积小,稳定性略差 应用:代替大部分聚苯或云母电容,用于要求较高的电路	4. 名称:云母电容 符号:(CY) 电容量:10pF～0.1μF 额定电压:100V～7kV 主要特点:高稳定性,高可靠性,温度系数小 应用:高频振荡,脉冲等要求较高的电路
5. 名称:高频瓷介电容 符号:(CC) 电容量:1～6800pF 额定电压:63～500V 主要特点:高频损耗小,稳定性好 应用:高频电路	6. 名称:低频瓷介电容 符号:(CT) 电容量:10pF～4.7μF 额定电压:50～100V 主要特点:体积小,价廉,损耗大,稳定性差 应用:要求不高的低频电路
7. 名称:玻璃釉电容 符号:(CI) 电容量:10pF～0.1μF 额定电压:63～400V 主要特点:稳定性较好,损耗小,耐高温(200℃) 应用:脉冲、耦合、旁路等电路	8. 名称:铝电解电容 符号:(CD) 电容量:0.47pF～10000μF 额定电压:6.3～450V 主要特点:体积小,容量大,损耗大,漏电大 应用:电源滤波,低频耦合,去耦,旁路等
9. 名称:钽电解电容 符号:(CA) 电容量:0.1pF～1000μF 额定电压:6.3～125V 主要特点:损耗、漏电小于铝电解电容 应用:在要求高的电路中代替铝电解电容	10. 名称:空气介质可变电容器 可变电容量:100～1500pF 主要特点:损耗小,效率高;可根据要求制成直线式、直线波长式、直线频率式及对数式等 应用:电子仪器,广播电视设备等
11. 名称:薄膜介质可变电容器 可变电容量:15～550pF 主要特点:体积小,重量轻,损耗比空气介质电容的大 应用:通信,广播接收机等	12. 名称:薄膜介质微调电容器 可变电容量:1～29pF 主要特点:损耗较大,体积小 应用:收录机,电子仪器等电路作电路补偿
13. 名称:陶瓷介质微调电容器 可变电容量:0.3～22pF 主要特点:损耗较小,体积较小 应用:精密调谐的高频振荡回路	14. 名称:独石电容 容量范围:0.5pF～1mF 耐压:二倍额定电压 主要特点:电容量大、体积小、可靠性高、电容量稳定,耐高温耐湿性好等 应用:广泛应用于电子精密仪器。各种小型电子设备作谐振、耦合、滤波、旁路

2. 电容器型号命名法

国产电容器的型号一般由四部分组成(不适用于压敏、可变、真空电容器)。第一部分:主称,用字母表示,电容器用C表示。第二部分:材料,用字母表示。第三部分:分类,一般用数字表示,个别用字母表示。第四部分:序号,用数字表示。具体如表1.6所示。

表1.6 国产电容器的型号

第一部分		第二部分		第三部分		第四部分
主称		材料		分类		序号
符号	意义	符号	意义	符号	意义	
C	电容器	C	瓷介	1、2	普通	包括:
		I	玻璃釉	3	超高频	品种
		O	玻璃膜	4	高阻	尺寸代号
		Y	云母	5	高温	温度特性
		V	云母纸	6	精密	直流工作电压
		Z	纸介	7	精密	标称值
		J	金属化纸	8	高压	容许误差
		B	聚苯乙烯	9	特殊	标准代号
		F	聚四氟乙烯	G	高功率	
		L	涤纶(聚酯)	T	可调	
		S	聚碳酸酯			
		Q	漆膜			
		H	纸膜复合			
		D	铝电解			
		A	胆电解			
		G	金属电解			
		N	铌电解			
		T	钛电解			
		M	压敏			
		E	其他材料电解			

3. 电容器主要特性参数

1)标称电容量

标称电容量是标志在电容器上的“名义”电容量。目前我国采用的固定式标称电容量系列是E_{24}、E_{12}、E_{6}。

2)允许误差

允许误差是实际电容量对于标称电容量的最大允许偏差范围。固定电容器的允许误差分为8级,如表1.7所示。

表1.7 电容器的允许误差

级别	0.1	0.2	Ⅰ	Ⅱ	Ⅲ	Ⅳ	Ⅴ	Ⅵ
允许误差	±1%	±2%	±5%	±10%	±20%	+20% −30%	+50% −20%	+100% −10%

3)额定工作电压

额定工作电压是电容器在电路中能够长期稳定、可靠工作,所承受的最大电压,又称耐压。对于结构、介质、容量相同的器件,耐压越高,体积越大。

4)温度系数

温度系数是在一定温度范围内,温度每变化1℃,电容量的相对变化值。温度系数越小越好。

5)绝缘电阻

绝缘电阻是用来表明漏电大小的物理量。一般小容量的电容,绝缘电阻很大,在几百兆欧姆或几千兆欧姆之间。电解电容的绝缘电阻一般较小。相对而言,绝缘电阻越大越好,因其越大漏电越小。

6)损耗

损耗指在电场的作用下,电容器在单位时间内发热而消耗的能量。这些损耗主要来自介质损耗和金属损耗。通常用损耗角正切值来表示。

7)频率特性

频率特性指电容器的电参数随电场频率而变化的性质。在高频条件下工作的电容器,由于介电常数在高频时比低频时小,电容量相应减小,损耗也随频率的升高而增加。另外,在高频工作时,电容器的分布参数,如极片电阻、引线和极片间的电阻、极片的自身电感、引线电感等,都会影响电容器的性能。所有这些使得电容器的使用频率受到限制。

不同品种的电容器,最高使用频率不同。小型云母电容器的频率在250MHz以内;圆片型瓷介电容器为300MHz;圆管形瓷介电容器为200MHz;圆盘形瓷介电容器可达3000MHz;小型纸介电容器为80MHz;中型纸介电容器只有8MHz。

4.电容器的标示

(1)数量级标示:此标示方法中,电容的基本标注单位是pF。例如:104表示容量$10\times10^4=100000$pF=0.1μF,472表示容量$47\times10^2=4700$pF,如图1.5所示。

(2)字母标示:电容器上标示的字母有μ、p、n,单位为F。例如:4μ7表示容量为4.7μ。

(3)直接标示:分为整数标示与小数标示两种。

整数标示:单位为pF,如47表示容量为47pF;小数标示:单位为μF,如0.1表示容量为0.1μF。

(4)电解电容的标示:在电解电容上,由上至下有一条白色的宽带子,宽带子上有明显的“—”标记,它所对应的管脚即为电解电容的负极。电解电容其电容值的大小会直接标示于电容上。例如:105℃/470μF/25V 即为最高工作温度为 105℃,电容值为 470μF,电容的耐压值为 25V,如图 1.6 所示。

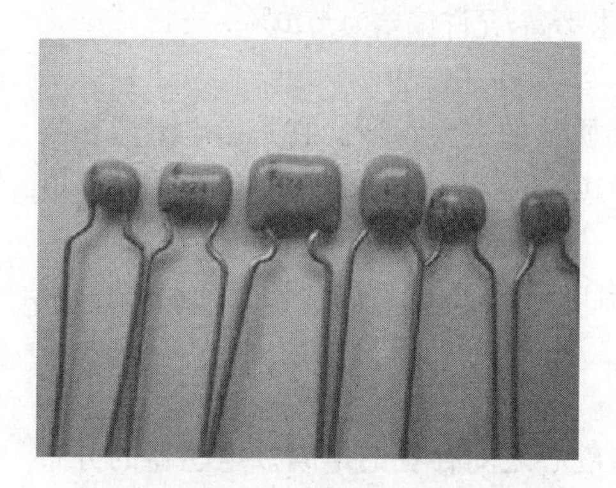

图 1.5　电容元件

图 1.6　电解电容

1.2.3　电感

电感一般由线圈组成。为了增加电感量 L,提高品质因数 Q 和减小体积,通常在线圈中加入软磁性材料的磁心。

1. 电感的分类

根据电感器的电感量是否可调,电感器分为固定、可变和微调电感器。可变电感器的电感量可利用磁心在线圈内移动而在较大的范围内调节。它与固定电容器配合应用于谐振电路中起调谐作用。微调电感器可以满足整机调试的需要和补偿电感器生产中的分散性,一次调好后,一般不再变动。

根据电感器的磁导体性质可分为空心、磁心、铁心等。

2. 电感器的主要参数

电感器的主要参数有电感量、允许偏差、品质因数、分布电容及额定电流等。

1)电感量

电感量也称自感系数,是表示电感器产生自感应能力的一个物理量。

电感器电感量的大小,主要取决于线圈的圈数(匝数)、绕制方式、有无磁心及磁心的材料等。通常,线圈圈数越多、绕制的线圈越密集,电感量就越大。有磁心的线圈比无磁心的线圈电感量大;磁心磁导率越大的线圈,电感量也越大。

电感量的基本单位是亨利,简称亨,符号是 H。常用的单位还有毫亨(mH)和微亨(μH),它们之间的关系是:

1H=1000mH;

1mH=1000μH。

2)允许偏差

允许偏差是指电感器上标称的电感量与实际电感的允许误差值。

一般用于振荡或滤波等电路中的电感器要求精度较高,允许偏差为±0.2%~±0.5%;而用于耦合、高频阻流等线圈的精度要求不高,允许偏差为±10%~±15%。

3)品质因数

品质因数也称 Q 值或优值,是衡量电感器质量的主要参数。它是指电感器在某一频率的交流电压下工作时,所呈现的感抗与其等效损耗电阻之比。电感器的 Q 值越高,其损耗越小,效率越高。

电感器品质因数的高低与线圈导线的直流电阻、线圈骨架的介质损耗及铁心、屏蔽罩等引起的损耗等有关。

4)分布电容

分布电容是指线圈的匝与匝之间、线圈与磁心之间存在的电容。电感器的分布电容越小,其稳定性越好。

5)额定电流

额定电流是指电感器在正常工作时所允许通过的最大电流值。若工作电流超过额定电流,则电感器就会因发热而使性能参数发生改变,甚至还会因过流而烧毁。

3. 电感器的标示

1)直标法

将电感器的标称电感量用数字和文字符号直接标在电感器外壁上,电感量单位后面用一个英文字母表示其允许误差,各字母所表示的允许误差如表1.8所示。

表1.8 电感器直标法各字母所表示的允许误差

英文字母	Y	X	E	L	P
允许偏差	±0.001%	±0.002%	±0.005%	±0.01%	±0.02%
英文字母	W	B	C	D	F
允许偏差	±0.05%	±0.1%	±0.25%	±0.5%	±1%
英文字母	G	J	K	M	N
允许偏差	±2%	±5%	±10%	±20%	±30%

例如:560μHK 表示标称电感量 560μH,允许误差为±10%。

2)文字符号法

(1)数量级标示,这种标示法中,电感的基本标注单位是微亨(μH)。例如:330 表示电感量为 $33\times10^0=33\mu H$。

(2)字母标示,电感器上标注的字母有R等。例如:6R8表示其电感量为6.8μH。

(3)整数标示,例如:33表示其容量为33μH,220表示其容量为220μH。

3)色标法

(1)色环标示,在电感的表面涂上不同的色环来代表电感量,通常用四色环表示,紧靠电感体一端的色环为第一环,露着电感体本色较多的另一端为末环,如图1.7所示。色环颜色的意义如表1.9所示。也有采用三道色环标示的,只是用三道色环表示电感值,没有误差的标示。

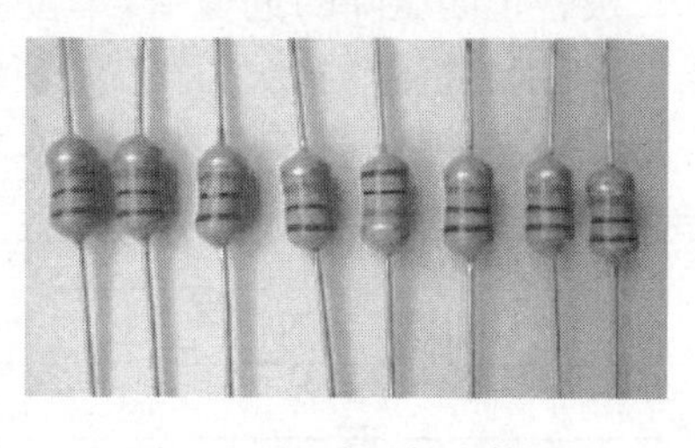

图1.7　电感元件实体图

表1.9　色环颜色的意义

色环	棕	红	橙	黄	绿	蓝	紫	灰	白	黑	金	银
十位	1	2	3	4	5	6	7	8	9	0		
个位	1	2	3	4	5	6	7	8	9	0		
倍数	10^1	10^2	10^3	10^4	10^5	10^6	10^7	10^8	10^9	10^0	10^{-1}	10^{-2}
误差	±1%	±2%	±3%	±4%						±20%	±5%	±10%

(2)色码标示,是在元件体上采用色点标示元件值及误差,一般有三个或四个色点。顶端的两个色码表示电感有效值的十位与个位;侧面有一点表示数量级,另外一点表示误差。有的电感没有表示误差的色点。

色码电感的数值=有效值×数量级+误差

1.2.4　晶体二极管

晶体二极管(简称二极管)是最简单的半导体器件,由一个PN结组成。晶体二极管具有单向导电性,是构成分立元件电子电路的核心器件。

1.二极管的极性判别

小功率二极管的N极(负极),在二极管外表大多采用一种色圈标出来,有些二极管用二极管专用符号来表示P极(正极)或N极(负极),也有采用符号标志为"P"、"N"来确定二极管极性的。发光二极管的正负极可从引脚长短来识别,长脚为正,短脚为负。

一般情况下,二极管有色点的一端为正极,如2AP1～2AP7,2AP11～2AP17等。如果是透明玻璃壳二极管,可直接看出极性,即内部连触丝的一头是正极,连半导体片的一头是负极。塑封二极管有圆环标志的是负极,如IN4000系列。

无标记的二极管,则可用万用表二极管挡来判别正、负极。万用表除了可以测量电阻、电压和电流外，利用其二极管挡也可以测量晶体二极管及三极管的极性。

选择万用表的二极管挡，假设红表笔接二极管正极，黑表笔接二极管负极，则显示二极管正向压降的近似值，单位为 mV；若接反了，则屏蔽显示“1”。根据测量结果，可判别二极管的极性。记录测得的数据，填入表 1.10 内。

表 1.10　二极管型号及正、反向测试表

管子型号	硅管	锗管	正向导通电压

2. 二极管的型号命名

二极管的型号命名规则如表 1.11 所示。

表 1.11　二极管的型号命名规则

第一部分：用数字表示器件的电极数目		第二部分：用字母表示器件材料和极性		第三部分：用字母表示器件类别		第四部分：用数字表示器件序号		第五部分：用字母表示规格	
符号	意义	符号	意义	符号	意义	符号	意义	符号	意义
2	晶体二极管	A	N型锗材料	P	普通管	（略）	（略）	（略）	（略）
		B	P型锗材料	V	微波管				
		C	N型硅材料	W	稳压管				
		D	P型硅材料	C	参量管				
				Z	整流管				
				L	整流堆				
				S	隧道管				
				N	阻尼管				
				U	光电器件				
				K	开关管				

例 1.1　N 型锗材料普通晶体二极管 2AP1C。

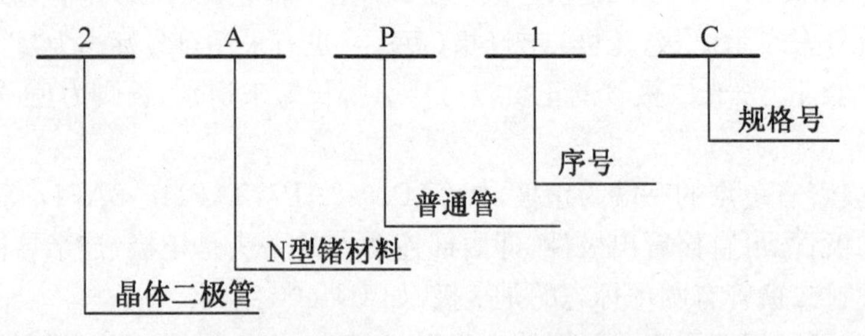

3. 二极管的选用

通常小功率锗二极管的正向电阻值为300～500Ω，硅管为1kΩ或更大些。锗管反向电阻为几十千欧，硅管反向电阻在500kΩ以上(大功率二极管的数值要大得多)。正反向电阻差值越大越好。

点接触二极管的工作频率高，不能承受较高的电压和通过较大的电流，多用于检波、小电流整流或高频开关电路。面接触二极管的工作电流和能承受的功率都较大，但适用的频率较低，多用于整流、稳压、低频开关电路等方面。

选用整流二极管时，既要考虑正向电压，也要考虑反向饱和电流和最大反向电压。选用检波二极管时，要求工作频率高，正向电阻小，以保证较高的工作效率，特性曲线要好，避免引起过大的失真。

4. 二极管的性能参数

二极管的主要参数有最大整流电流I_F、反向击穿电压V_{BR}、反向电流I_R及极间电容。

1.2.5 晶体三极管

晶体三极管(简称三极管)是最常用的半导体器件之一，由两个PN结组成，是组成分立元件电子电路的核心器件。晶体三极管具有电流放大作用，在数字电路中还可以作为开关器件来应用。

1. 三极管的极性判别

1)根据三极管本身的标记判别

对于塑料封装的三极管，如三极管9011～9018，可面对其平面的一侧将三个管脚朝下，从左到右依次为E极、B极、C极。

对于金属封装的三极管，管壳上带有方位端，则从方位端按逆时针方向依次为E极、C极、B极。如果管壳上没有方位端，且三个管脚在半圆内，可将有三个管脚的半圆置于上方，则按顺时针方向三个管脚依次为E极、B极、C极。

对于大功率三极管(如3AD、3DD、3DA等)，从外形上只能看到两个管脚，可将底座朝上，并将两个管脚置于左侧，则从上至下依次为E极、B极，底座为C极。

2)三极管本身无标记时，用万用表的电阻挡判别

(1)基极B的判别。根据PN结正反向电阻值不同及三极管类似于两个背靠背PN结的特点，利用万用表的电阻挡可首先判别出基极，判别示意图如图1.8所示。对于NPN型管，当黑表笔接某一假定为基极的管脚，而红表笔先后接到其余两个管脚。若两次测得的电阻值都很大，约几百千欧以上(或都很小，约为几百欧至几千欧)，而对换红黑表笔后测得的两个电阻值都很小(或都很大)，则可确定假定是正确

的。如果是一大一小，则假定是错误的，需重新假定再测。

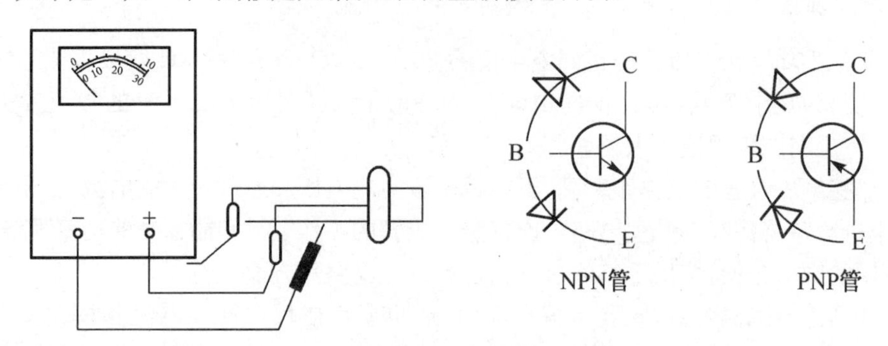

图 1.8 判断晶体管类型和基极示意图

对于 NPN 型管来说，当黑表笔接基极，红表笔分别接其他两极，测得的阻值均小。而 PNP 型管则是相反的结论。

(2)集电极 C 和发射极 E 的判别。判别方法及等效电路如图 1.9 所示。对于 NPN 型管，集电极接正电压，发射极接负电压，这时的电流放大系数 β 比较大，如果电压加反了，β 就比较小。对于 PNP 型管，集电极接负电压，发射极接正电压，这时的电流放大系数 β 比较大，反之 β 就比较小。

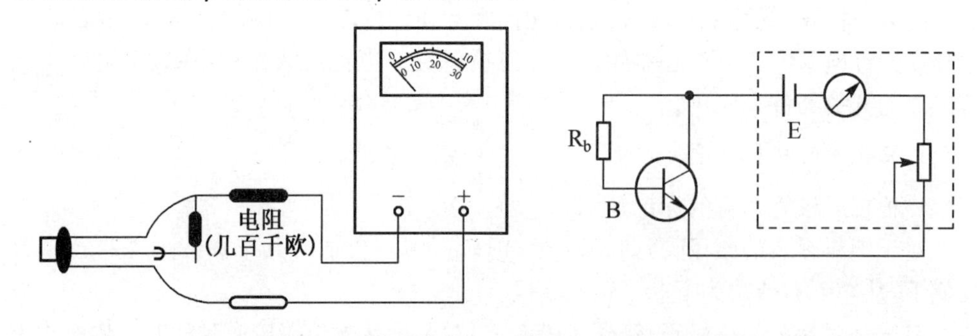

图 1.9 判断晶体管 C、E 极的方法及等效电路

判别出 NPN 型管的基极后，把黑表笔接到假定的集电极，红表笔接到假定的发射极，并用手捏住基极、集电极两端(但不能使 B、C 两端直接接触)。通过人体，相当于 B、C 之间接入偏置电阻。读出 C、E 之间的电阻值，然后将红黑表笔对换重测，与前一次比较。若第一次阻值小，即电流大，β 值大，则假定是正确的；反之，则与假定相反。

结论，对于 NPN 型管 β 值大时，黑表笔接的是集电极，红表笔接的是发射极；对于 PNP 型管 β 值大时，红表笔接的是集电极，黑表笔接的是发射极。

2.三极管的型号命名

三极管的型号命名规则如表 1.12 所示。

表 1.12　三极管的型号命名规则

第一部分：用数字表示器件的电极数目		第二部分：用字母表示器件材料和极性		第三部分：用字母表示器件类别		第四部分：用数字表示器件序号		第五部分：用字母表示规格	
符号	意义	符号	意义	符号	意义	符号	意义	符号	意义
3	晶体三极管	A	PNP 型锗材料	X	低频小功率管	（略）	（略）	（略）	（略）
		B	NPN 型锗材料	G	高频小功率管				
		C	PNP 型硅材料	D	低频大功率管				
		D	NPN 型硅材料	A	高频大功率管				
				T	晶体闸流管				
				Y	体效应器件				
				B	雪崩管				
				J	阶跃恢复管				
				CS	场效应器件				
				BT	半导体特殊器件				
				FH	符合管				
				PIN	PIN 型管				
				JG	激光器件				

例 1.2　NPN 型硅材料高频小功率整流晶体三极管 3DG6D。

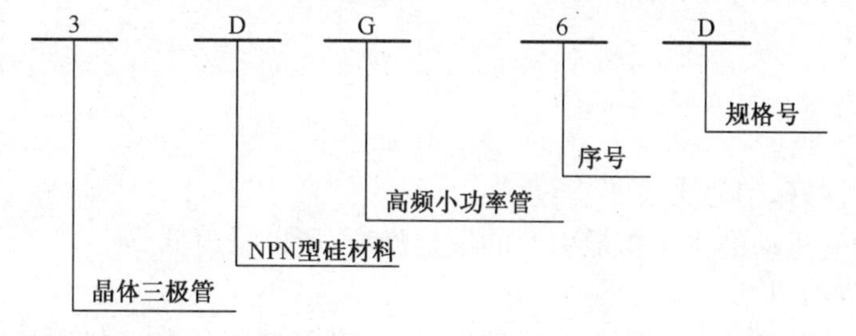

3. 三极管的性能参数

三极管主要参数有电流放大系数、反向饱和电流、集电极最大允许电流和耗散功率等。通常根据使用场合和主要参数来选择晶体三极管，常用三极管的主要性能参数如表 1.13 所示。

表 1.13　常用三极管的性能参数

型号	极限参数				直流参数				交流参数
	P_{cm}/W	I_{cm}/A	U_{ebo}/V	U_{ceo}/V	I_{ceo}/μA	U_{be}/V	H_{fe}	U_{ce}/V	F_t/MHz
3DG130B	0.7	0.3	≥4	≥45	≤1	≤1	≥30	≤0.6	
3DG130C	0.7	0.3	≥4	≥30	≤1	≤1	≥30	≤0.6	
3DG130G	0.7	0.3	≥4	≥45	≤1	≤1	≥30	≤0.6	

续表

型号	极限参数				直流参数				交流参数
	P_{cm}/W	I_{cm}/A	U_{ebo}/V	U_{ceo}/V	$I_{ceo}/\mu A$	U_{be}/V	H_{fe}	U_{ce}/V	F_t/MHz
9011	400	30	5	30	≤0.2	≤1	28～198	<0.3	>150
9012	625	500	−5	−20	≤1	≤1.2	64～202	<0.6	>150
9013	625	500	5	20	≤1	≤1.2	64～202	<0.6	
9014	450	100	5	45	≤1	≤1	60～1000	<0.3	>150
9015	450	100	−5	−45	≤1	≤1	60～600	<0.7	>100
9016	400	25	4	20	≤1	≤1	28～198	<0.3	>400
9018	400	50	5	15	≤0.1	≤1	28～198	<0.5	>1100

1.2.6 场效应管

1. 场效应晶体管分类

场效应晶体管(简称场效应管)分为两类:结型场效应管(简称 J-FET)和绝缘栅型场效应管(简称 MOS-FET)。各类场效应管根据其沟道所采用的半导体材料,可分为 N 型沟道和 P 型沟道两种。场效应管是一种电压控制的半导体器件,这一点类似于电子管的三极管,但它的构造与工作原理和电子管是截然不同的,与双极型晶体管相比,场效应晶体管具有如下特点:

(1)输入阻抗高。

(2)输入功耗小。

(3)温度稳定性好。

(4)信号放大稳定性好,信号失真小。

(5)由于不存在杂乱运动的少子扩散引起的散粒噪声,所以噪声低。

2. 场效应管的管脚判别

场效应管的三个管脚漏极(D)、栅极(G)、源极(S)与普通三极管的三极对应,所以判别的方法也基本相同。栅极的确定方法为:将万用表电阻挡置于 R×1 挡,用黑表笔接假定的栅极管脚,然后用红表笔分别接另外两个管脚,若两次测得的阻值均较小,则将红、黑表笔对调一次测量,若两次测得的阻值均较大,说明这是两个 PN 结,即假定的接黑表笔的是栅极是正确的,且该管为 N 沟道场效应管。若红、黑表笔对调后测得的阻值仍然较小,则红表笔接的为栅极,且该管为 P 沟道场效应管。栅极确定以后,由于源、漏极之间是导电沟道,万用表测量其正反电阻基本相同,所以没必要判别剩余两极。

1.2.7 集成电路

1. 集成电路的型号命名

模拟集成电路的型号命名规则如表 1.14 所示。

表 1.14 模拟集成电路的型号命名规则

第一部分：用字母表示器件符合国家标准		第二部分：用字母表示器件的类型		第三部分：用数字表示器件的系列和品种代号		第四部分：用字母表示器件的工作温度范围		第五部分：用字母表示规格	
符号	意义	符号	意义	符号	意义	符号	意义	符号	意义
C	中国	T	TTL	（略）	（略）	C	0～70℃	W	陶瓷扁平
		H	HTL			E	－40～85℃	B	塑料扁平
		E	ECL			R	－55～85℃	F	全密封扁平
		C	CMOS			M	－55～125℃	D	陶瓷直插
		F	线性放大器					P	塑料直插
		D	音响、电视电路					J	黑陶瓷直插
		W	稳压器					K	金属菱形
		J	接口电路					T	金属圆形
		B	非线性电路						
		M	存储器						
		μ	微型机电路						

例 1.3 通用型运算放大器型号命名示例。

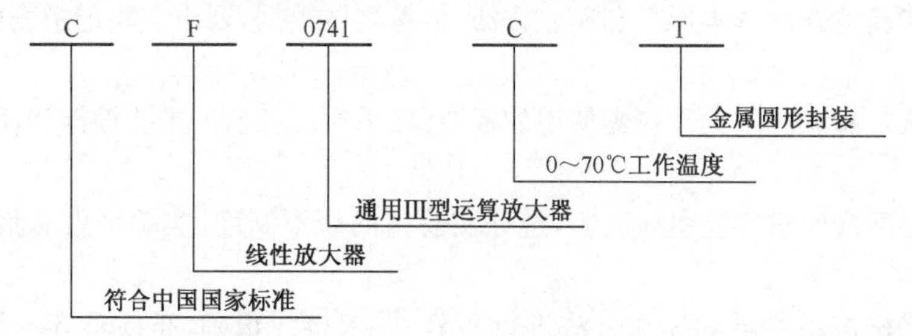

集成运算放大器是最常用的集成电路，简称集成运放，是具有高放大倍数的集成电路。它的内部是直接耦合的多级放大器，整个电路可分为输入级、中间级、输出级三部分。输入级采用差分放大电路以消除零点漂移和抑制干扰；中间级一般采用共发射极电路，以获得足够高的电压增益；输出级一般采用互补对称功放电路，以输出足够大的电压和电流，其输出电阻小，负载能力强。

2. 常用集成运放

μA741 是目前最常用的运算放大器，既能放大直流信号，又能放大交流信号。放大直流信号时，正极性信号加到同相输入端，负极性信号加到反相输入端，输出都为正极性；放大交流信号时，输出相位与同相输入端信号同相位。通用系列运算放大器的主要电参数如表 1.15 所示。

表1.15 运算放大器的主要电参数

参数	通用Ⅰ型	通用Ⅱ型	通用Ⅲ型	μA741/CF741
失调电压 U_{IO}/mV	3	5	5	1.0
失调电流 I_{IO}/nA	2000	200	100	10
输入偏置电流 I_{IB}/nA	7000	600	300	80
开环增益 A_{uo}/dB	66	90	100	106
共模抑制比 K_{CMR}/dB	70	80	86	90
功耗 P_D/mW	120	90	80	50
输出电压 U_{OPP}/V	±4.5	±12	±12	±14
最大共模电压 U_{ICM}/V	+0.7 −3.5	+8 −12	±12	±13

1.3 实验中注意事项

为了使实验能够达到预期的效果，确保实验的顺利完成，培养学生良好的工作作风，充分发挥学生的主观能动作用，在实验中应注意以下事项：

(1)实验前必须做好充分预习，认真阅读理论教材和实验教材，深入了解本次实验的目的，弄清实验电路的基本原理和实验方法，估算测试数据，列出实验记录表格，写出预习报告。

(2)认真阅读实验教材中关于仪器使用的章节，熟悉所用仪器的主要性能和使用方法。

(3)按预定时间准时进实验室做实验，遵守实验室的规章制度，实验结束后整理好实验台。

(4)实验中严格按照科学的操作方法进行实验，要求接线正确，布线整齐合理。接完线后，应检查无误后才能通电。布线、拆线时必须先切断电源。

(5)实验过程中，当嗅到焦臭味、见到冒烟或火花、听到“噼啪”响声、感觉到设备过热或出现保险丝熔断等异常现象时，应立即切断电源，切勿尖叫、乱跑以免造成额外损失，在故障排除前不得再次开机。

(6)要爱护仪器设备，按照仪器的操作规程正确使用仪器，不得野蛮操作。

(7)实验中出现故障时，应利用所学知识冷静分析原因，并能在老师指导下独立解决。对实验中出现的现象和实验结果要进行正确的解释。

(8)实验中认真观察实验现象，记录实验测试数据、波形等。

(9)实验结束后，要求必须写一份实验报告。实验报告内容要齐全，应包括实验任务、实验原理、实验电路、测试条件、测试数据、实验结果、结论分析、误差分析、故障分析排除、实验体会及改进等。

1.4 实验数据的记录与处理

在实验中观察、读数和记录数据是实验的核心。操作时要注意:手合电源、眼观全局;先看现象,再读数据。实验中应读取哪些数据,如何读取才能误差最小,这是实验者应注意的问题。读数前一定要弄清仪表的量程和表盘上每一小格所代表的实际数值,读数时要注意姿势正确。要求"眼、针、影成一线",即读数时应使自己的视线与仪表的刻度标尺相垂直。当刻度标尺下有弧形玻璃片时,要看到指针和镜片中的指针影子完全重合时,才能开始读数。要随时观察和分析数据。测量时既要忠实于仪表读数,又要观察和分析数据的变化。

数据记录完整、真实、全面,是对实验者的一项基本要求。

(1)对实验现象和数据必须以原始形式做好记录,不要做近似处理(如不要将读取的数 0.463,记录成 0.46),也不要记录经计算和换算后的数据,而且数据必须真实。

(2)实验数据记录应全面,包括实验条件、实验中观察到的现象及各种影响,甚至失败的数据或认为与研究无关的数据也要记录,因为有些数据可能隐含着解决问题的新途径或作为分析电路故障的参考依据。同时应注意记录有关波形。

(3)数据记录一般采用表格方式,既整齐又便于查看,并一律写入预习报告表格中,作为原始实验数据。切不可随便写到一张纸上,这样既不符合要求,又易丢失。

(4)在记录实验数据时,应及时做出估算,并与预期结果(理论值)进行比较,以便及时发现错误并予以纠正。

在测量数据的记录和计算中,该用几位数字表示测量或计算结果是有一定规则的,这就涉及有效数字的表示及其运算规则问题。

1.4.1 有效数字

由于测量过程中总是不可避免地存在误差,因此在记录或计算数据时,这些数据通常只能是一个近似数,这就涉及如何用近似数恰当地表达测量结果的问题,亦即有效数字的问题。对于有效值的表示,应注意以下几点:

(1)有效数字是指从左边第一个非零数字开始,到右边最后一个数字为止的所有数字。例如,测得的频率为 0.0356MHz,则它是由 3、5、6 三个有效数字组成的频率值,左边的两个零不是有效数字。可以写成 3.56×10^{-2}MHz,也可写成 35.6kHz,但不能写成 35600Hz。

(2)如已知误差,则有效值的位数和误差位应一致。例如,仪表误差为±0.01V,测得的电压为 10.234V,其结果应写为 10.23V。

(3)当有效数字位数确定以后,多余的位数应一律按四舍五入的原则处理,但为使正、负舍入误差的机会大致相等，现已广泛采用“小于5舍，大于5入，等于5时取偶数”的方法，这称之为有效数字的修约。

1.4.2 有效数字的运算规则

(1)加减运算规则：参加运算的各数所保留的位数，一般应与各数小数点后位数最少的相同，例如，14.5、0.125、2.446相加，小数点后最少位数是一位，所以应将其余两数修约到小数点后一位数，然后再相加，即14.5+0.1+2.4=17.0。为了减少计算误差，也可在修约时多保留一位小数计算之后再修约到规定的位数，即14.5+0.12+2.45=17.07，其最后结果为17.1。

(2)乘除运算规则：乘除运算时，各因子及计算结果所保留的位数以百分误差最大或有效数字位数最少的项为准，不考虑小数点的位置。

(3)乘方及开方运算规则：运算结果比原数多保留一位有效数字。

(4)对数运算规则：数据进行对数运算时，几位数字的数值就应使用几位对数表，即对数前后的有效位数应相等。

1.4.3 实验数据的处理方法

实验测量所得到的记录，经过有效数字修约、有效数字运算处理后，有时仍不能看出实验规律或结果，因此要对测量数据进行计算、分析、整理和归纳，去粗取精，去伪存真，以引出正确的科学结论，并用一定的形式加以表达。必要时，将测量数据绘制成曲线或归纳成经验公式，才能找出实验规律，得出实验结果，这个过程称为实验数据处理。实验数据处理的方法很多，这里介绍几种常用的实验数据处理方法。

(1)列表法：列表法就是将实验中直接测量、间接测量和计算过程中的数值以一定的形式和顺序列成表格。列表法的优点是结构紧凑，简单易行，便于比较分析，容易发现问题和找出各电量之间的相互关系及变化规律等。列表时表格的设计要便于记录、计算和检查；表中所用符号、单位要交代清楚；表中所列数据的有效数字位要正确。

(2)图示法：在坐标平面内，用一条曲线表示出两个电量之间的关系，称为图示法。图示法的优点是当两个电量之间的关系不能用一解析函数时，却能容易地用图示法表示出来，而且图示法比较形象和直观。图示法的关键是要根据所表示的内容及其函数关系选择合适的坐标和比例，画出坐标轴及其刻度值，然后再标点描线。坐标轴及其刻度值选择正确，可以简化作图和数据处理过程。

(3)图解法：图解法是在用图示法画出两个电量之间的关系曲线的基础上，进一步利用解析法求出其他未知量的方法。许多电量之间的关系并非是线性的，但可以通过适当的函数变换或坐标变换使其成为线性关系，即把曲线改成直线，然后再用图解法求出其中的未知量。

1.5　电路故障查找与排除

电工电子实验中，不可避免地会出现各类故障现象。检查和排除故障可以提高学生分析问题、解决问题的能力，需要学生具备一定的理论基础和较熟练的实验技能，以及具有丰富的实际经验。对于一个复杂的系统来说，要从大量的元器件和线路中迅速、准确地查找出故障不是容易的事情，这就要求掌握正确的故障检查及排除方法。

1.5.1　排除实验故障的步骤

(1)出现故障时应立即切断电源，关闭仪器设备，避免故障扩大。

(2)根据故障现象，判断故障性质。实验故障大致可分为两大类：一类是破坏性故障，它可使仪器、设备、元器件等造成损坏，其现象常常是冒烟、烧焦味、发热等。另一类是非破坏性故障，其现象是无电流、无电压、指示灯不亮，电流、电压、波形不正常等。

(3)根据故障性质，确定检查的方法。对于破坏性故障不能采用通电检查的方法，应先切断电源，然后用万用表的欧姆挡检查电路的通断情况，看有无短路、断路或阻值不正常等现象。对于非破坏性故障，也应先切断电源进行检查，认为没有什么问题再采用通电检查的方法。通电检查主要使用电压表检查电路有关部分的电压是否正常，用示波器观察波形是否正常等。

(4)进行检查时首先应知道正常情况下电路各处的电压、电流、电阻、波形，做到心中有数，然后再用仪表进行检查，逐步缩小产生故障的范围，直到找到故障所在的部位。

1.5.2　常见的产生故障的原因

(1)使用的仪器设备方面的故障，或使用、操作不当引起的故障。例如，示波器旋钮挡级选择不对造成波形异常或无波形。

(2)电路中元器件本身引起的故障。例如，元器件质量差或损坏。

(3)电路连接不正确或接触不良，导线或元器件引脚短路或断路，元器件、导线引脚相碰等。

(4)元器件参数选错、引脚错误或测试条件错误。

(5)电路设计本身的问题。

1.5.3　排除故障的一般方法

(1)直观检查法：此方法不用仪器设备，利用人的视觉、听觉、嗅觉和触觉来直接观察电路外观有无故障。例如，各仪器和电路是否共地；元器件引脚有无接错；连线有无断开、短路、接错;保险丝、电阻等元件有无烧坏等。此方法比较简单、有效,可作为对电路初步检查之用。

(2)工作电压、电流检查法:直流电源是保证电路正常工作的先决条件。先检查电源是否工作,连线是否正确,然后分别测电路开路时的电源电压和接通后的电路电压。如果开路时电源正常,接通后电路电压为零,说明电源没加到电路上。常见的故障有引线断、接触不良等。如果测得的电压比开路时低很多,说明有部分短路现象,需再进一步检查。如果电压正常,再检查供电电流,若无电流,说明电路中有断路的现象。如果测得的电流太大或太小,说明电路中有部分支路工作不正常。若电流太小,多为管子烧断或工作点减少;若电流太大,则是有短路的地方或电源滤波电容击穿,或管子损坏等。

(3)参数测试法:此方法借助于仪器设备来发现问题,并通过实际分析找出故障原因。一般利用万用表检查电路的静态工作点、支路电阻、支路电流及元器件两端的电压等,当发现测量值与设计值相差悬殊时,就可针对问题进行分析,直至解决问题。

(4)信号跟踪法:信号跟踪法是在电路输入端接入适当幅度和频率的信号,利用示波器并按信号的流向,从前级到后级逐级观察电压波形及幅度的变化情况,先确定故障在哪一级,然后作进一步检查。

(5)信号注入法:此法是用信号源分别给各级逐一加入信号,看有无输出。一般是从后级开始,若加到某一级时无输出,则说明故障在这一级,然后再仔细检查元器件。

(6)部件代替法:经过检查,找到可疑部件,然后用同类型的完好的电路部件来替换可疑部件。元器件拆下来后,先测试其损坏程度,并分析故障原因,同时检查相邻元器件是否也有故障,确认无其他故障后再更换元器件。

(7)短路法:此法就是采取临时短接一部分电路来寻找故障的方法。它是把电路中适当的节点交流短路(用电容器连接该点到地),对判断某些自激振荡、虚焊等现象很有效。具体方法是:从后级向前级逐一短路,短路到某一级时故障消失,说明故障在此级。但是自激振荡由于产生原因复杂,正反馈不单出现在一级和一个元件上,还要结合其他的方法进一步检查。采用短路法要注意考虑短路对电路的影响,如对于稳压电路就不能采用短路法。

(8)断路法:此法用于检查短路故障最为有效,这也是一种逐步缩小故障范围的方法。例如,稳压电源接入一带故障的电路,使输出电流过大。此时可采用依次断开故障电路某一支路的办法来检查故障。如果断开该支路后,电流恢复正常,则说明故障就发生在此支路。

在实验中,查找故障的方法很多,对于简单的故障用一两种方法即可查出故障,但对于复杂的故障则需采用多种方法,互相补充、互相配合,最后才能找出故障。

第 2 章　仪器仪表的使用

2.1　数字万用表

2.1.1　万用表简介

万用表又叫多用表、三用表、复用表。万用表分为指针式万用表和数字万用表，是一种多功能、多量程的测量仪表。一般万用表可测量直流电流、直流电压、交流电压、电阻和音频电平等，有的还可以测交流电流、电容量、电感量及半导体的一些参数(如 β)。数字万用表灵敏度高，显示清晰，过载能力强，便于携带，使用简单。现在以 UNI-T-M890D 数字万用表为例来介绍万用表的使用方法。

2.1.2　面板介绍

UNI-T-M890D 数字万用表面板如图 2.1 所示。

(1)液晶显示器：显示仪表测量的数值及单位。

(2)POWER 电源开关：开启及关闭电源。

(3)功能开关：用于改变测量功能及量程。

(4)hFE 测试插座：用于测量晶体三极管的 hFE 数值大小。

(5)电容测试座。

(6)电压、电阻测试插座。

(7)小于 200mA 电流测试插座。

(8)20A 电流测试插座。

(9)公共地。

2.1.3　使用方法

1. 直流电压与交流电压测量

将黑表笔插入 COM 插孔，红表笔插入 V/Ω 插孔，功能开关转至相应的 DCV 或 ACV 量程范围，然后将测试表笔跨接在被测电路上，红表笔所接的该点电压与极性显示在屏幕上。

注意

➢ 如果事先对被测电压范围没有概念，应将量程开关转到最高挡位，然后根据显示值转至相应挡位上。

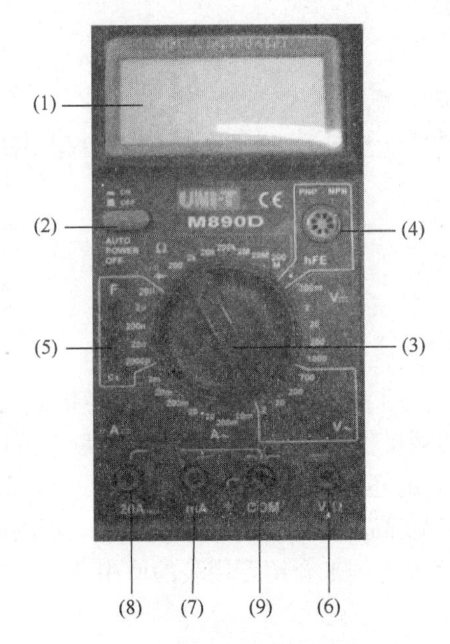

图 2.1　M890D 型数字万用表面板

➢ 如在高位显示“1”,表明已超过量程范围,须将量程开关转至较高挡位上。

➢ 输入电压切勿超过 1000V DC 或交流 700V AC,如超过,则有损坏仪表线路的危险。

➢ 当测量高压电路时,注意避免触及高压电路。

2. 直流电流与交流电流测量

(1)将黑表笔插入 COM 插孔。当测量最大值为 200mA 电流时,红表笔插入 mA 插孔,当测量 200mA～20A 的电流时,红表笔插入 20A 插孔。

(2)将功能开关转至相应的 DCA 或 ACA 量程,然后将测试表笔串入被测电路中,被测电流值及红色表笔点的电流极性将同时显示在屏幕上。

注意　200mA 量程表示最大输入电流为 200mA,过载将烧坏保险丝,须予以更换;20A 量程无保险丝保护。

3. 电阻测量

(1)将黑表笔插入 COM 插孔,红表笔插入 V/Ω 插孔。

(2)将功能开关转至相应的电阻量程上,将两表笔跨接在被测电阻上。

注意

➢ 如果电阻值超过所选的量程值,则会显“1”,这时应将开关转高一挡;当测量电阻值超过 1MΩ 以上时,读数需几秒时间才能稳定,这在测量高电阻值时是正常的。

➢ 当无输入,即开路时,显示为“1”。

➢ 测量在线电阻时，要确认被测电路所有电源已关断，而所有电容都已完全放电时，才可进行。

➢ 请勿在电阻量程输入电压。

4. 电容测量(自动调零)

测量电容时，将电容插入电容测试座中。

注意

➢连接待测量电容之前，注意每次转换量程时复零需要时间，有飘移读数存在但不会影响测试精度。

➢ 仪表本身已对电容挡设置了保护，故在电容测试过程中不用考虑电容极性及电容充放电等情况。

➢ 测量大电容时，稳定读数需要一定时间。

5. 三极管 hFE 测试

(1)将功能开关置于 hFE 量程。

(2)确定所测晶体管为 NPN 型或 PNP 型，将发射极、基极、集电极分别插入相应插孔。

(3)显示器上将显示 hFE 的近似值，测试条件：I_b 约 10μA，V_{ce} 约 2.8V。

6. 二极管及通断测试

(1)将黑表笔插入 COM 插孔，红表笔插入 V/Ω 插孔(注意红表笔极性为"＋")。

(2)将功能开关置于⧐•)挡，并将表笔连接到待测试二极管，红表笔接二极管正极，读数为二极管正向降压的近似值。

(3)将表笔连接到待测线路的两端，如果两点之间的电阻值低于 30Ω 时，内置蜂鸣器发声。

仪表保养

➢不要将高于 1000V 的直流电压或 700V 的交流有效值电压接入。

➢不要在量程开关为 Ω 位置时，去测量电压值。

➢在电池没有装好或后盖没有上紧时，不要使用此表进行测试工作。

➢在更换电池或保险丝前，请将测试表笔从测试点移开，并关闭电源开关。

电池更换 注意 9V 电池使用情况，当 LCD 显示出▭符号时，应更换电池，步骤如下：

➢按指示拧动后盖上电池门两个固定锁钉，退出电池门。

➢取下 9V 电池，换上一个新的电池，虽然任何标准 9V 电池都可使用，但为延长使用时间，最好使用碱性电池。

➢如果长时间不用仪表，应取出电池。

2.2 直流稳压电源

2.2.1 直流稳压电源简介

MPS-3000L(SS3323)可调式直流稳压电源是一种具有输出电压与输出电流均连续可调、稳压与稳流自动转换的高稳定性、高可靠性、高精度的多路直流电源，并且可同时显示两路输出电压和电流值，而且两路电源可串联或并联使用，并由一路主电源进行电压或电流跟踪。串联时最高输出电压可达两路电压额定值之和；并联时最大电流可达两路电流额定值之和。

2.2.2 主要技术参数

(1) 输入电压：220V AC±10%，50Hz±2Hz。

(2) 额定输出电压：0～30V(MPS-3000L 的第三路输出为 5V，SS3323 的第三路输出为 0～6V)。

(3) 额定输出电流：0～2A(SS3323，0～3A)。

(4) 电源效应：CV≤0.01%+3mV，CC≤0.2%+3mA。

(5) 保护：电流限制及短路保护。

(6) 电压指示精度：三位半 A/D 转换数字显示±0.5%+2 个字。

(7) 电流指示精度：三位半 A/D 转换数字显示±1%+2 个字。

2.2.3 面板介绍

前面板如图 2.2 所示。

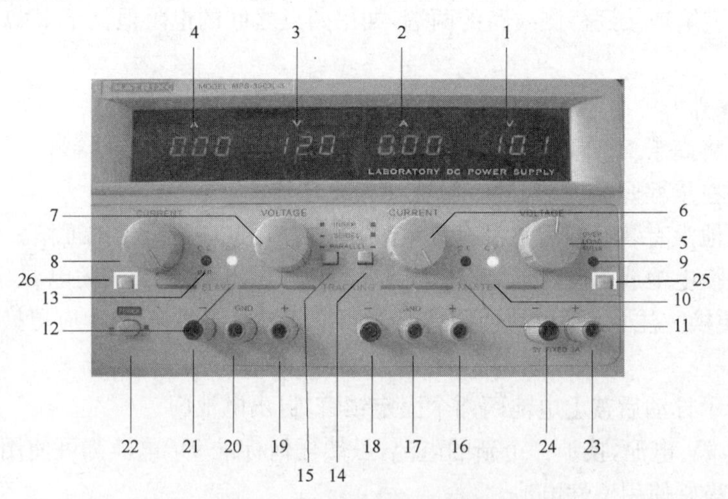

图 2.2 直流稳压电源前面板

面板上各开关按钮的位置和功能如表 2.1 所示。

表 2.1 直流稳压电源功能表

标号	功能	标号	功能	标号	功能
1	指示主动路输出电压值	2	指示主动路输出电流值	3	指示从动路输出电压值
4	指示从动路输出电流值	5	主动路输出电压调节	6	主动路稳流输出电流调节
7	从动路输出电压调节	8	从动路稳流输出电流调节	9	固定 5V 输出报警指示灯
10	主动路稳压状态指示灯	11	主动路稳流状态指示灯	12	从动路稳压状态指示灯
13	从动路稳流状态或双路电源并联状态指示灯	14	双路电源独立、串联、并联控制开关	15	双路电源独立、串联、并联控制开关
16	主动路输出正端	17	机壳接地端	18	主动路输出负端
19	从动路输出正端	20	机壳接地端	21	从动路输出负端
22	电源开关	23	第三路输出正端	24	第三路输出负端
25	第三路选择端(SS3323 有,MPS-3000L 无)	26	output 按钮(SS3323 有,MPS-3000L 无)		

2.2.4 使用方法

1. 双路可调电源独立使用

将开关 14、15 分别置于弹起位置。

作为稳压源使用时,先将旋钮 6 与 8 顺时针调至最大,开机后,分别调节旋钮 5 与 7,使主、从动路的输出电压至需求值。

作为恒流源使用时,开机后先将旋钮 5 与 7 顺时针调至最大,同时将旋钮 6 与 8 逆时针调至最小,接上所需负载,调节 6 与 8,使主、从动路的输出电流分别至所要的稳流值。

2. 双路可调电源串联使用

将开关 15 按下,将开关 14 弹起,将旋钮 6 与 8 顺时针调至最大,此时调节主电源电压调节钮 5,从动路的输出电压将跟踪主动路的输出电压,输出电压为两路电压相加,最高可达两路电压的额定值之和。

在两路电源串联时,两路的电流调节仍然是独立的,如旋钮 8 不在最大,而在某个限流点,则当负载电流到达该限流点时,从动路的输出电压将不再跟踪主动路调节。

在两路电源串联时,如负载较大,有功率输出时,则应用粗导线将端子 19 与 18 可靠接地,以免损坏内部开关。

在两路电源串联时,如主动路和从动路输出的负载与接地端之间接有连接片,应断开,否则将引起从动路的短路。

3. 双路可调电源并联使用

将开关15、14分别按下，两路处于并联状态。调节旋钮5，两路输出电压一致变化，同时从动路稳流指示灯13亮。

并联状态时，从动路的电流调节8不起作用，只需调节6，即能使两路电流同时受控，其输出电流为两路电流相加，最大输出电流可达两路额定值之和。

在两路电源并联使用时，如负载较大，有功率输出时，则应用粗导线将16与19、18与21分别短接，以免损坏机内切换开关。

注意 SS3323在调节完电源电压和电流之后，必须将电源开关的上方的output按钮26打亮，这样才能保证电源有输出。

4. 第三路电源的使用方法

MPS-3000L可调式直流稳压电源的第三路为固定的5V、3A输出，而SS3323第三路为0～6V、3A的可调输出。要调节SS3323的第三路输出，需把按钮25按下去，然后调节第三路输出中间的旋钮，即可在屏幕上看到调节输出的电压。

2.3 信号发生器

2.3.1 TFG2030DDS函数信号发生器

TFG2030DDS函数信号发生器采用了直接数字合成技术，具有快速完成测量所需性能指标和多路输出、多种波形、高精度、高可靠性等功能特性，其简单而功能明晰的前面板及液晶汉字和荧光字符显示功能更加便于操作和观察。

1. 主要技术指标

(1) 输出波形。A路：正弦波、方波、直流；B路：正弦波、方波、三角波、锯齿波、阶梯波等32种波形。

(2)输出频率。A路：40mHz～30MHz；B路：正弦波10mHz～1MHz；其他波形10mHz～50kHz。

(3)输出阻抗。50Ω。

(4)输出幅度。A路：2mV_{p-p}～20V_{p-p}；B路：100mV_{p-p}～20V_{p-p}。

2. 键盘说明

函数信号发生器前面板上共有20个按键，按键功能如下(图2.3)：

"频率"、"幅度"键：频率和幅度选择键。

0～9键：数字输入键。

MHz、kHz、Hz、mHz键：双功能键，在数字输入之后执行单位键功能，同时作为数字输入的结束键。直接按 MHz 键执行 Shift 功能，按 kHz 键执行“选项”功能，直接按 Hz 键执行“触发”功能。

./一键：双功能键，在数字输入之后输入小数点，“偏移”功能时输入符号。

<、>键：光标左右移动键。

“功能”键：主菜单控制键，循环选择五种功能。

“选项”键：子菜单控制键，在每种功能下循环选择不同的项目。

“触发”键：在“扫描”、“调制”、“猝发”、“键控”、“外测”功能时作为触发启动键。

Shift 键：上挡键(屏幕上显示“S”标志)，按 Shift 键后再按其他键，分别执行该键的上挡功能。

图 2.3　TFG2030DDS 函数信号发生器前面板

3. 常用的操作方法

(1)初始化状态：开机或复位后，仪器的工作状态如表 2.2 所示。

表 2.2　开机初始输出信号

A 路	波形	正弦波	频率	1kHz	幅度	$1V_{p-p}$
	衰减	AUTO	偏移	0V	方波占空比	50%
	时间间隔	10ms	扫描方式	往返	猝发计数	3 个
	调制载波	50kHz	调频频偏	15%	调幅深度	100%
	相移	0°				
B 路	波形	正弦波	频率	1kHz	幅度	$1V_{p-p}$

(2)开机后，仪器进行自检初始化，进入正常工作状态，自动选择“连续”功能，A 路输出。

A 路功能设定。

①A 路波形选择：在输出路径为 A 路时，选择正弦波或方波。

Shift→0 或 Shift→1

②A 路方波占空比设定：在 A 路选择为方波时，设定方波占空比为 65%。

Shift→“占空比”→6→5→Hz

③A 路频率设定：设定频率值 3.5kHz。

"频率"→3→.→5→kHz

A路频率调节：按＜或＞键使光标指向需要调节的数字位，左右转动手轮可使数字增大或减小，并能连续进位或借位，由此可任意粗调或细调频率。

④A路周期设定：设定周期值25ms。

Shift→"周期"→2→5→ms

⑤A路幅度设定：设定幅度值为3.2V。

"幅度"→3→.→2→V

⑥A路幅度格式选择：有效值或峰峰值。

Shift→"有效值"或Shift→峰峰值

⑦A路衰减选择：选择固定衰减0 dB。

Shift→"衰减"→0→Hz

⑧A路偏移设定：在衰减选择0dB时，设定直流偏移值为−1V。

"选项"→"A路偏移"→−→1→V

⑨恢复初始化状态。

Shift→"复位"

(3)通道设置选择：反复按下面两键可循环选择为A路或B路。

Shift→A/B

(4)B路功能设定。

B路波形选择：在输出路径为B路时，选择正弦波、方波、三角波、锯齿波。

Shift→0，Shift→1，Shift→2，Shift→3

B路多种波形选择：B路可选择32种波形。

"选项"→"B路波形"，按＜或＞键使光标指向个位数，使用旋钮可从0～31选择32种波形。

2.3.2 F40型数字合成函数信号发生器

F40型数字合成函数信号发生器是一台精密的测试仪器，具有输出函数信号、调频、调幅、FSK、PSK、猝发、频率扫描等信号的功能。此外，本仪器还具有测频和计数的功能。

1.主要技术指标

(1)输出波形：正弦波、方波、TTL波、三角波、锯齿波、阶梯波等27种波形。

(2)输出频率：正弦波、方波、三角波100μHz～40MHz；其他波形1μHz～100kHz。

(3)输出阻抗：50Ω。

(4)输出幅度：$1mV_{p\text{-}p}$～$20V_{p\text{-}p}$(高阻)，$0.5mV_{p\text{-}p}$～$10V_{p\text{-}p}$(50Ω)。

2. 键盘说明

函数信号发生器前面板上共有 24 个按键,按键功能如表 2.3～2.5 所示,按键按下后,可以用响声"嘀"来提示。前面板如图 2.4 所示。

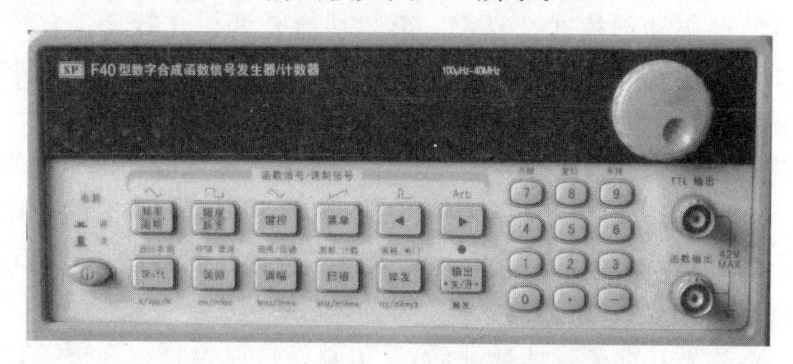

图 2.4 F40 型数字合成函数信号发生器

按键是多功能键,每个按键的基本功能标在该按键上,实现某按键基本功能,只需按下该按键即可。大多数按键有第二功能,第二功能用蓝色标在这些按键的上方,实现按键第二功能,只需先按下 Shift 键再按下该按键即可。少部分按键还可作单位键,单位标在这些按键的下方,要实现按键的单位功能,只要先按下数字键,接着再按下该按键即可。

Shift 键:基本功能作为其他键的第二功能复用键,按下该键后,"Shift"标志亮,此时按其他键则实现第二功能;再按一次该键则该标志灭,此时按其他键则实现基本功能。还用作"s/$V_{p\text{-}p}$/N"单位,分别表示时间的单位 s、幅度的峰峰值单位 V 和其他不确定的单位。

0～9、.、一键:数据输入键。其中 7～9 与 Shift 键组合使用还具有第二功能。

◀、▶键:基本功能是数字闪烁位左右移动键。第二功能是选择"脉冲"波形和"任意"波形。在计数功能下还作为"计数停止"和"计数清零"功能。

"频率/周期"键:频率的选择键。当前如果显示的是频率,再按一次该键,则表示输入和显示改为周期。第二功能是选择"正弦"波形。

"幅度/脉宽"键:幅度的选择键。如果当前显示的是幅度且当前波形为"脉冲"波,再按一次该键表示输入和显示改为脉冲波的脉宽。第二功能是选择"方波"波形。

"键控"键:FSK 功能模式选择键。如果当前是 FSK 功能模式,再按一次该键,则进入 PSK 功能模式;如果当前不是 FSK 功能模式,按一次该键,则进入 FSK 功能模式。第二功能是选择"三角波"波形。

"菜单"键:进入 FSK、PSK、调频、调幅、扫描、猝发和系统功能模式时,可通过"菜单"键选择各功能的不同选项,并改变相应选项的参数。在点频功能且当前处于幅度时可用"菜单"键进行峰峰值、有效值和 dBm 数值的转换。第二功能是选择"升锯齿"波形。

"调频"键:调频功能选择键。第二功能是储存选择键。它还用做"ms/mV_{p-p}"单位,分别表示时间的单位 ms、幅度的峰峰值单位 mV。在"测频"功能下作"衰减"选择键。

"调幅"键:调幅功能模式选择键。第二功能是调用选择键。它还用作"MHz/Vrms"单位,分别表示频率的单位 MHz、幅度的有效值单位 V。在"测频"功能下作"低通"选择键。

"扫描"键:扫描功能模式选择键。第二功能是测频计数功能选择键。它还用作"kHz/mVrms"单位,分别表示频率的单位 kHz、幅度的有效值单位 mV。在"测频计数器"功能下和 Shift 键一起作"计数"和"测频"功能选择键,如果当前是测频,则选择计数;如果当前是计数,则选择测频。

"猝发"键:猝发功能模式选择键,第二功能是直流偏移选择键。它还用作"Hz/dBm/Φ"单位,分别表示频率的单位 Hz、幅度的单位 dBm。在"测频"功能下作"闸门"选择键。

表 2.3　数字输入键功能定义

键名	主功能	第二功能	键名	主功能	第二功能
0	输入数字 0	无	7	输入数字 7	进入点频
1	输入数字 1	无	8	输入数字 8	退出程控
2	输入数字 2	无	9	输入数字 9	进入系统
3	输入数字 3	无	.	输入小数点	无
4	输入数字 4	无	—	输入负号	无
5	输入数字 5	无	◀	闪烁数字左移*	选择脉冲波
6	输入数字 6	无	▶	闪烁数字右移**	选择 TTL 波

表 2.4　功能键功能定义

键名	主功能	第二功能	计数第二功能	单位功能
频率/周期	频率选择	正弦波选择	无	无
幅度/脉宽	幅度选择	方波选择	无	无
键控	键控功能	三角波选择	无	无
菜单	菜单选择	升锯齿波选择	无	无
调频	调频功能选择	存储功能选择	衰减选择	ms/mVp-p
调幅	调幅功能选择	调用功能选择	低通选择	MHz/Vrms
扫描	扫描功能选择	测频功能选择	测频/计数选择	kHz/mVrms
猝发	猝发功能选择	直流偏移选择	闸门选择	Hz/dBm

表 2.5　其他键功能定义

键名	主功能	其他
输出	信号输出与关闭切换	扫描功能和猝发功能的单次触发
Shift	和其他键一起实现第二功能	单位 s/V_{p-p}

3. 常用的操作方法

(1)仪器启动:按下面板上的电源按钮,电源接通。先闪烁显示 WELCOME 2s,再闪烁显示仪器型号(如 F05A-DDS)1s。之后根据系统功能中开机状态设置,进入“点频”功能状态,波形显示区显示当前波形～,频率为 10.00000000kHz;或者进入上次关机前的状态。

(2)开机后,仪器进行自检初始化,进入正常工作状态,可以输入数据,数据输入有两种方式。

数据键输入:十个数字键用来向显示区写入数据。写入方式为自左到右顺序写入,“.”用来输入小数点,如果数据区中已经有小数点,按此键不起作用。“-”用来输入负号,如果数据区中已经有负号,再按此键则取消负号。使用数据键只是把数据写入显示区,这时数据并没有生效。所以如果写入有错,可以按当前功能键,然后重新写入。对仪器输出信号没有影响。等到确认输入数据完全正确之后,按一次单位键,这时数据开始生效,仪器将根据显示区数据输出信号。数据的输入可以使用小数点和单位键任意搭配,仪器将会按照统一的形式将数据显示出来。

注意　用数字键输入数据必须输入单位,否则输入数值不起作用。

调节旋钮输入:调节旋钮可以对信号进行连续调节。按位移键◀、▶使当前闪烁的数字左移或右移,这时顺时针转动旋钮,可使正在闪烁的数字连续增加,并能向高位进位;逆时针转动旋钮,可使正在闪烁的数字连续减少,并能向高位借位。使用旋钮输入数据时,数字改变后立即生效,不用再按单位键。闪烁的数字向左移动,可以对数据进行粗调;若向右移动,则可以进行细调。当不需要使用旋钮时,可以用位移键◀、▶使闪烁的数字消失,旋钮的转动就不再有效。

(3)功能选择:仪器开机后为“点频”功能模式,输出单一频率的波形,按“调频”、“调幅”、“扫描”、“猝发”、“点频”、FSK 和 PSK 可以分别实现 7 种功能模式。

(4)点频功能模式。

点频功能模式是指输出一些基本波形,如正弦波、方波、三角波、升锯齿波、降锯齿波、脉冲波、TTL 波等多种波形。对大多数波形可以设定频率、幅度和直流偏移。在其他功能模式时,可先按下 Shift 再按下“点频”键来进入点频功能模式。

从点频模式转到其他功能模式,点频设置的参数就作为载波的参数;同样,在其他功能模式中设置载波的参数,转到点频模式后就作为点频模式的参数。例如,从点频模式转到调频,则点频中设置的参数就作为调频中载波的参数;从调频转到点频,则调频中设置的载波参数就作为点频中的参数。除点频功能模式外的其他功能模式中，基本信号或载波的波形只能选择正弦波。

(5)常用操作设定。

①频率设定：按“频率”键，显示出当前频率值。可用数据键或调节旋钮输入频率值，这时仪器输出端口即有该频率的信号输出。

②周期设定：信号的频率也可以用周期值的形式进行显示和输入。如果当前显示为频率，再按“频率/周期”键，显示出当前周期值，可用数据键或调节旋钮输入周期值。

③幅度设定：按“幅度”键，显示出当前幅度值。可用数据键或调节旋钮输入幅度值，这时仪器输出端口即有该幅度的信号输出。

④直流偏移设定：按 Shift 后再按“偏移”键，显示出当前直流偏移值，如果当前输出波形直流偏移不为 0，此时状态显示区显示直流偏移标志“Offset”。可用数据键或调节旋钮输入直流偏移值，这时仪器输出端口即有该直流偏移的信号输出。

⑤输出波形选择：按下 Shift 键后再按下波形键，可以选择正弦波、方波、三角波、升锯齿波、脉冲波、TTL 波 6 种常用波形，同时波形显示区显示相应的波形符号。

2.4 示 波 器

2.4.1 示波器简介

示波器是一种用途十分广泛的电子测量仪器。它能把肉眼看不见的电信号变换成看得见的图像，便于人们研究各种电现象的变化过程，通过对电信号波形的观察，便可以分析电信号随时间变化的规律。利用示波器能观察各种不同信号幅度随时间变化的波形曲线，还可以用它测试各种不同的电量，如电压、电流、频率、相位差、调幅度等。

1. 示波器的类型

示波器大致可分为模拟、数字和组合三类。

模拟示波器采用的是模拟电路(示波管，其基础是电子枪)，电子枪向屏幕发射电子，发射的电子经聚焦形成电子束，并打到屏幕上，屏幕的内表面涂有荧光物质，这样电子束打中的点就会发出光来。

数字示波器是数据采集、A/D 转换、软件编程等一系列技术制造出来的高性能示波器。数字示波器一般支持多级菜单，能提供给用户多种选择，具有多种分析功能，还有一些示波器可以提供存储，实现对波形的保存和处理。

混合信号示波器则是把数字示波器对信号细节的分析能力和逻辑分析仪多通道定时测量能力组合在一起的仪器。

2. 示波器和电压表之间的区别

示波器和电压表之间的主要区别如下：

(1)电压表可以给出被测信号的数值，这通常是有效值即 RMS 值，但是电压表不能给出有关信号形状的信息。有的电压表也能测量信号的峰值电压和频率，然而示波器则能以图形的方式显示信号随时间变化的历史情况。

(2)电压表通常只能对一个信号进行测量，而示波器则能同时显示两个或多个信号。

(3)示波器和电压表测量信号的频率范围不一样，一般的电压表测量电压的频率范围最高达到 kHz 数量级，而示波器至少可以达到 MHz 量级，具体使用要参照仪器的具体参数。

在后面的内容中会首先介绍示波器的组成和基本原理，然后再具体介绍 TDS1002 型及 DS5062 型双踪示波器的主要技术指标和使用方法。

2.4.2　模拟示波器的组成及原理

模拟示波器由三大部分组成，即 Y 轴信道、X 轴信道和示波管，被测信号由 Y 输入端送至垂直系统，经内部 Y 轴放大电路放大后加至示波管的垂直偏转板，控制光点在荧光屏垂直方向上移动。水平系统中扫描信号发生器产生锯齿波电压(亦称时基信号)，经放大后加至示波管的水平偏转板，控制光点在荧光屏水平方向上匀速运动。示波管用来显示被测信号的波形。加至示波管垂直偏转板上的被测电压使光点垂直运动，加至水平偏转板上的锯齿波电压使光点沿水平方向匀速运动，二者合成，光点便在荧光屏上描绘出被测电压随时间变化的规律，即被测电压波形。其原理框图如图 2.5 所示。

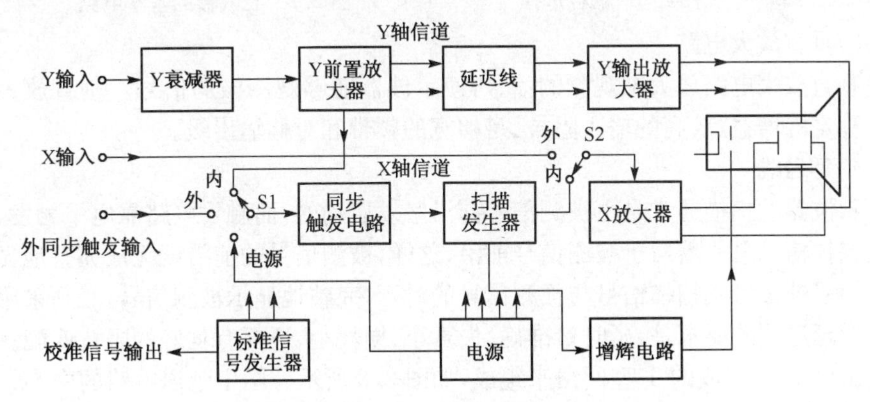

图 2.5　示波器原理框图

1. Y 轴信道

Y 轴信道又称垂直系统，示波器的垂直系统由输入耦合选择电路、衰减器、垂直放大电路和延迟线等组成。由于示波管的偏转灵敏度基本上是固定的，因而为扩大观测信号的幅度范围，垂直通道要设置衰减器和放大电路，以便把被测信号幅度变换到适于示波管观测的数值。由于设置了衰减器和放大电路，示波器的偏转灵敏度可在很大范围内调节。

1）输入耦合选择电路

输入信号经过开关选择耦合方式，进入示波器的垂直通道，如图2.6所示。选择DC耦合时，输入信号的交、直流成分都能通过。选择AC耦合时，只有输入信号的交流成分通过。选择GND时，输入信号通路被断开，衰减器输入端接地，此时示波器荧光屏上显示的扫描基线即为零电平线。

2）垂直衰减器

衰减器的作用是衰减被测信号的幅度，调节衰减比的大小，以满足不同强度输入信号的需要。对衰减器的基本要求是：应有足够宽的频带宽度、较大的衰减量调节范围、准确的分压系数、足够高而稳定的输入阻抗。目前，大多数示波器的衰减器均采用阻容补偿式分压器组成，其基本电路类似于探极电路中的脉冲分压器，如图2.7所示。

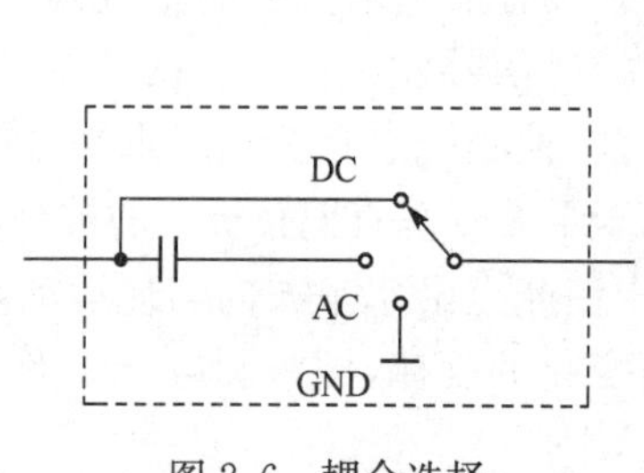

图2.6 耦合选择

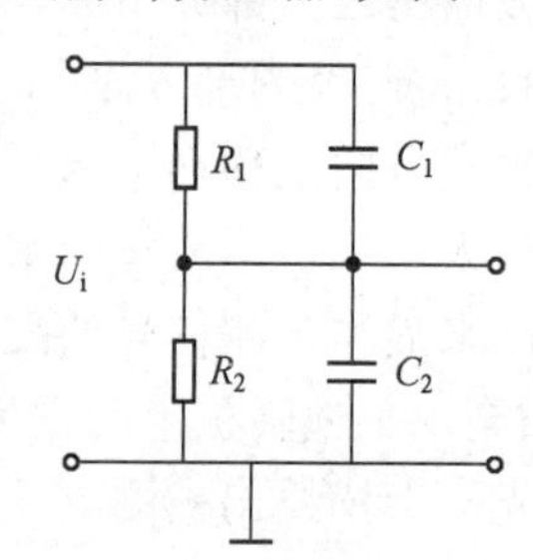

图2.7 衰减器的基本电路

3）垂直放大电路

垂直放大电路放大被观测的信号，使示波器能够观测微弱信号。垂直放大电路应有稳定的增益、较高的输入阻抗、足够宽的频带和对称输出级。

4）延迟线

示波器的扫描通常是由被测信号前沿触发启动的，而触发电路靠电平触发，在时间上扫描信号总要落后于被测信号前沿，这样，被测信号的前沿就无法完整地显示出来。为了补偿触发扫描信号与被测信号的时延，完整地显示被测信号，必须采用延迟线。对延迟线的要求是：延时量准确、失真小、损耗小、还要有良好的阻抗匹配。延迟线通常以L、C构成的T型网络来组成，如图2.8所示。图中延迟电路的中心频率为$f_c=\dfrac{1}{2\pi\sqrt{LC}}$，其延迟时间$\tau\approx\dfrac{1}{f_c}=2\pi\sqrt{LC}$。

2. X轴信道

X轴信道又称水平系统，其主要作用是：

(1)产生频率、幅度、线性均符合要求的扫描电压,即“time base”(时基)。

(2)选择适当的触发信号源,保证扫描与被测信号同步,使波形显示稳定。

X轴信道主要由扫描电路、同步触发电路、水平放大电路等部分组成。

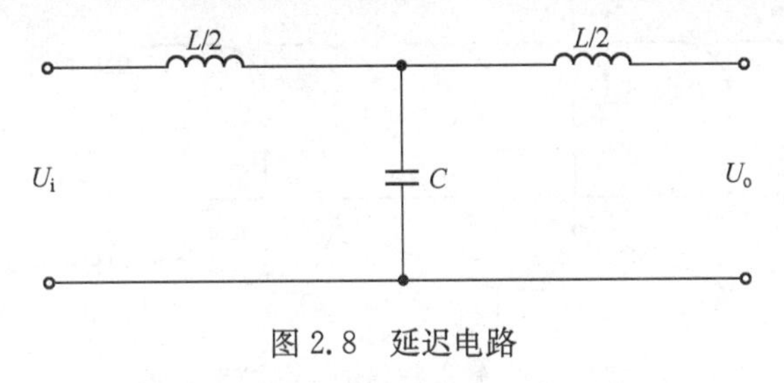

图 2.8 延迟电路

1)扫描电路

扫描电路的主要作用是产生线性的锯齿波电压。这种扫描电路主要包括时基闸门电路、扫描电压发生器(锯齿波发生器)、电压比较器和释抑电路等几个部分,它们组成一个闭环的自动控制系统,其原理框图如图 2.9 所示。

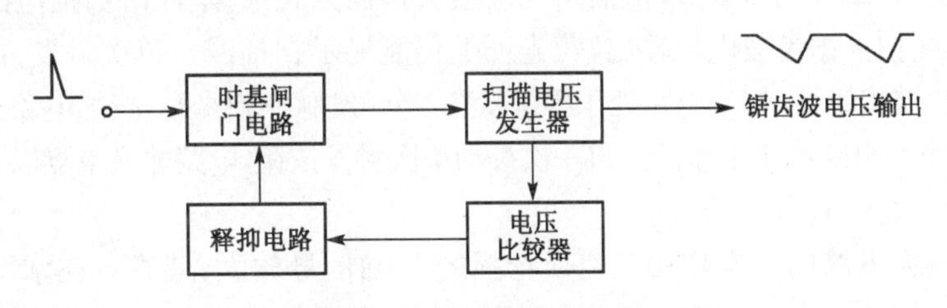

图 2.9 扫描电路的组成

示波器的水平轴是由扫描时基因数来标度的。它表示在扫描期内,光点在水平方向移动单位距离所需要的时间,用 t ・N 或 t ・div 表示。扫描时基因数的倒数就是扫描速度。调节时间常数,可以改变扫描速度,从而改变扫描时基因数。

2)触发同步电路

光有时基还不足以产生正确的图形,还要有触发,才能让每一次的扫描有正确的起点,否则就会造成波形晃动,而使荧幕混乱。触发信号的目的是方便观察信号及分析信号,未被触发的信号不断地在荧幕上漂移,因此测量及观察均不方便。触发电平(trigger level)若超过信号的电压,则此波形将在屏幕上漂移且无法固定,必须将触发电平调小。

触发极性和触发电平决定了触发脉冲产生的时刻,因而决定了扫描的起点。正确选择触发信号对波形显示的稳定、清晰有很大影响。所谓触发极性是指触发点位于触发信号的上升沿还是下降沿,前者称为正极性,后者称为负极性。而触发电平是指触发点位于触发信号的什么电平上。图 2.10 所示为负极性触发时各波形的时间关系。

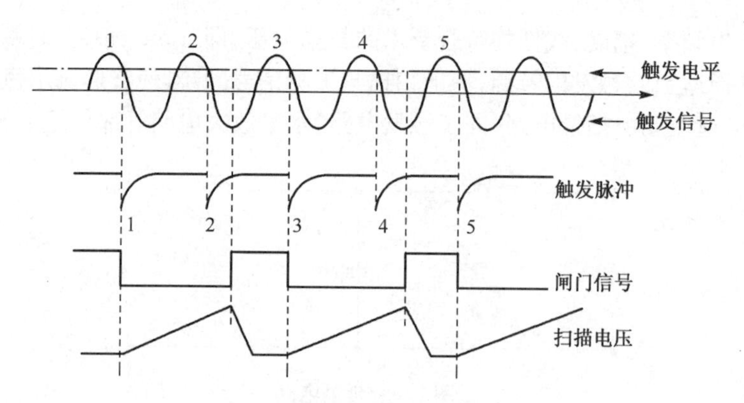

图 2.10 触发扫描的工作波形关系

触发方式通常有常态(NORM)、自动(AUTO)和单次(SIG)三种。

常态触发方式,是指只有输入了触发信号并且产生了有效触发脉冲时,扫描电路才被触发而产生扫描锯齿波电压,荧光屏上才有扫描线。自动触发方式,是指在一段时间内没有触发脉冲时(如 15ms),扫描系统按连续扫描方式工作,此时扫描电路处于自激状态,有连续扫描锯齿波电压输出,荧光屏上仍能显示扫描线。单次触发方式,是指当按动单次扫描按钮后,扫描电路处于等待状态,当触发脉冲到来时,扫描电路开始一次扫描,扫描结束后电路停止工作。当再一次按动单次触发按钮,电路才又重复以上过程。

3)水平放大电路

水平放大电路的基本作用是将所选择的 X 轴信号放大,使光点在水平方向能够达到满偏。调节水平放大电路输出的直流电平,即可使荧光屏上显示的图形水平移动,称为"水平位移"。

扫描扩展是通过改变水平放大电路的增益来实现的。若将整个水平系统的增益调到原值的 k 倍(通常设置为固定值 10 倍),则意味着荧光屏上同样的水平距离所代表的时间缩小为原值的 $1/k$,这就实现了扫描的扩展。另外,示波器面板上扫描微调也是通过调节水平放大电路的增益来实现的。

3. 示波器探头

1)示波器探头的结构与原理

示波器垂直输入端的输入阻抗是有限的,可以等效于输入电阻 R_i(如 1MΩ)和输入电容 C_i(如几十 pF)的并联。将示波器的垂直输入端通过电缆接于被测电路中,示波器的输入阻抗和电缆的分布电容(可达几百 pF)就成了被测电路的负载,并接在测试点上,这样就会对被测电路产生影响。例如,用示波器测量放大电路的幅频特性时,可能使测得的 f_H 比实际的要小;用示波器测量脉冲波形时,示波器的输入电容 C_i 就会影响脉冲波形的上升时间和下降时间。为了减小示波器输入阻抗的不良影响,专门设计了示波器探头。

示波器探头是示波器的重要附件之一，它的原理如图 2.11(a)所示。在金属屏蔽的外壳里，装有一个电阻、电容和开关并联的电路，此并联电路的一端接探针，另一端经电缆接电缆插头，以便连接到示波器的 Y 轴输入端。其等效电路如图 2.11(b)所示。图中 R_i 是示波器的输入电阻，C_i 是示波器的输入电容，C_0 是包括电缆电容在内的分布电容，C_x 为调整补偿的可变电容。当开关 S 断开时，电路构成一个衰减器。参见前面对衰减器的讨论可知，若令 $C_2 = C_i + C_0 + C_x$，则当满足 $R_1 C_1 = R_i C_2$ 时，分压比为

$$k = \frac{U_2}{U_1} = \frac{R_i}{R_1 + R_i} \tag{2-1}$$

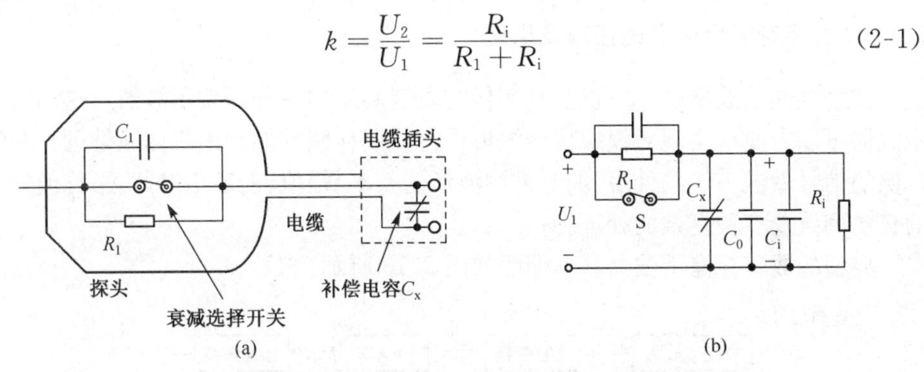

图 2.11　示波器探头的结构及其等效电路

可见，分压比 k 的大小取决于电阻 R_1、R_i，与频率无关。这时从探针处看入的输入电阻为 $R = R_1 + R_i = kR_i$，输入电容为 $C = kC_2$。即接入探头后其输入电阻将增大 k 倍，而输入电容减小到原来的 $1/k$，所以对被测电路的影响就要小得多。

一般将探头的衰减选择开关拨到“×10”位置(开关 S 断开)时，分压比 k 设为 10:1。若示波器的输入电阻为 1MΩ，输入电容(包括电缆的分布电容等)约为 200pF，接入探头后的输入电阻增大至 10MΩ，输入电容减少至约 20pF。

当探头的衰减开关拨到“×1”位置时，探头内部的开关 S 闭合，信号直接送到示波器的输入端，此时由探头的探针处看入的输入电阻即为示波器的输入电阻(如 1MΩ)，输入电容即为示波器的输入电容和电缆的分布电容的等效电容，可达几百 pF。可见，用“×1”挡测量有时会对测量结果产生一定的影响。

2)探头补偿的调整

在使用示波器探头进行测量前，或者更换示波器探头时，必须对探头的补偿进行检查和调整，使之处于最佳补偿状态。一般是以示波器的校准信号(图 2.12(a))作为标准信号。调整方法是，将探头的衰减开关拨到“×10”挡，探头接到示波器的校准信号 CAL 上，调节探头的补偿电容，使所显示的波形与图 2.12(a)所示波形相同，即达到了最佳补偿状态。如果电路元件参数为 $R_1 C_1 < R_i C_2$，探头处于欠补偿状态，显示的波形则如图 2.12(b)所示，波形边缘变圆滑，表明到达示波器输入端的信号的高频分量遭到损失。如果元件参数为 $R_1 C_1 > R_i C_2$，到达示波器输入端的信号的高频分

量过大，显示波形如图 2.12(c)所示，波形的跳变边沿出现过冲，探头处于过补偿状态。欠补偿和过补偿均会对测量结果产生影响。

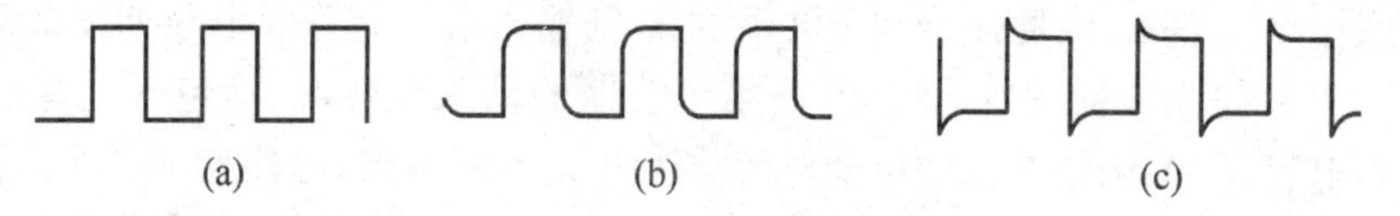

图 2.12　示波器探头调整时波形

2.4.3　数字存储示波器的组成及原理

数字存储示波器是 20 世纪 70 年代初发展起来的一种新型示波器。这种类型的示波器可以方便地实现对模拟信号波形进行长期存储并能利用机内微处理器系统对存储的信号做进一步的处理，如对被测波形的频率、幅值、前后沿时间、平均值等参数的自动测量及多种复杂的处理。

典型的数字存储示波器基本框图如图 2.13 所示。

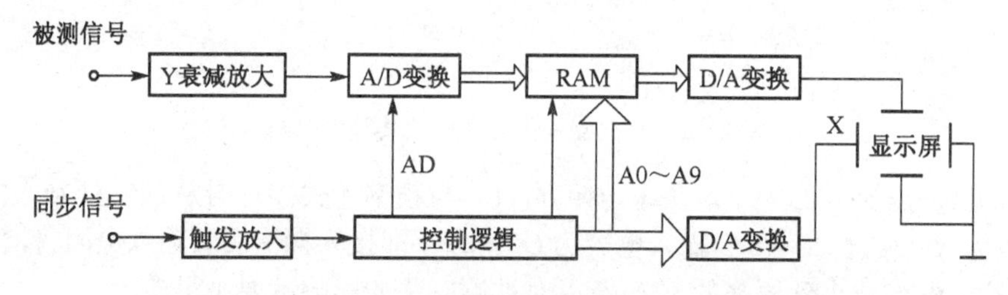

图 2.13　典型的数字存储示波器基本框图

当信号进入数字存储示波器(DSO)以后，在到达 CRT 的偏转电路之前，示波器将按一定的时间间隔对信号电压进行采样，获得的二进制数值存储在存储器中。示波器根据存储器中储存的数据在屏幕上重建信号波形。

1. 模/数变换器和垂直分辨率

ADC 通过把采样电压和许多参考电压进行比较来确定采样电压的幅度。构成 ADC 所用的比较器越多，其电阻链越长，ADC 可以识别的电压层次也越多。这个特性称为垂直分辨率。垂直分辨率越高，示波器上的波形中可以看到的信号细节越小，如图 2.14 所示。

在现实当中，增加垂直分辨率的限制因素之一是成本问题。在制造 ADC 时，输出每增加一个比特，就需要将所用的比较器数增加一倍并使用更大的编码变换器，这样一来就使得 ADC 电路在电路板上多占据一倍的芯片空间，并消耗多一倍的功率(这又将进一步影响周围电路)结果。同时增加垂直分辨率带来了价格的提高。

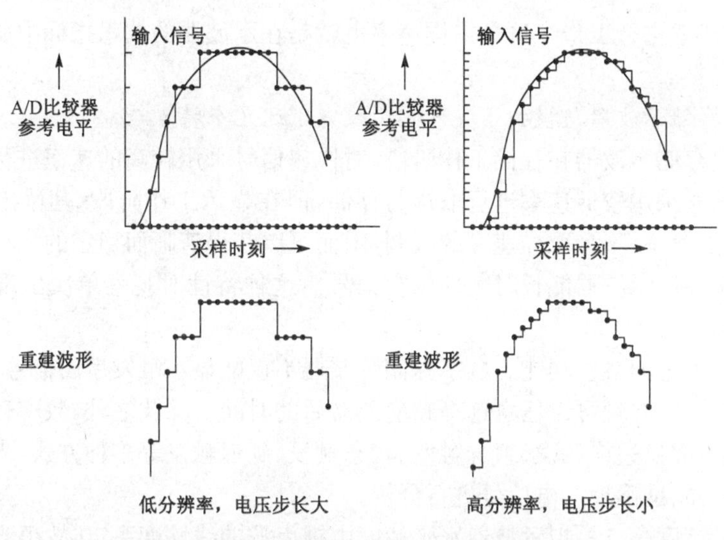

图 2.14 垂直分辨对显示波形的影响

2. 时基和水平分辨率

数字示波器水平系统的作用是确保对输入信号采集足够数量的采样值，并且每个采样值取自正确的时刻。一个示波器可以储存的采样点数称为记录长度或采集长度，记录长度用字节或千字节来表示，对八位垂直分辨率的示波器来说，1千字节(1KB)等于1024个采样点。通常，示波器沿着水平轴显示512采样点，为了便于使用，这些采样点以每格50个采样点的水平分辨率来进行显示，这就是说水平轴的长为512/50＝10.24格。据此，两个采样之间的时间间隔可按下式计算：

采样间隔＝时基设置(s/div)/采样点数

若时基设置为1ms/div，且每格有50个采样，则可以计算出采样间隔为

采样间隔＝1ms/50＝20μs

采样速率是采样间隔的倒数

采样速率＝1/采样间隔

通常示波器可以显示的采样点数是固定的，时基设置的改变是通过改变采样速率来实现的，因此一台特定的示波器所给出的采样速率只有在某一特定的时基设置之下才是有效的。在较低的时基设置之下，示波器使用的采样速率也比较低。

设有一台示波器，其最大采样速率为100ms/s，那么示波器实际使用这一采样速率的时基设置值应为

时基设置值＝50采样点×采样间隔＝50/采样速率＝50/(100×10^6)＝500ns/div

了解这一时基设置值是非常重要的，因为这个值是示波器采集非重复性信号时最快的时基设置，使用这个时基设置时，示波器能给出其可能的最好的时间分辨率。

此时基设置值称为最大单次扫描时基设置值，在这个设置值之下示波器使用最

大实时采样速率进行工作。这个采样速率也就是在示波器的技术指标中所给出的采样速率。

3.数字存储示波器与模拟示波器相比较有下述几个特点

(1)数字存储示波器在存储工作阶段,对快速信号采用较高的速率进行取样与存储,对慢速信号采用较低速率进行取样与存储,但在显示工作阶段,其读出速度采取了一个固定的速率,不受取样速率的限制,因而可以获得清晰而稳定的波形。

(2)数字存储示波器能长时间地保存信号。这种特性对观察单次出现的瞬变信号尤为有利。

(3)具有先进的触发功能。数字存储示波器不仅能显示触发后的信号,而且能显示触发前的信号,并且可以任意选择超前或滞后的时间。除此之外,数字存储示波器还可以向用户提供边缘触发、组合触发、状态触发、延迟触发等多种方式,来实现多种触发功能,方便、准确地对电信号进行分析。

(4)测量精度高。模拟示波器水平精度由锯齿波的线性度决定,故很难实现较高的时间精度,一般限制在3%~5%。而数字存储示波器由于使用晶振作高稳定时钟,有很高的测时精度。采用多位A/D转换器也使幅度测量精度大大提高。尤其是能够自动测量直接读数,有效地克服了示波管对测量精度的影响,使大多数数字存储示波器的测量精度优于1%。

(5)具有很强的处理能力,这是由于数字存储示波器内含微处理器,因而能自动实现多种波形参数的测量与显示,如上升时间、下降时间、脉宽、频率、峰峰值等参数的测量与显示;能对波形实现多种复杂的处理,如取平均值、取上下限值、频谱分析,以及对两波形进行加、减、乘等运算处理。

(6)具有数字信号的输入/输出功能,可以很方便地将存储的数据送到计算机或其他外部设备,进行更复杂的数据运算或分析处理。

2.4.4 使用示波器测量电压、相位、时间与频率

本节介绍使用示波器测量电压、相位、时间与频率的一般方法。需要强调,在使用示波器进行测量时,示波器的有关调节旋钮必须处于校准状态。例如,测量电压时,Y通道的衰减器调节旋钮必须处于校准位置;在测量时间时,扫描时间调节旋钮必须处于校准状态,只有这样测得的值才是准确的。

1.电压测量

1)直流电压的测量

要进行直流电压的测量,示波器Y通道必须处于直流耦合状态(Y轴放大电路的下限截止频率为0),同时示波器的灵敏度旋钮必须处于校准状态。

(1)首先将Y输入端对地短路,在屏幕上找出零电压所对应的位置,即扫描基线,并将该基线调至合适位置,作为零电压基准位置,如图2.15所示。

(2)将被测电压通过探头(或直接)接至示波器的 Y 输入端,调节 Y 轴灵敏度(旋钮),使扫描线有合适的偏移量,如图 2.15 所示。如果显示直流电压的坐标刻度(波形与基线之间的距离)为 H(div),Y 轴灵敏度旋钮的位置为 S_Y(V/div),探头的衰减系数为 k,则所测的直流电压值 $V_X = S_Y \times H \times k$。

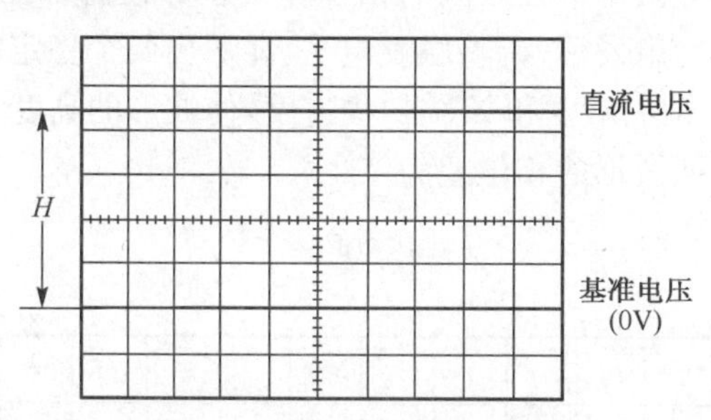

图 2.15　直流电压的测量方法

2)交流电压的测量

(1)将 Y 轴输入耦合方式选择开关置于交流耦合(AC)位置。

(2)根据被测信号的幅度和频率,调整 Y 轴灵敏度选择旋钮和 X 轴的扫描时间选择旋钮于合适的位置。

(3)将被测信号通过探头(或直接)输入到示波器的 Y 轴输入端。

(4)选择合适的触发源和触发耦合方式,调整触发电平调节旋钮,使示波器屏幕显示出稳定的波形,如图 2.16 所示。

设被测电压的峰峰值为 V_{XPP},则 $V_{XPP} = S_Y \times H \times k$。有效值为 $V_X = V_{XPP}/(2\sqrt{2})$。仿照上述方法,可以测量波形中特定点的瞬时值。

上述的被测信号是不含直流成分的正弦信号,一般是选用交流耦合方式。如果被测信号虽是正弦信号,但频率很低,亦应选用直流耦合方式。如果输入信号是含有直流分量的交流信号或脉冲信号,通常选用直流耦合方式,以便观察到输入信号的全部内容。

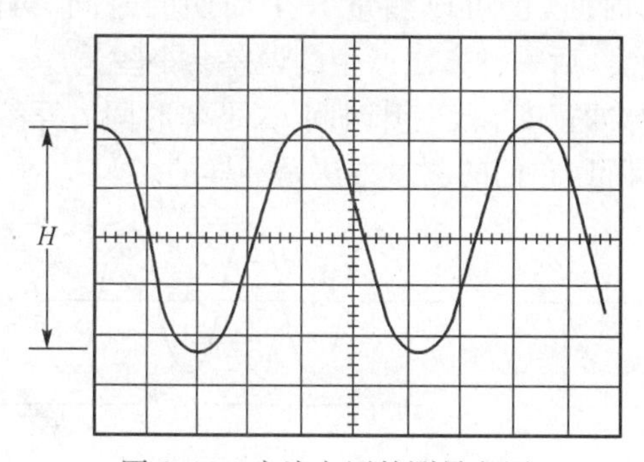

图 2.16　交流电压的测量电压

2. 相位的测量

所谓相位的测量，通常是指测量两个同频率信号之间的相位差，如测量 RC 电路的相移特性、放大电路的输出信号相对于输入信号的相移特性等。

用双踪示波器测量两个信号之间的相位差是很方便的。测量时，要选定其中一个输入通道的信号作为触发源，调整触发电平，显示出两个稳定的波形，如图 2.17 所示。测量中应调整 Y 轴灵敏度和 X 轴扫描速度，使波形的高度和宽度合适。

由图 2.17 可知，两波形的相位差为

$$\phi = 360^\circ \times \frac{L_X}{L_T} \tag{2-2}$$

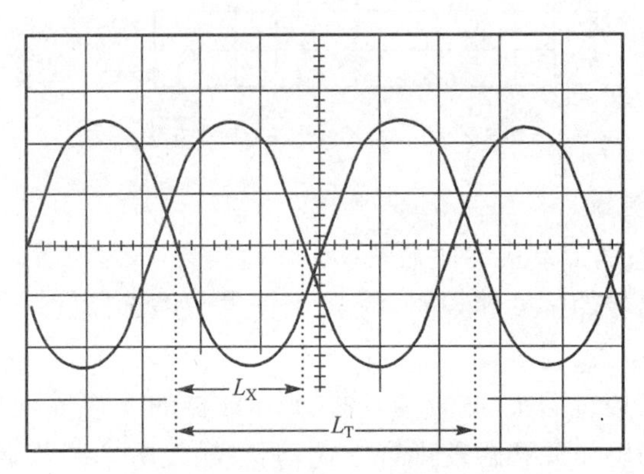

图 2.17 测量两信号的相位差

3. 时间的测量

时间的测量通常是测量信号的周期、脉冲宽度、上升时间、下降时间等。测量这些时间间隔的方法与上面测量相位差的方法类似，具体操作不再赘述。

需要说明：①若所测时间间隔对应的长度为 L_X(div)，扫描速度为 W(ms/div)，X 轴的扩展系数为 k，则所测时间间隔 $T_X = W \times L_X \times k$。②在测量信号的周期时，可以测量信号一个周期的时间，也可以测量 n 个周期的时间，再除以周期个数 n，如图 2.18 所示。相对而言，后一种方法产生的误差会小些。

测量脉冲信号的脉冲宽度 t_W、上升时间 t_r、下降时间 t_f 等参数，只要按其定义测量出相应的时间间隔即可，它们的测量方法是一样的。

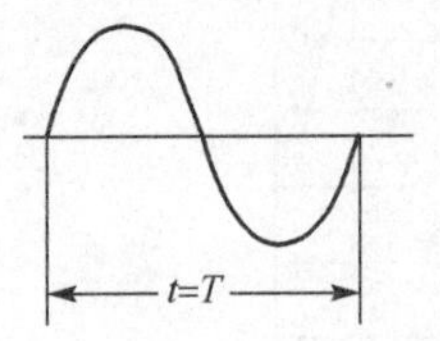

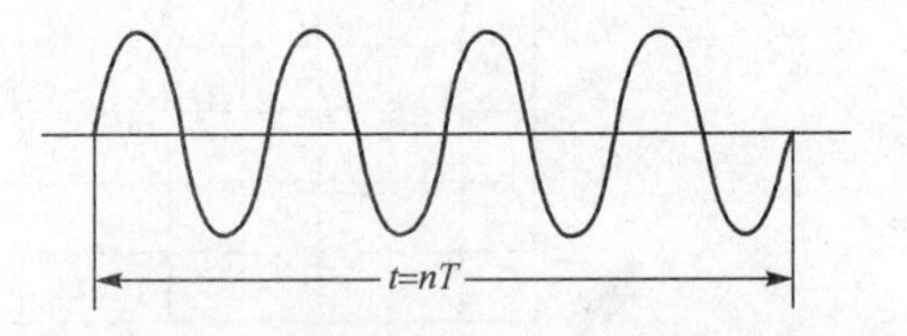

图 2.18 信号周期的测量

4. 频率的测量

由于频率是周期的倒数，所以测量信号的频率一般是先测量信号的周期再换算成频率，测量方法同上。此外，有些示波器附带有频率测试功能（数字频率计），利用此功能可以直接显示出被测信号的频率，简单方便。

2.4.5 常用示波器使用介绍

1. 泰克 TDS1002 示波器

TDS1002 为两通道双时基数字存储示波器，其带宽为 60MHz，采样速率为 1GS/s，每通道的记录长度为 2500 点。TDS1002 具有自动设置功能，以及 11 种自动测量功能，并且支持对采集到的信号进行各种基本运算和快速傅里叶变换(FFT)。TDS1002 采用黑白 LCD 显示，其控制面板如图 2.19 所示。其面板装置按其位置和功能通常可划分为六大部分：显示及功能键、功能菜单、运行控制、垂直(Y 轴)、水平(X 轴)和触发菜单。现分别介绍这几部分控制装置的使用方法。

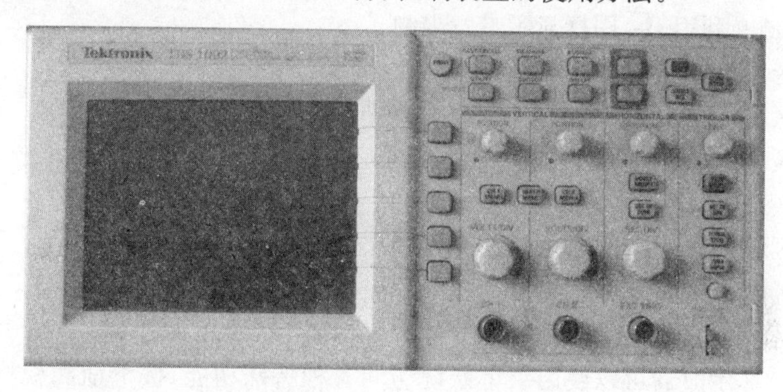

图 2.19 TDS1002 示波器前面板

1)示波器的屏幕为显示区域

显示区域除显示波形，还会显示菜单、波形和示波器控制设置等详细信息，如图 2.20所示。

(1)区域 1 显示图标表示采集模式，包含取样、峰值检测和均值模式。

(2)区域 2 显示触发状态。

(3)区域 3 显示水平触发位置，可以旋转“水平位置”旋钮调整标记位置。

(4)区域 4 利用读数显示中心刻度线的时间，触发时间为时间零点。

(5)区域 5 使用标记显示边沿脉冲宽度触发电平，或选定的视频行和场。

(6)区域 6 显示波形的接地参考点。如没有标记，不会显示通道。

(7)区域 7 显示波形是否反相。

(8)区域 8 显示垂直刻度系数读数。

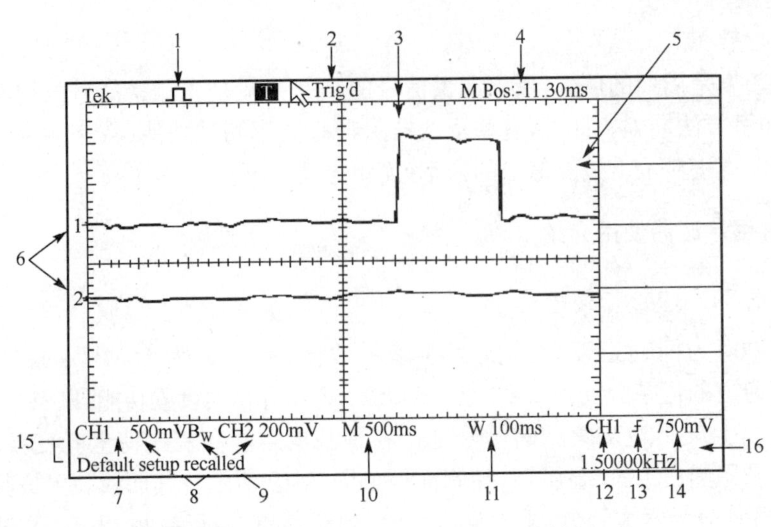

图 2.20 TDS1002 示波器显示区域

(9)区域 9 利用 B_W 图标显示带宽限制。

(10)区域 10 显示主时基设置。

(11)区域 11 显示窗口时基设置。

(12)区域 12 显示触发使用的触发源。

(13)区域 13 显示触发类型图标。

(14)区域 14 显示边沿脉冲宽度触发电平。

(15)区域 15 显示有用信息。

(16)区域 16 显示触发频率读数。

TDS1002 示波器可以使用菜单系统访问各种特殊功能,按下前面板按钮,示波器将在显示屏的右侧显示相应菜单,通过屏幕右侧的 5 个选定按钮可以选中相关的选项进行操作。图 2.21 所示为几种不同的菜单示例。

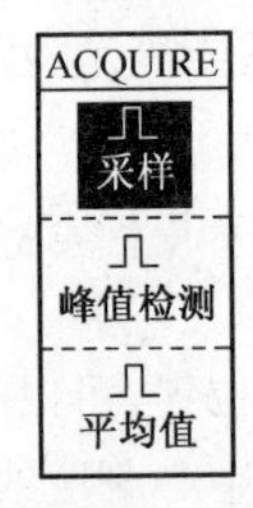

图 2.21 TDS1002 菜单系统

2)垂直控制

TDS1002 的垂直控制系统如图 2.22 所示。CH1、CH2、光标 1 及光标 2 位置,可以垂直定位波形。显示和使用光标时，LED灯会变亮，指示此时对光标进行垂直移动，反之LED灯不亮时，表示此时对对应通道的波形进行垂直移动。

“CH1菜单”和“CH2菜单”，显示垂直菜单选择项或者是打开/关闭对相应通道波形的显示。“Math菜单”控制显示波形的数学运算并可用于打开和关闭数学波形。

“伏特/格”(CH1、CH2)旋钮可以改变标定的垂直刻度系数，通过旋动该旋钮，屏幕上显示的垂直刻度系数会随之发生变化。

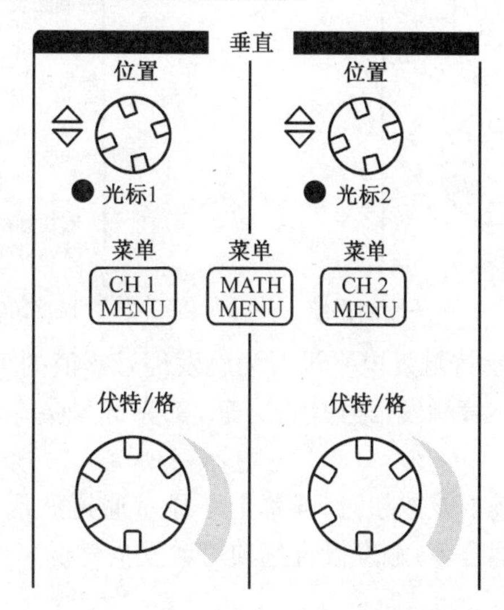

图2.22　TDS1002的垂直控制系统

3)水平控制

TDS1002的水平控制系统如图2.23所示。

“位置”旋钮可以调整所有通道和数学波形的水平位置。

“水平菜单”按钮可以控制显示和关闭水平菜单。

“设置为零”按钮表示将水平位置设为零。

“秒/格”旋钮可以改变主时基或窗口的水平时间刻度，通过旋动该旋钮，屏幕上显示的水平刻度系数会随之发生变化。

4)触发控制

TDS1002的触发控制系统如图2.24所示。

“电平”和“用户选择”:使用边沿触发方式时，“电平”旋钮的基本功能是设置触发电平幅度，信号必须高于此电平才能进行采集。当旋钮下的LED指示灯亮时，表示执行的是“用户选择”功能，利用该旋钮可以选择视频扫描线同步触发的线数和脉冲宽度触发的脉宽，以及触发释抑的时间长度。

“触发菜单”:按下“触发菜单”键，将会在示波器屏幕上显示触发菜单选项。

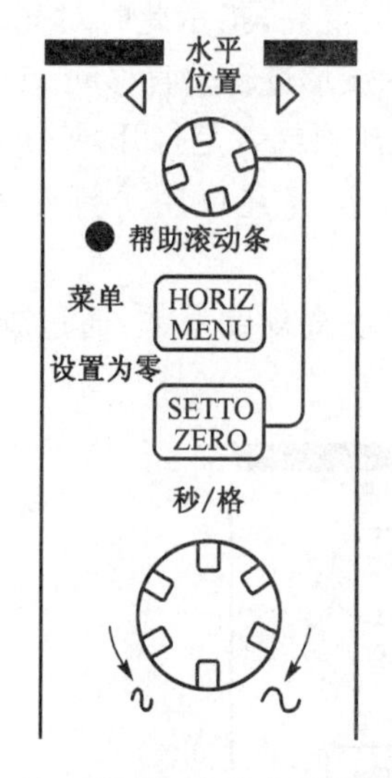

图 2.23 TDS1002 的水平控制系统

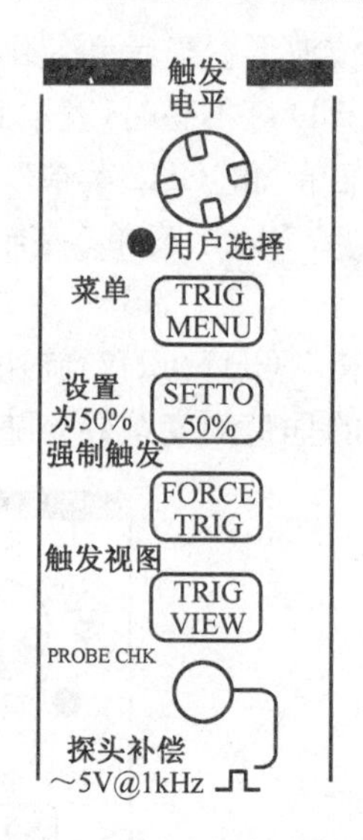

图 2.24 TDS1002 的触发控制系统

"设置为 50%":表示将触发电平设置为触发信号峰值的垂直中点。

"强制触发":表示不管触发信号是否合适,都完成采集。如采集已停止,则按下该按钮不产生影响。

"触发视图":表示按下该按钮时,屏幕上不显示通道波形,而显示触发波形。可用此按钮显示(如触发耦合等)触发设置选项对触发信号的影响。

5)菜单和控制按钮

TDS1002 的菜单和控制按钮如图 2.25 所示。

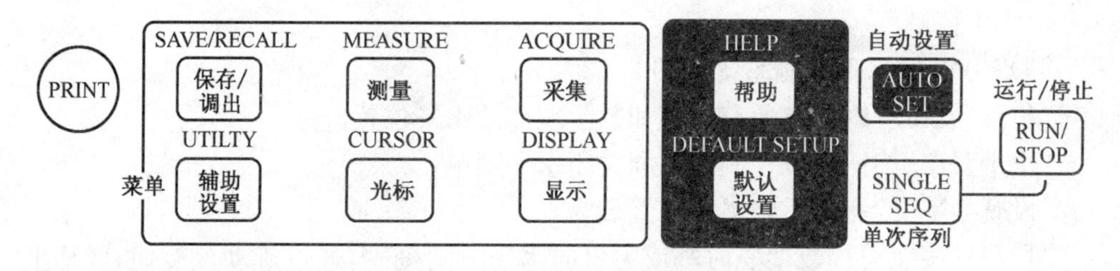

图 2.25 TDS1002 的菜单和控制按钮

"保存/调出":按下该按钮可显示设置和波形的保存及调出菜单。

"测量":按下该按钮可显示自动测量菜单。

"采集":按下该按钮可显示采集菜单。

"显示":按下该按钮可显示与示波器显示相关的显示菜单。

"光标":按下该按钮可显示"光标菜单"。当显示"光标菜单"并且光标被激活时,"垂直位置"控制方式可以调整光标的位置。离开"光标菜单"后,光标保持显示,但不可调整。

“辅助功能”:按下该按钮可显示“辅助功能菜单”。

“帮助”:按下该按钮可显示示波器的帮助菜单。

“默认设置”:按下该按钮可以调出示波器的出厂默认设置。

“自动设置”:按下该按钮可以自动设置示波器控制状态,以产生适用于输出信号的显示图形。

“单次序列”:按下该按钮表示采集单个波形,然后停止。

“运行/停止”:按下该按钮表示连续采集波形或停止采集。

“打印”:开始打印操作。

2. RIGOL DS5000 系列数字存储示波器

DS5000 系列示波器具有操作简单、技术指标优异及众多功能特性完美结合的特点,此外还具有更快完成测量任务所需要的高性能指标和强大功能。通过 1GS/s 的实时采样和 50GS/s 的等效采样,可在 DS5000 示波器上观察更快的信号。强大的触发和分析能力使其易于捕获和分析波形。清晰的液晶显示和数学运算功能,便于使用者更快、更清晰地观察和分析信号问题。

DS5000 系列示波器向使用者提供了简单而功能明晰的前面板,如图 2.26 所示,以进行所有的基本操作。各通道的标度和位置旋钮提供了直观的操作,完全符合传统仪器的使用习惯,使用者不必花大量的时间去学习和熟悉示波器的操作,即可熟练使用。为加速调整,便于测量,使用者可直接按 AUTO 键,立即获得适合的波形显现和挡位设置。

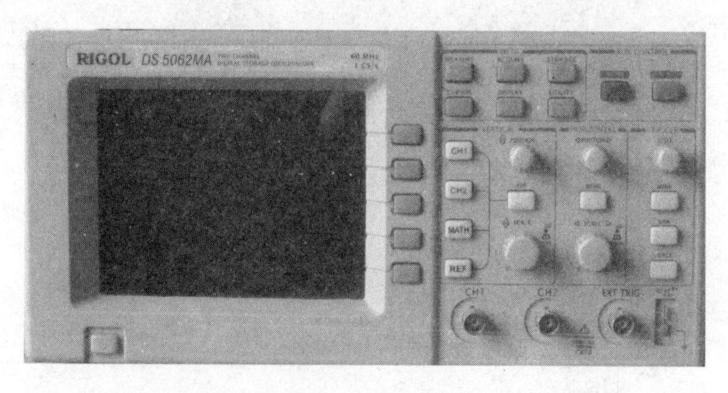

图 2.26　DS5000 系列示波器前面板

DS5000 系列数字存储示波器的前面板上包括旋钮和功能按键,旋钮的功能与其他示波器相似。显示屏右侧的一列 5 个灰色按键为菜单操作键(自上而下定义为 1～5 号)。通过它们,使用者可以设置当前菜单的不同选项。其他按键(包括彩色键)为功能键,通过它们,使用者可以进入不同的功能菜单或者直接获得特定的功能应用(图 2.27、图 2.28)。

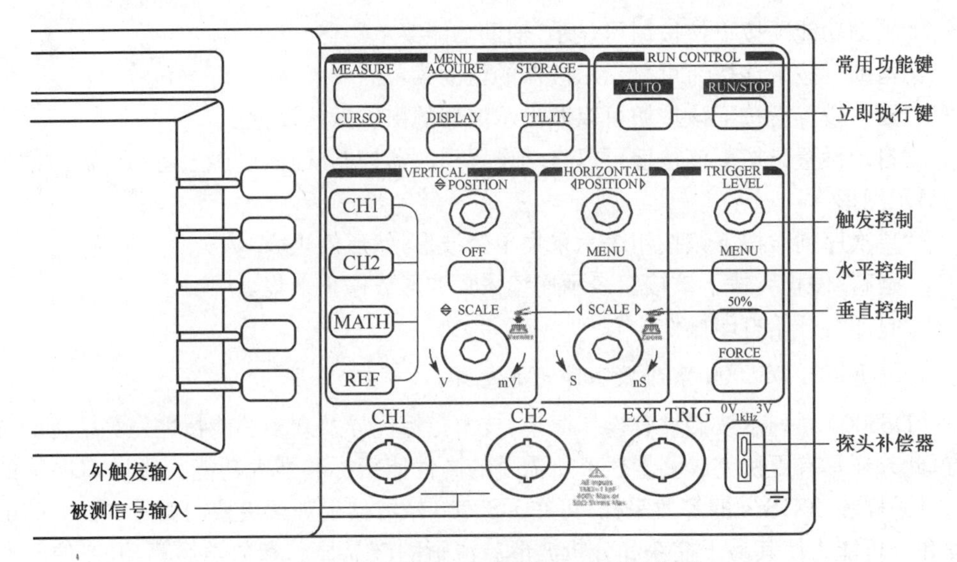

图 2.27 DS5000 系列示波器面板操作说明

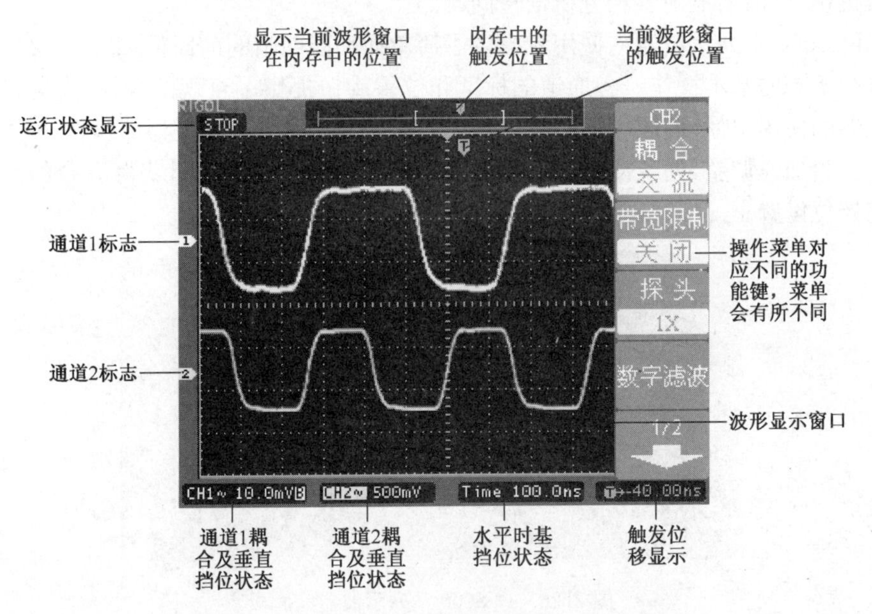

图 2.28 DS5000 系列示波器显示界面说明图

1)垂直系统

在垂直控制区(VERTICAL)有一系列的按键、旋钮，如图 2.29 所示。功能说明如下：

①POSITION 旋钮。垂直 POSITION 旋钮控制信号的垂直显示位置。当转动垂直 POSITION 旋钮时，指示通道地(GROUND)的标识跟随波形而上下移动。

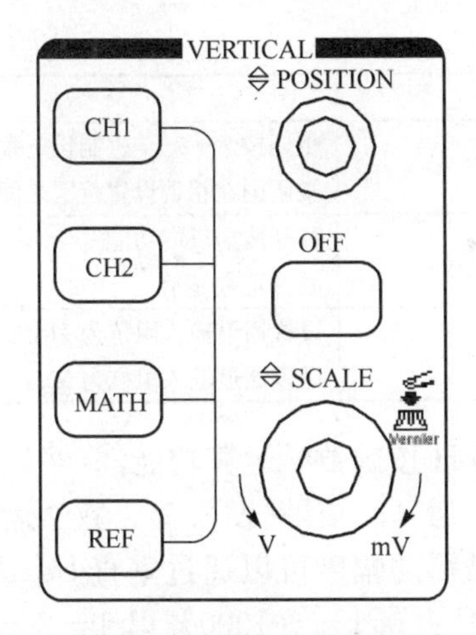

图 2.29　DS5000 垂直系统

如果通道耦合方式为 DC,使用者可以通过观察波形与信号地之间的差距来快速测量信号的直流分量。如果耦合方式为 AC,信号里面的直流分量被滤除,这种方式可以使得使用者以更高的灵敏度测量信号的交流分量。

②SCALE 旋钮。转动垂直 SCALE 旋钮改变"V/div(伏/格)"垂直挡位,可以发现状态栏对应通道的挡位显示发生了相应的变化。

③CH1 和 CH2 按键。按下 CH1 或 CH2 功能按键,系统显示该通道的操作菜单,说明如表 2.6 所示。

表 2.6　CH1/CH2 按键功能菜单

功能菜单	设定	说明
耦合	交流 直流 接地	阻挡输入信号的直流成分 通过输入信号的交流和直流成分 断开输入信号
带宽限制	打开 关闭	限制带宽至 20MHz,以减少显示噪声 满带宽
探头	1X 10X 100X 1000X	根据探头衰减因数选取其中一个值,以保持垂直标尺读数准确
数字滤波		设置数字滤波
(下一页) ⬇	1/2	进入下一页菜单(以下均同,不再说明)
⬆ (上一页)	2/2	返回上一页菜单(以下均同,不再说明)

续表

功能菜单	设定	说明
挡位调节	粗调 微调	粗调按1—2—5进制设定垂直灵敏度 微调则在粗调设置范围之间进一步细分，以改善分辨率
反相	打开 关闭	打开波形反向功能 波形正常显示
输入	1MΩ 50Ω	设置通道输入阻抗为1MΩ 设置通道输入阻抗为50Ω

④MATH按键。MATH按键数学运算功能，能够显示CH1、CH2通道波形相加、相减、相乘、相除及FFT运算的结果(表2.7)。数学运算的结果同样可以通过栅格或游标进行测量。运算波形的幅度可以通过垂直SCALE旋钮调整，幅度以百分比的形式显示。幅度的范围从0.1%～1000%以1—2—5的方式步进，即0.1%、0.2%、0.5%、…、1000%。

表2.7 MATH按键功能菜单

功能菜单	设定	说明
操作	A+B A−B A×B A÷B FFT	信源A与信源B波形相加 信源A波形减去信源B波形 信源A与信源B波形相乘 信源A波形除以信源B波形 FFT数学运算
信源A	CH1 CH2	设定信源A为CH1通道波形 设定信源A为CH2通道波形
信源B	CH1 CH2	设定信源B为CH1通道波形 设定信源B为CH2通道波形
反相	打开 关闭	打开数学运算波形反相功能 关闭反相功能

⑤REF按键。在实际测试过程中，使用DS5000示波器测量观察有关组件的波形，可以把波形和参考波形样板进行比较，从而判断故障原因。按下REF按钮显示参考波形菜单，设置说明如下表2.8所示。

表2.8 REF按键功能菜单

功能菜单	设定	说明
信源选择	CH1 CH2	选择CH1作为参考通道 选择CH2作为参考通道
保存		选择一个已保存的波形作为参考通道的数据源
反向	打开 关闭	设置参考波形反向状态 关闭反向状态

⑥OFF按键。DS5000系列示波器的CH1、CH2为信号输入通道。此外,对于数学运算(MATH)和REF的显示和操作也是按通道的等同观念处理。因此,在处理MATH和REF时,可以理解为是在处理相对独立的通道。希望打开或选择某一通道时,只需按其对应的通道按键。若希望关闭一个通道,首先此通道必须在当前处于选中状态,然后按OFF按键即可将其关闭(表2.9)。

表2.9 OFF按键功能状态

通道类型	通道状态	状态标志	
		DS5000单色系列	DS5000彩色系列
通道1(CH1)	打开 当前选中 关闭	CH1(白底黑字) CH1(黑底白字) 无状态标志	CH1(黄底黑字) CH1(黑底黄字) 无状态标志
通道2(CH2)	打开 当前选中 关闭	CH2(白底黑字) CH2(黑底白字) 无状态标志	CH2(蓝底黑字) CH2(黑底蓝字) 无状态标志
数学运算(MATH)	打开 当前选中 关闭	Math(白底黑字) Math(黑底白字) 无状态标志	Math(绿底黑字) Math(黑底绿字) 无状态标志

2)水平系统

在水平控制区(HORIZONTAL)有一个按键、两个旋钮,如图2.30所示。功能说明如下:

①POSITION旋钮。水平POSITION旋钮可以调整信号在波形窗口的水平位置、控制信号的触发位移,还具有其他一些用途。当用于触发位移时,转动水平POSITION旋钮时,可以观察到波形随旋钮而水平移动。

②SCALE旋钮。使用水平SCALE旋钮可以改变水平挡位设置,使用者能够观察因此导致的状态信息变化。转动水平SCALE旋钮来改变"s/div(秒/格)"水平挡位,可以发现状态栏对应通道的挡位显示发生了相应的变化。水平扫描速度从1ns~50s,以1-2-5的形式步进,在延迟扫描状态可达到10ps/div(示波器型号不同,其水平扫描和延迟扫描速度也有差别)。

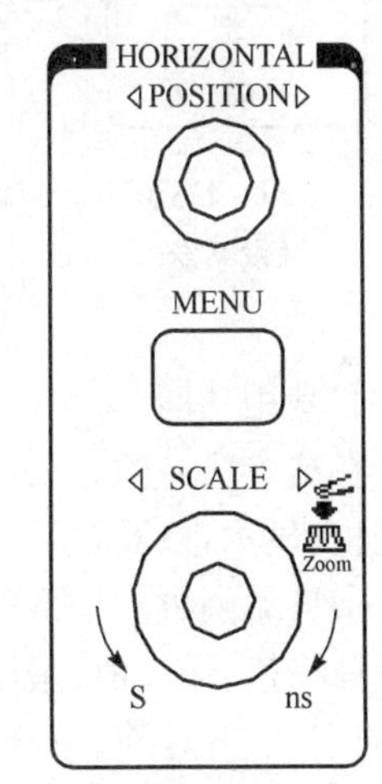

图2.30 DS5000水平系统

③MENU按键。MENU按键显示水平菜单,如表2.10所示。

表 2.10 MENU2 按键功能菜单

功能菜单	设定	说明
延迟扫描	打开	进入 Delayed 波形延迟扫描
	关闭	关闭延迟扫描
格式	Y－T	Y－T 方式显示垂直电压与水平时间的相对关系
	X－Y	X－Y 方式在水平轴上显示通道 1 幅值,在垂直轴上显示通道 2 幅值
◀●▶	触发位移	调整触发位置在内存中的水平位移
	触发释抑	设置可以接受另一触发事件之前的时间量
触发位移复位		调整触发位置到中心 0 点
触发释抑复位		设置触发释抑时间为 100ns

3)触发系统

如图 2.31 所示,在触发控制区(TRIGGER)有一个旋钮、三个按键。

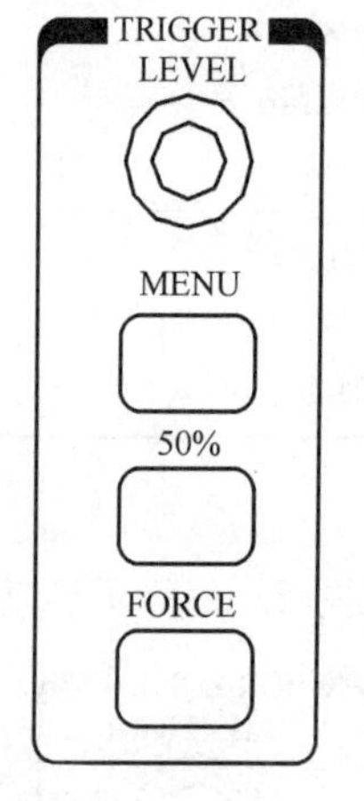

图 2.31 DS5000 触发系统

①LEVEL 旋钮。LEVEL 旋钮用来改变触发电平的设置,转动 LEVEL 旋钮时,可以发现屏幕上出现一条橘红色(单色液晶系列为黑色)的触发线及触发标志,随旋钮转动而上下移动。停止转动旋钮,此触发线和触发标志会在约 5s 后消失。在移动触发线的同时,可以观察到在屏幕上触发电平的数值或百分比显示发生了变化(在触发耦合为交流或低频抑制时,触发电平以百分比显示)。

②MENU 按键。MENU 按键是触发设置菜单键,触发有三种方式:边沿触发、视频触发和脉宽触发。每类触发使用不同的功能菜单。

③50%按键。50%按键用来设定触发电平在触发信号幅值的垂直中点。

④FORCE 按键。FORCE 按键可以强制产生一个触发信号,主要用于触发方式中的"普通"和"单次"模式。

4)常用功能

在这个区域内,一共有六个按键,分别可以进行自动测量、采样、存储和调出、光标测量、显示,以及执行一些操作设置,如图 2.32 所示。

①自动测量。按 MEASURE 自动测量功能键,系统显示自动测量操作菜单,可测量峰峰值、最大值、最小值、顶端值、底端值、幅值、平均值、均方根值、过冲、预冲、频率、周期、上升时间、下降时间、正占空比、负占空比、延迟 1－>2 ↑、延迟 1－>2 ↓、正脉宽、负脉宽共 10 种电压测量和 10 种时间测量。

②采样。使用 ACQUIRE 按钮弹出采样设置菜单。通过菜单控制按钮调整采样方式。

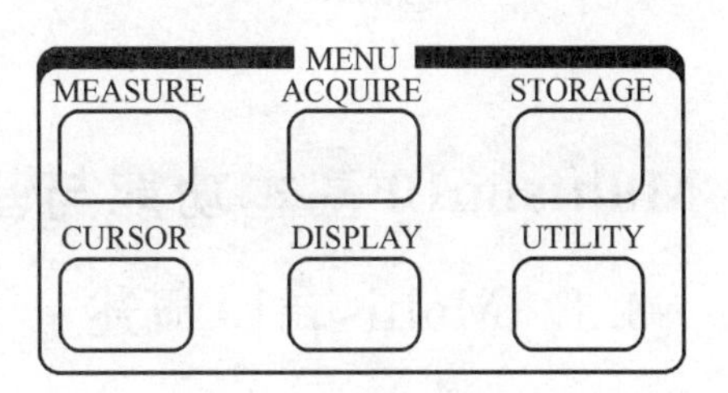

图 2.32　DS5000 常用功能

观察单次信号应选用实时采样方式，观察高频周期性信号选用等效采样方式。若希望观察信号的包络避免混淆，可以选用峰值检测方式；若希望减少所显示信号中的随机噪声，则选用平均采样方式，平均值的次数可以选择；若要观察低频信号，应选择滚动模式方式；若希望显示波形接近模拟示波器效果，应选用模拟获取方式；若希望避免波形混淆，应打开混淆抑制。

③存储和调出。使用 STORAGE 按钮弹出存储设置菜单。通过菜单控制按钮设置存储/调出波形或设置。

④光标测量。光标模式是通过移动光标进行测量。光标测量分为三种模式：手动方式、追踪方式和自动测量方式。

⑤显示。使用 DISPLAY 按钮弹出显示设置菜单。通过菜单控制按钮调整显示方式。

⑥系统功能设置。使用 UTILITY 按钮弹出辅助系统功能设置菜单。

第3章　Multisim10 基本功能与基本操作

3.1　Multisim10 概述

Multisim10 是 National Instruments 公司(美国国家仪器有限公司)于 2007 年 3 月推出的 NI Circuit Design Suit 10 中的一个重要组成部分,其前身为 EWB(Electronics Work-bench)。Multisim 是一种交互式电路模拟软件,是一种 EDA 工具,它为用户提供了丰富的元件库和功能齐全的各类虚拟仪器,主要用于对各种电路进行全面的仿真分析和设计。Multisim 提供了集成化的设计环境,能完成原理图的设计输入、电路仿真分析、电路功能测试等工作。当需要改变电路参数或电路结构仿真时,可以清楚地观察到各种变化电路对性能的影响。用 Multisim 进行电路的仿真,实验成本低、速度快、效率高。

Multisim10 包含了数量众多的元器件库和标准化的仿真仪器库,用户还可以自己添加新元件,操作简单,分析和仿真功能十分强大。熟练使用该软件可以大大缩短产品研发的时间,对电路的强化、相关课程实验教学有十分重要的意义。

下面简单介绍 Multisim10 的基本功能及操作。

3.2　Multisim10 的基本操作界面及菜单栏

在完成 Multisim10 的安装之后,启动 Multisim10,弹出如图 3.1 所示的界面,即 Multisim10 的基本操作界面,该界面主要由电路工作区、菜单栏、工具栏、仪器仪表栏、状态栏、仿真开关等组成。这个界面相当于一个虚拟电子实验平台。

1. 菜单栏

Multisim10 的菜单栏如图 3.1 所示,在菜单栏中提供了文件操作、文本编辑、放置元器件等选项。

1)File 菜单

File 菜单提供了全部的文件操作命令,主要用于管理所创建的电路文件。

2)Edit 菜单

Edit 菜单提供了剪切、粘贴、旋转等操作命令,主要用于在电路绘制过程中,对电路和元器件进行各种技术性处理。

3)View 菜单

View 菜单的各菜单项提供了确定仿真界面上显示的内容、缩放电路原理图和查找元件等操作命令。

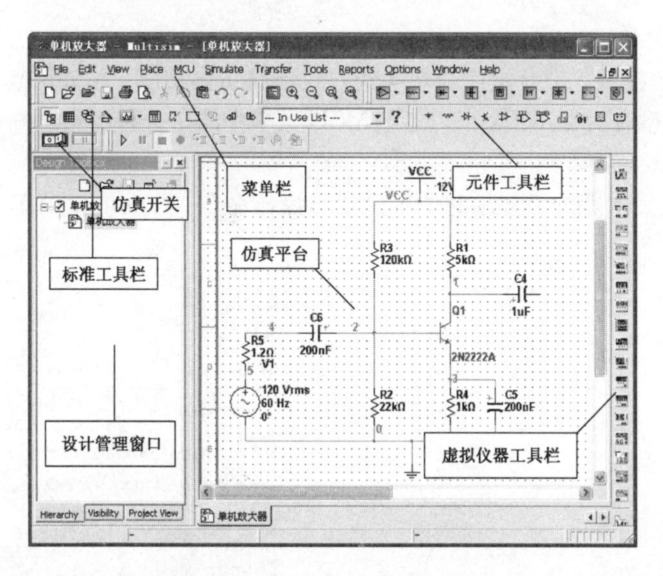

图3.1 Multisim10基本界面图

4)Place菜单

Place菜单提供了绘制仿真电路所需的元器件、节点、导线、各种连线接口及电路图中文本标题等文字编辑功能。Place菜单中的命令如图3.2所示。

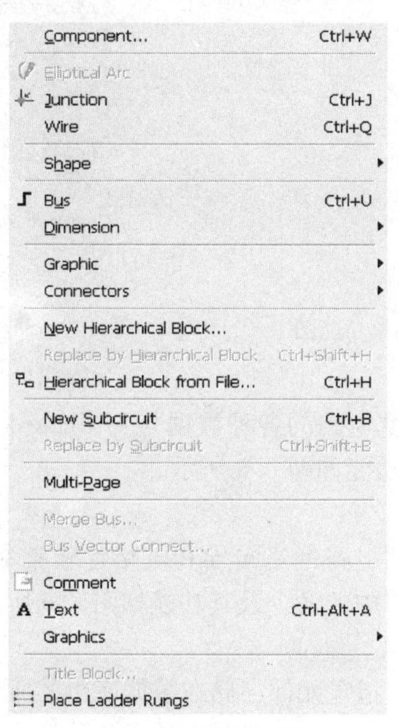

图3.2 Place菜单功能图

5)MCU 菜单

MCU 菜单提供了带有微控制器的嵌入式电路仿真功能。Multisim10 所支持的微控制器芯片类型有两类:80C51 和 PIC。MCU 菜单中的命令和功能如图 3.3 所示。

6)Simulate 菜单

Simulate 菜单提供了常用的仿真设置与操作命令。Simulate 菜单中的命令和功能如图 3.4 所示。

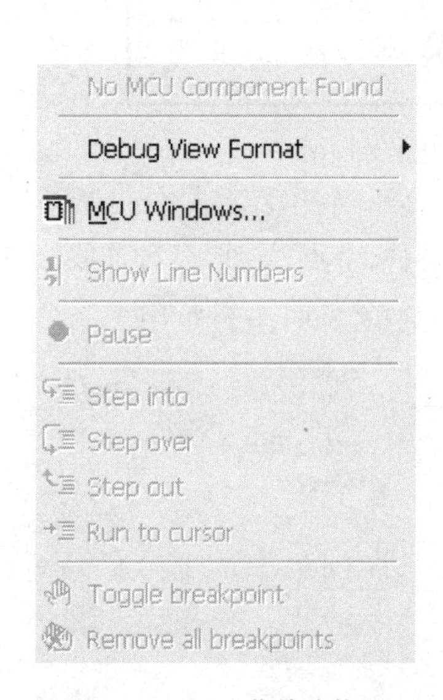

图 3.3 MCU 菜单功能图

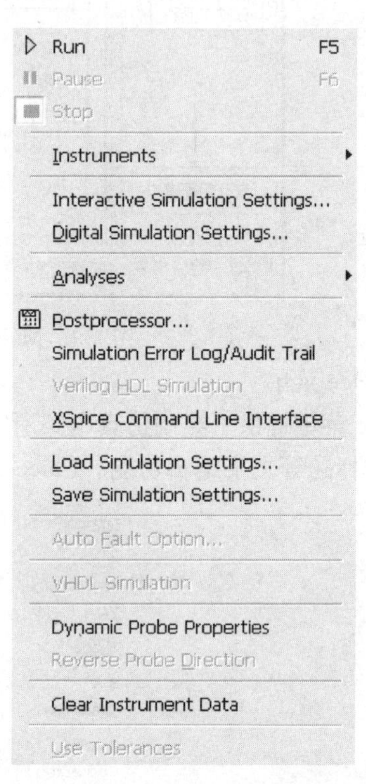

图 3.4 Simulate 菜单功能图

7)Transfer 菜单

Transfer 菜单提供仿真电路的各种数据与 Ultiboard 10 数据相互传送的功能。Transfer 菜单中的命令及功能如图 3.5 所示。

8)Tools 菜单

Tools 菜单提供了常用电路创建向导和电路管理命令,主要用于编辑或管理元器件和元件库。Tools 菜单中的命令及其功能如图 3.6 所示。

9)Reports 菜单

Reports 菜单用于产生指定元件存储在数据库中的所有信息和当前电路窗口中所有元件的详细参数报告。Reports 菜单中的命令及其功能如图 3.7 所示。

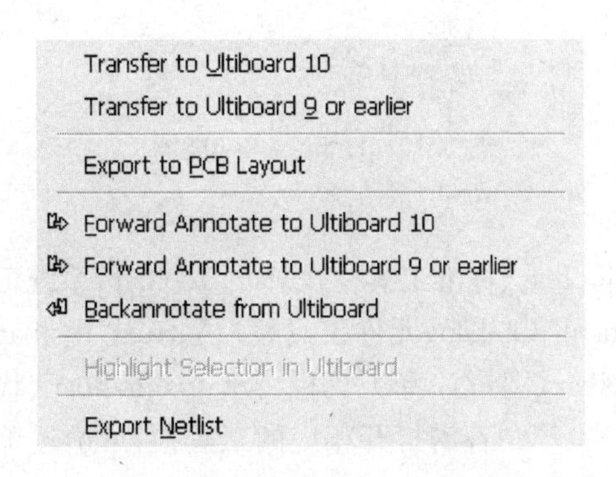

图 3.5 Transfer 菜单功能图

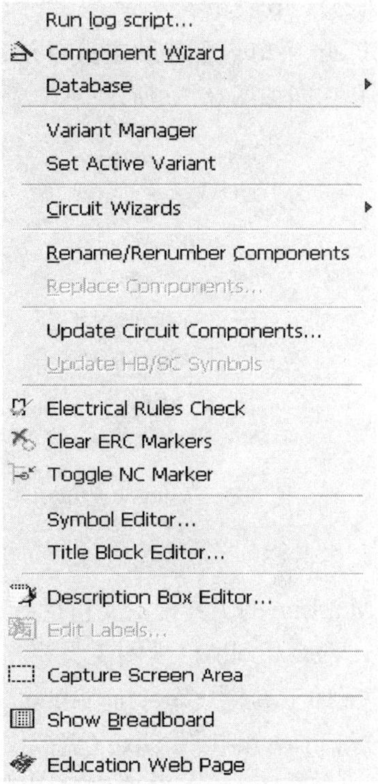

图 3.6 Tools 菜单功能图

10)Options 菜单

Options 菜单提供了根据用户需要设置电路功能、存储模式及工作界面功能。Options 菜单中的命令及其功能如图 3.8 所示。

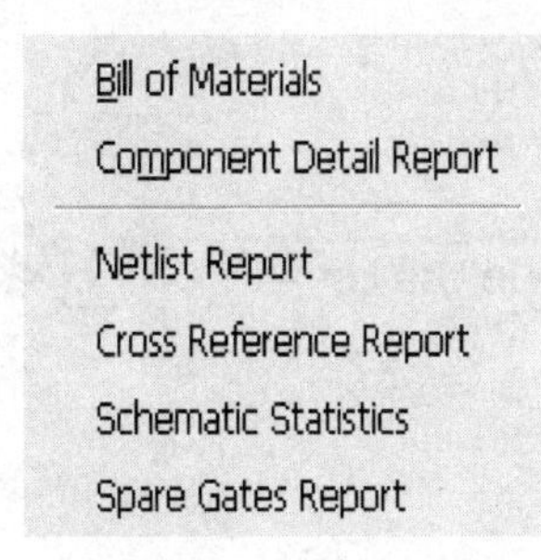

图 3.7 Reports 菜单功能图

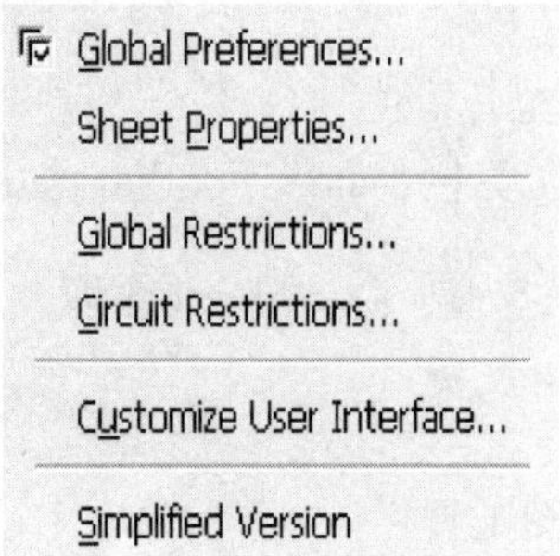

图 3.8 Options 菜单功能图

11)Window 菜单

Window 菜单提供了对一个电路的各个多页子电路以及不同的各个仿真电路同时浏览的功能。Window 菜单中的命令和功能如图 3.9 所示。

12）Help 菜单

Help 菜单包含帮助主页目录、帮助主题索引及版本说明等选项。Help 菜单的命令和功能如图 3.10 所示。

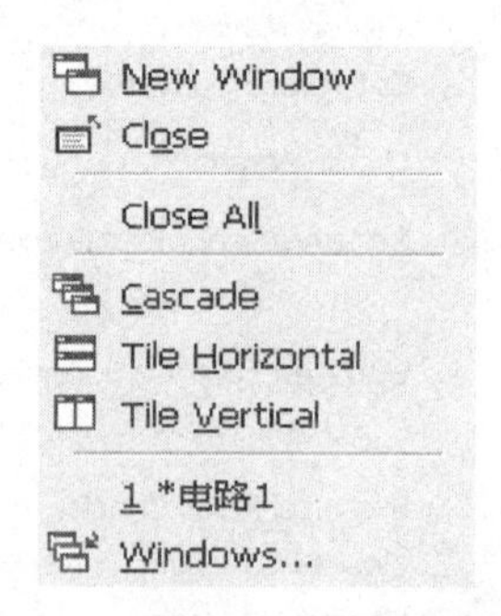

图 3.9　Window 菜单功能图

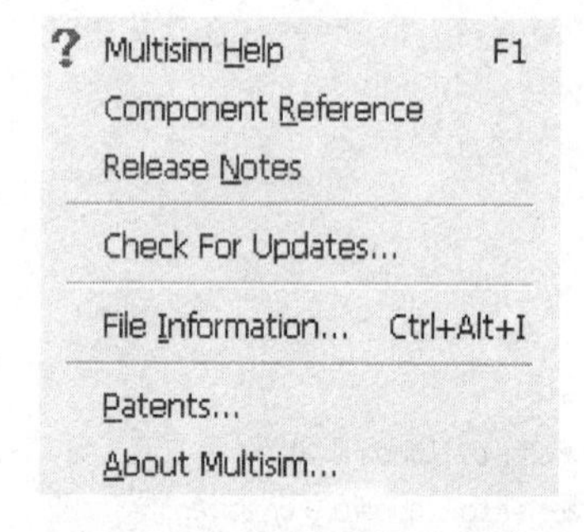

图 3.10　Help 菜单功能图

2. 工具栏

Multisim 的工具栏主要包括 Standard Toolbar（标准工具栏）、Main Toolbar（系统工具栏）、View Toolbar（视图工具栏）、Component Toolbar（元件工具栏）、Virtual Toolbar（虚拟元件工具栏）、Graphic Annotation Toolbar（图形注释工具栏）、Status Toolbar（状态栏）和 Instrument Toolbar（虚拟仪器工具栏）等。若需打开相应的工具栏，可通过单击 View→Toolbars 菜单项，在弹出的级联子菜单中即可找到相应项。

1）标准工具栏

标准工具栏（Standard Toolbar）如图 3.11 所示。

图 3.11　Standard Toolbar（标准工具栏）

2）系统工具栏

系统工具栏（Main Toolbar）如图 3.12 所示。

图 3.12　Main Toolbar（系统工具栏）

3）视图工具栏

视图工具栏（View Toolbar）如图 3.13 所示。

图 3.13　View Toolbar（视图工具栏）

4)元件工具栏

元件工具栏(Component Toolbar)如图 3.14 所示。该工具栏的具体功能如下：

图 3.14　Component Toolbar(元件工具栏)

是电源库按钮,用来放置各种电源、信号源。点击此按钮将弹出如图 3.15 所示的对话框。在此对话框里可以选择需要的电源。

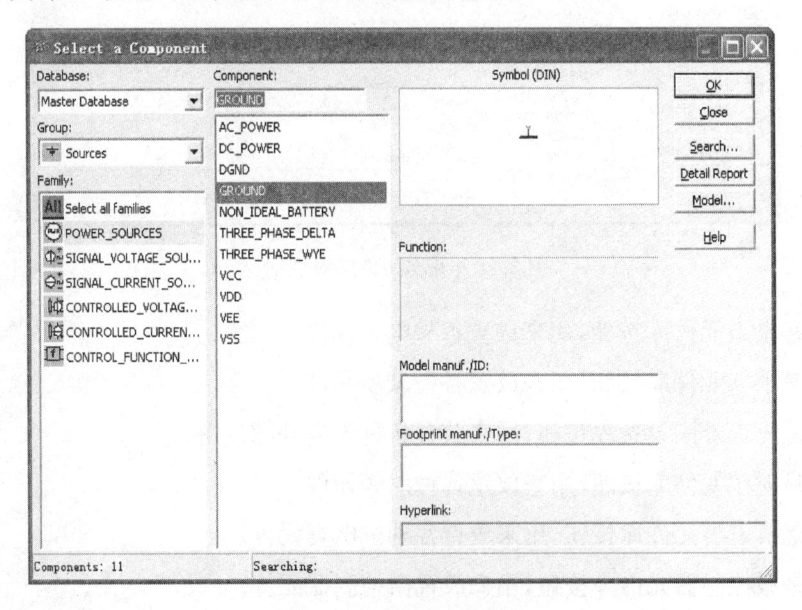

图 3.15　电源库对话框

是基本元件库按钮,用来放置电阻、电容、电感等基本元件。点击此按钮将弹出如图 3.16 所示的对话框。在此对话框里可以选择需要的基本元件。

是二极管元件库按钮,用来放置各种二极管元件。

是晶体管库按钮,用来放置各种三极管和场效应管。

是模拟元件库按钮,用来放置各种模拟元件。

是 TTL 元件库按钮,用来放置各种 TTL 元件。

是 CMOS 元件库按钮,用来放置各种 CMOS 元件。

是其他数字元件库按钮,用来放置其他数字元件。

是混合元件库按钮,用来放置各种数模混合元件。

是显示元件库按钮,用来放置各种显示元件。

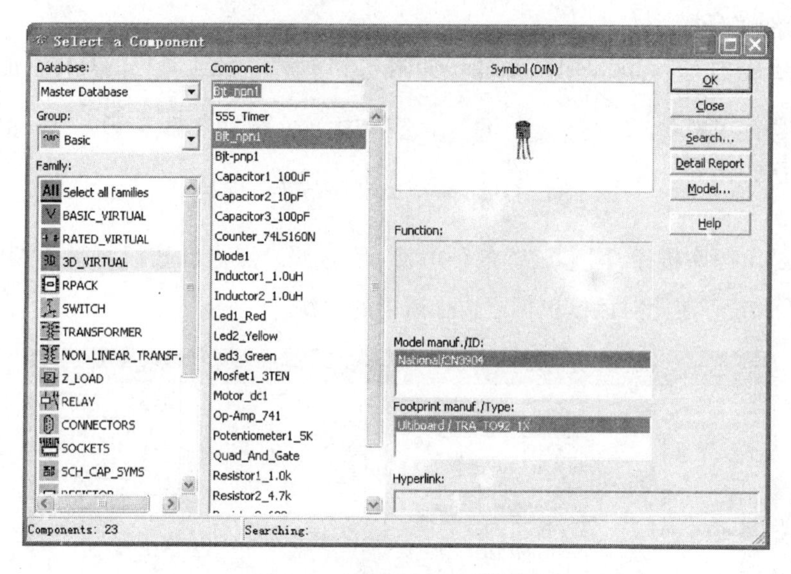

图3.16 基本元件库对话框

是电力元件库按钮,用来放置各种电力元件。

是杂项元件库按钮,用来放置各种杂项元件。

是先进外围设备库按钮,用来放置各种先进外围设备。

是射频元件库按钮,用来放置各种射频元件。

是机电类元件库按钮,用来放置各种机电类元件。

是微控制器元件库按钮,用来放置微控制器元件。

是放置层次模块按钮,用来放置层次电路的模块。

是放置总线按钮,用来放置总线。

5)虚拟元件工具栏

虚拟元件工具栏(Virtual Toolbar)中每个虚拟元件含义如下:

是虚拟双极结 NPN 晶体管。

是虚拟双极结 PNP 晶体管。

是虚拟电容器。

是虚拟二极管元件。

是虚拟电感线圈。

是虚拟电动机。

是虚拟继电器。

是虚拟电阻。

是虚拟交流信号源。

是虚拟电源按钮。

是数字地。

是接地。

是虚拟三相电源(三角形)。

是虚拟三相电源(星型)。

是虚拟 VCC 电压源。

是虚拟 VDD 电压源。

是虚拟 VEE 电压源。

是虚拟 VSS 电压源。

是虚拟交流电流信号源。

是虚拟交流电压信号源。

是虚拟调幅信号源。

是虚拟时钟脉冲电流源。

是虚拟时钟脉冲电压源。

是虚拟直流电流信号源。

是虚拟指数电流电流源。

是虚拟指数电压电压源。

是虚拟调频电流源。

是虚拟调频电压源。

是虚拟分段线性电流源。

是虚拟分段线性电压源。

是虚拟脉冲电流源。

是虚拟脉冲电压源。

是虚拟电容元件。

是虚拟无心线圈。

是虚拟电感线圈。

是虚拟磁心线圈。

是虚拟非线性变压器。

是虚拟电位器。

是虚拟继电器。

是虚拟磁性继电器。

是虚拟电阻元件。

是虚拟变压器。

是虚拟可变电容器。

是虚拟可变电感线圈。

是虚拟上拉电阻。

是虚拟变压器。

是虚拟杂项元件工具栏，从左往右依次为：虚拟555定时器、4000门系列集成电路系统、晶振、译码七段数码管、熔丝、灯泡、单稳态虚拟器件、直流电动机、光耦合器、相位锁定回路器件、七段数码管（共阳极）、七段数码管（共阴极）。

是虚拟测量元件栏，从左往右依次为：直流电流表、各色逻辑指示灯、直流电压表。

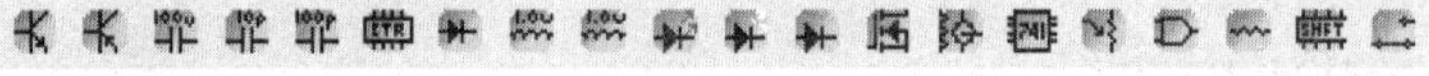

是虚拟3D元器件。

6）图形注释工具栏

图形注释工具栏（Graphic Annotation Toolbar）为  。

7）虚拟仪器工具栏（Instruments Toolbar）

详见3.3节。

3.3 虚拟仪器仪表的使用方法

Multisim10中提供了20种在电子线路分析中常用的仪器。这些虚拟仪器仪表的参数设置、使用方法和外观设计与实验室中的真实仪器基本一致。虚拟仪器工具栏如图3.17所示。

图3.17 虚拟仪器工具栏

3.3.1 数字万用表

Multisim10中提供的数字万用表（Mulitimeter）与实际的万用表相似，可以测量交流电压（电流）、直流电压（电流）、电阻及分贝损耗。

单击 Simulate→Instruments→Multimeter 命令或按钮后，鼠标黏附一个万用表图标，单击鼠标左键，完成虚拟仪器的放置，如图 3.18(a)所示。双击数字万用表图标，将弹出如图 3.18(b)所示的设置控制面板，以显示测量数据和参数设置。上面的黑色条形框用于显示测量数值，下方为测量类型的选取栏。各个按钮含义如下：

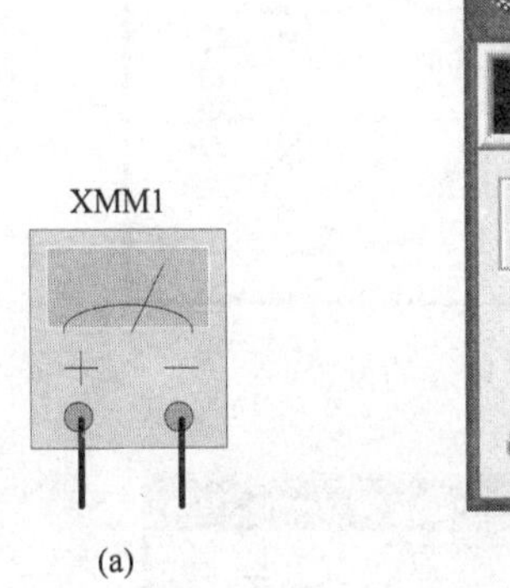

(a)

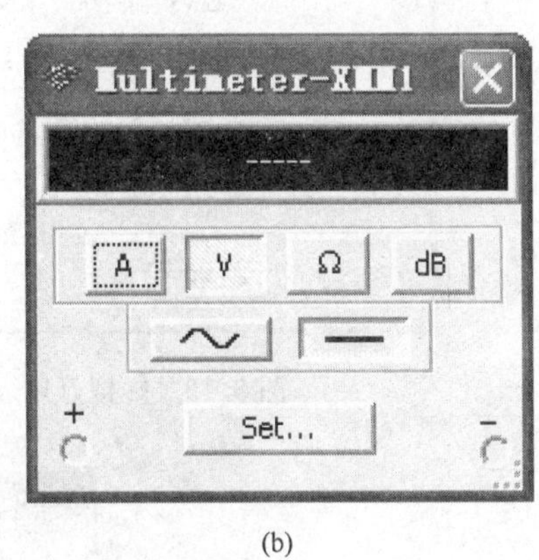

(b)

图 3.18 虚拟万用表

(1)A：测量对象为电流。

(2)V：测量对象为电压。

(3)Ω：测量对象为电阻。

(4)dB：将万用表切换到分贝显示。

(5)～：表示万用表的测量对象为交流参数。

(6)—：表示万用表的测量对象为直流参数。

(7)＋：对应万用表的正极；－：对应万用表的负极。

(8)Set：单击该按钮，将弹出如图 3.19 所示的对话框，可以设置数字万用表的各个参数。设置完成后，若单击 Accept 按钮保存所作的设置；若单击 Cancel 按钮则取消本次设置。

3.3.2 函数信号发生器

Multisim10 中提供的函数信号发生器(Function Generator)是用来产生正弦波、三角波和方波信号的电压源，频率范围为 1Hz～999MHz。它有三个引线端口：正极、负极和公共端。

单击 Simulate→Instruments→Function Generator 或按钮后，将弹出如图 3.20(a)所示的函数信号发生器图标。双击该图标，将弹出如图 3.20(b)所示的函数信号发生器参数设置面板。

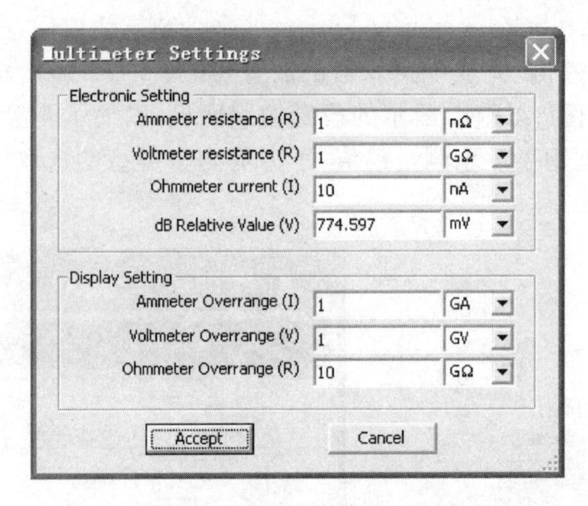

图 3.19 虚拟万用表的设置

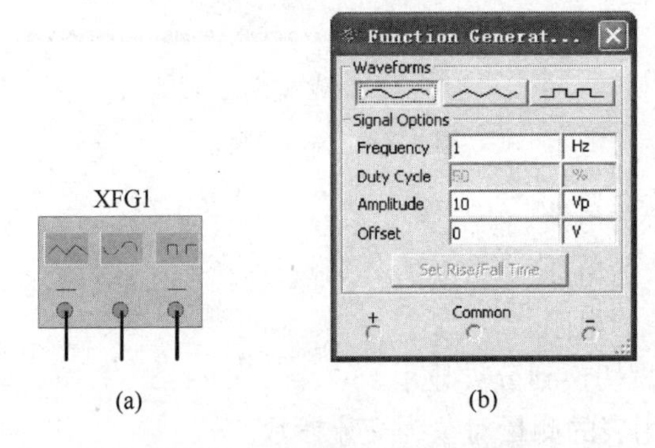

图 3.20 虚拟函数信号发生器

图 3.20(b)中上方的三个按钮用于选择输出波形，分别为正弦波、三角波和方波。参数设置如下：

(1)频率(Frequency)：设置输出信号的频率，范围为 1Hz～999MHz。

(2)占空比(Duty Cycle)：设置输出的方波和三角波电压信号的占空比。范围为 1%～99%。

(3)振幅(Amplitude)：设置输出信号幅度的峰值。范围为 $1fV_p$～$1000TV_p$。

(4)偏差(Offset)：设置输出信号中直流成分的大小。范围为－999fV～1000TV，默认值为 0。

(5)Set Rise/Fall Time：设置上升沿与下降沿的时间，仅对方波有效。

(6)＋：表示波形电压信号的正极性输出端。

(7)－：表示波形电压信号的负极性输出端。

(8)Common：表示公共接地端。

3.3.3　瓦特表

Multisim10 中提供的瓦特表(Wattmeter)用于测量电路交流或直流功率。常用于测量较大的有功功率。它可以显示功率大小,还可以显示功率因数。

单击 Simulate→Instruments→Wattmeter 命令或按钮后,将弹出如图 3.21(a)所示的瓦特表图标。双击该图标,将弹出如图 3.21(b)所示的瓦特表参数设置控制面板。面板上长显示框显示功率,短显示框显示功率因数。

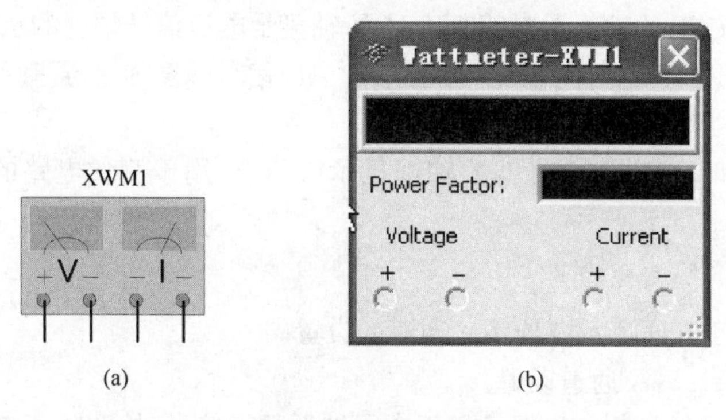

图 3.21　虚拟瓦特表

3.3.4　双通道示波器

Multisim10 中提供的双通道示波器(Oscilloscope)可以测量一路或两路信号波形。单击 Simulate→Instruments→Oscilloscope 命令或按钮后,将得到如图 3.22(a)所示的示波器图标。双击该图标,将弹出如图 3.22(b)所示的双通道示波器参数设置控制面板。

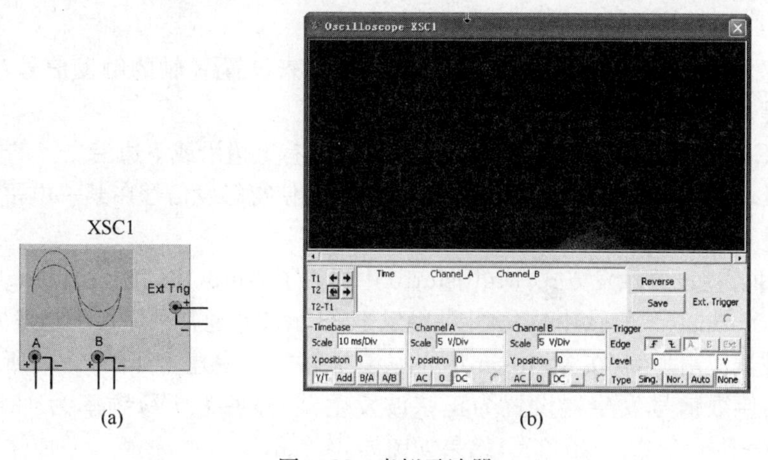

图 3.22　虚拟示波器

双通道示波器的面板控制设置与真实示波器的设置基本一致,可分成以下四个部分。

1. Time base

该部分主要用来进行时基信号的控制调整。

(1)Scale:X轴刻度选择。控制示波器横轴每一格所代表的时间。单位为ms/div,范围为1fs/div~1000Ts/div。

(2)X position:用来调整时间基准的起始点位置,即控制信号在X轴的偏移位置。

(3)Y/T按钮:X轴显示时间刻度且Y轴显示电压信号幅度的示波器显示方法。

(4)Add:X轴显示时间,及Y轴显示的电压信号幅度为A通道和B通道的输入电压之和。

(5)B/A和A/B:指X轴和Y轴都显示电压值,用于测量电路的传输特性和李萨如图形。

2. Channel A(A通道)

该部分用于双通道示波器输入通道的设置。

(1)Channel A:A通道设置。

(2)Scale:Y轴的刻度选择。用于在示波器显示信号时,调整Y轴每一格所代表的电压刻度。范围为1fV/div~1000TV/div。

(3)Y position:用来调整示波器Y轴方向的原点。

(4)触发耦合方式:AC是交流耦合,0是接地耦合,DC是直流耦合。

3. Channel B(B通道)

B通道设置,用法同A通道设置。

4. Trigger(触发)

该部分用于设置示波器的触发方式,主要用来设置X轴的触发信号、触发电平及边沿等。

(1)Edge(边沿):设置被测信号开始的边沿,有上边沿或下边沿。

(2)Level(电平):设置触发信号电平的大小,使得触发信号在某一电平值触发时示波器进行采样。

(3)Type:设置触发方式,Multisim10中提供了Auto(自动触发)、Single(单脉冲触发)和Normal(一般脉冲触发)几种触发方式,示波器通常采用自动触发方式。

示波器应用举例:在Multisim10的仿真电路窗口中建立如图3.23所示的仿真电路。将函数信号发生器设置为正弦波发生器,幅值为1V,频率为1kHz。单击Simulate→Run命令,开始仿真,结果如图3.24所示。

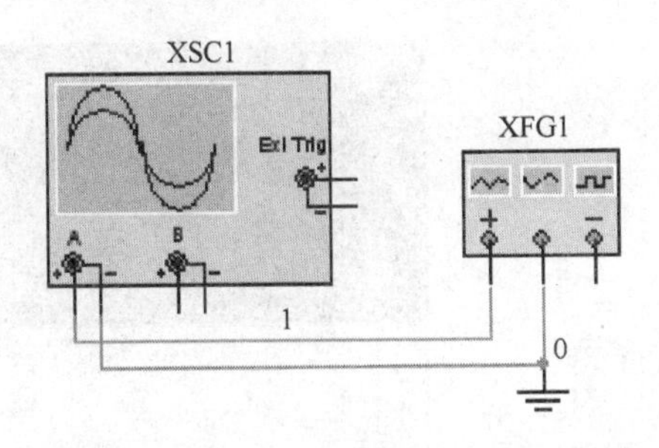

图 3.23　测量举例

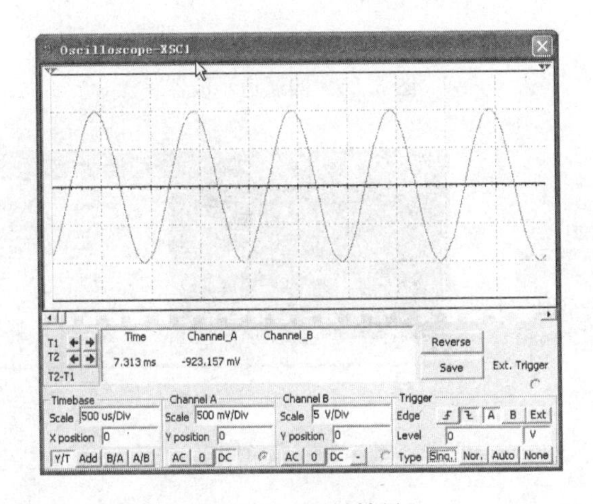

图 3.24　测量结果

3.3.5　四通道示波器

四通道示波器(Four-channel Oscilloscope)与双踪示波器的使用方法和内部参数的调整方式基本一致。单击 Simulate→Instruments→Four-channel Oscilloscope 命令或按钮后,将得到如图 3.25(a)所示的四通道示波器图标。双击该图标,将得到如图 3.25(b)所示的四通道示波器参数设置控制面板。具体使用方法和设置参考双通道示波器的使用,此处不再赘述。

3.3.6　波特图仪

波特图仪(Bode Plotter)又称为频率特性仪,主要用于测量电路的频率特性,包括测量电路的幅频特性和相频特性。

单击 Simulate→Instruments→Bode Plotter 命令或按钮后,将得到如图 3.26(a)所示的波特图仪图标。双击该图标,将弹出如图 3.26(b)所示的波特图仪内部参数设置面板。该设置面板分为以下四个部分:

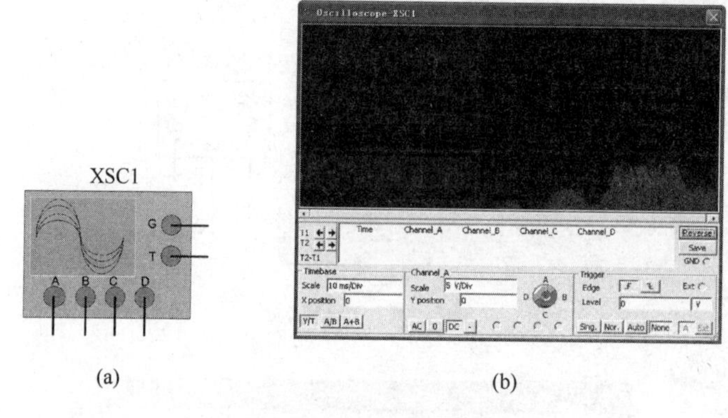

(a) (b)

图 3.25　四通道示波器

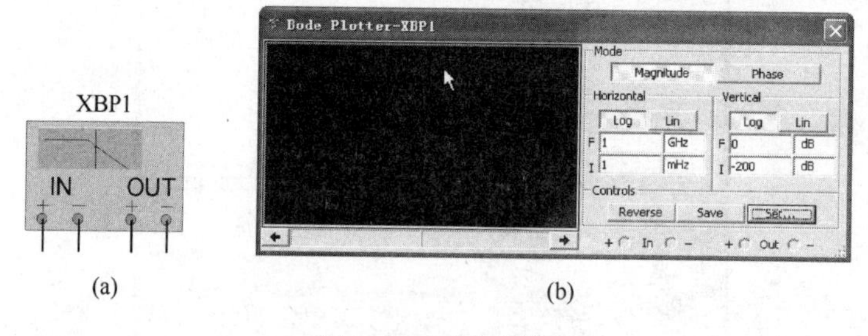

(a) (b)

图 3.26　波特图仪

1. Mode 区

该区域是输出方式选择区。

(1)Magnitude:用于显示被测电路的幅频特性曲线。

(2)Phase:用于显示被测电路的相频特性曲线。

2. Horizontal 区

该区域是水平坐标(X 轴)的频率显示格式设置区,水平轴总是显示频率的数值。

(1)Log:水平坐标采用对数的显示格式;Lin:水平坐标采用线性的显示格式。

(2)F:水平坐标(频率)的最大值;I:水平坐标(频率)的最小值。

3. Vertical 区

该区域是垂直坐标的设置区。

(1)Log:垂直坐标采用对数的显示格式;Lin:垂直坐标采用线性的显示格式。

(2)F:垂直坐标(频率)的最大值;I:垂直坐标(频率)的最小值。

4. Control 区

该区域是输出控制区。

(1)Reverse:将显示屏的背景色由黑色改为白色,或者由白色变为黑色。

(2)Save:保存当前所显示的频率特性曲线及其相关的参数设置。

(3)Set:设置扫描的分辨率。

在波特图仪内部参数设置控制面板的最下方有 In 和 Out 两个按钮。In 是被测量信号输入端口,“+”和“−”信号端子分别接入被测信号的正极和负极。Out 是被测量信号输出端口,“+”和“−”信号端子分别接入仿真电路的正极和负极。

3.3.7　频率计

频率计(Frequency Counter)可以用来测量数字信号的频率、周期、相位,以及脉冲信号的上升沿和下降沿。

单击 Simulate→Instruments→Frequency Counter 命令或按钮后,将得到如图 3.27(a)所示的频率计图标。双击该图标,将得到如图 3.27(b)所示的频率计内部参数设置控制面板。该控制面板分为以下五个部分:

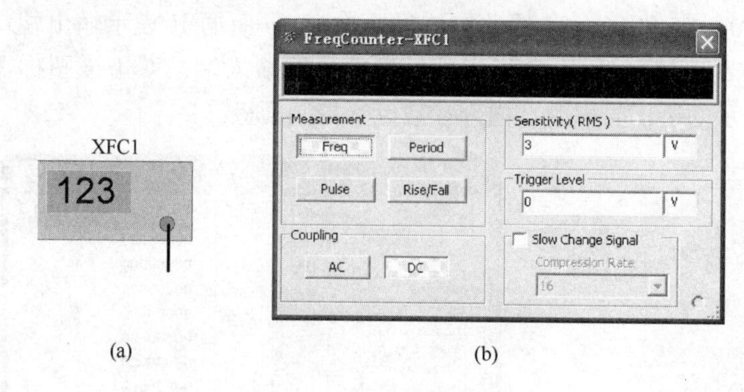

(a)　(b)

图 3.27　频率计

(1)Measurement 区:参数测量区。包括 Freq(测量频率)、Period(测量周期)、Pulse(测量正/负脉冲的持续时间)和 Rise/Fall(测量上升沿/下降沿的时间)。

(2)Coupling 区:用于选择电流耦合方式,包括 AC(交流耦合)和 DC(直流耦合)。

(3)Sensitivity(RMS)区:主要用于灵敏度的设置。

(4)Trigger Level 区:主要用于灵敏度的设置。

(5)Slow Change Signal 区:用于动态地显示被测的频率值。

以频率计测量函数信号发生器的输出频率为例,如图 3.28 所示,可以看出,测量结果和函数信号发生器的输出是一致的。

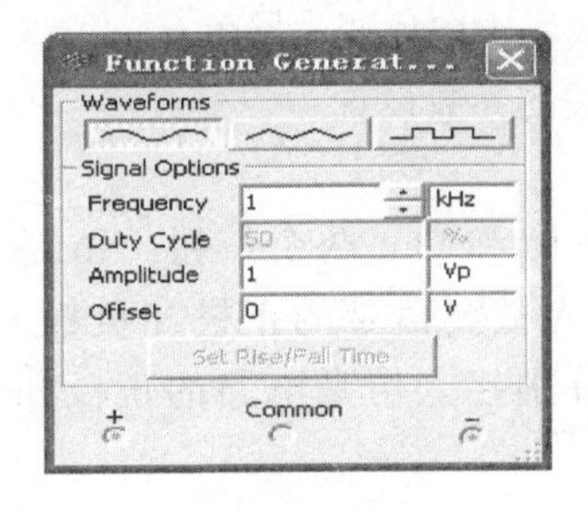

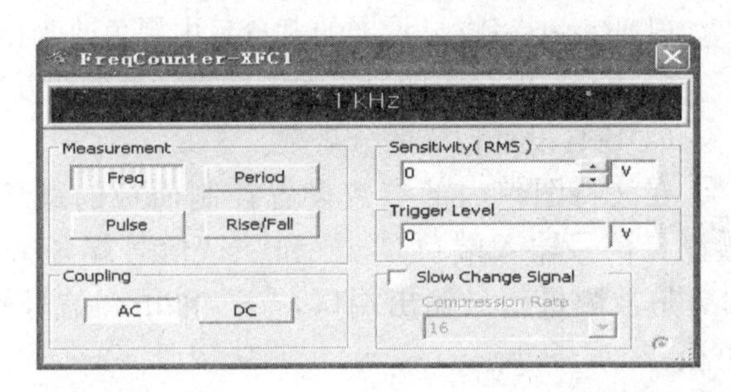

图 3.28 频率计测量结果

3.3.8 字信号发生器

字信号发生器(Word Generator)是一个通用的数字激励源编辑器。可以采用多种方式产生32位同步数字逻辑信号,用于对数字电路进行测试。

单击 Simulate→Instruments→Word Generator 命令或点击 按钮后,将得到如图3.29(a)所示的字信号发生器的图标。在字信号发生器的左右两侧各有16个端口,分别为0～15和16～31的数字信号输出端,下面的R表示输出端,用以输出与字信号同步的时钟脉冲;T端子为外触发信号的输入端。双击该图标,将得到如图3.29(b)所示的字信号发生器内部参数设置控制面板。

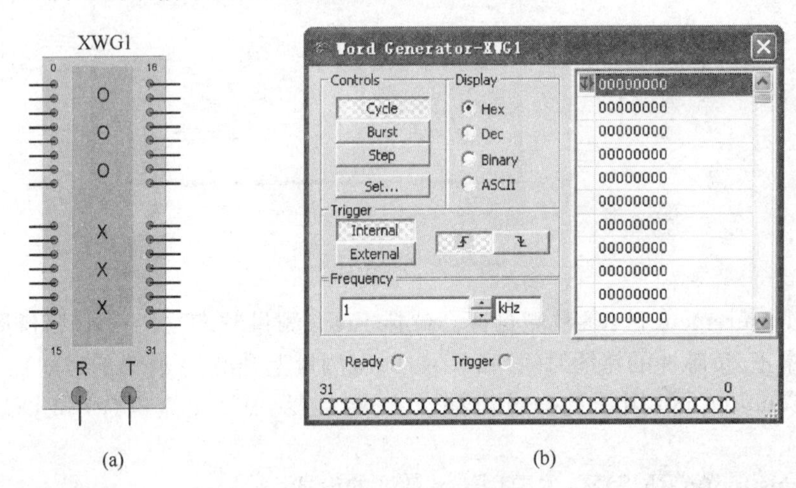

图 3.29 字信号发生器图标及控制面板

该控制面板大致分为五个部分。

1. Controls 区

用来设置字信号发生器输出信号的格式。有下列几种模式。

(1)Cycle 区:表示在已经设置好的初始值和终止值之间周而复始地循环输出字符。

(2)Brust:表示每单击一次,字信号发生器将从初始值开始,逐条输出直至终止值为止。

(3)Step:表示每单击一次,就输出一条字信号,即单步模式。

(4)Set:单击 Set 按钮,将弹出如图 3.30 所示的对话框。主要用来设置和保存字信号的变化规律,或调用以前字信号变化规律的文件。其中各选项的具体功能如下所述。

①No Change:保持原有的设置。

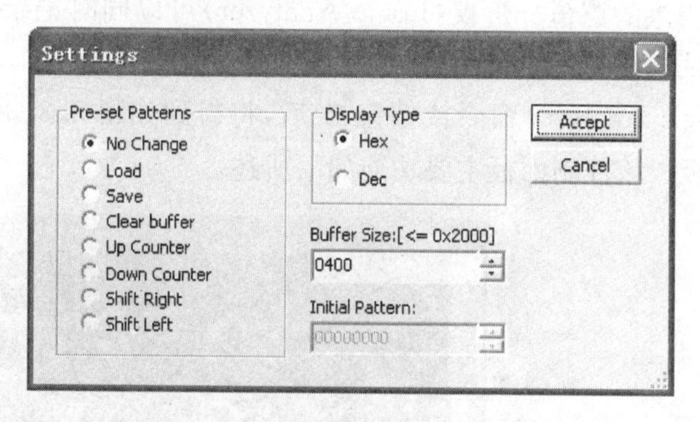

图 3.30　字信号发生器参数设置面板

②Load:装载以前字符信号变化规律的文件。

③Save:保存当前字符信号变化规律的文件。

④Clear buffer:将字信号发生器最右侧字符编辑显示区的字信号清零。

⑤Up Count:字符编辑显示区字信号以加 1 的形式计数。

⑥Down Count:字符编辑显示区字信号以减 1 的形式计数。

⑦Shift Right:字符编辑显示区字信号右移。

⑧Shift Left:字符编辑显示区字信号左移。

⑨Display Type 选项区:用来设置字符编辑显示区字信号的显示格式——Hex(十六进制)和 Dec(十进制)。

⑩Buffer Size:字符编辑显示区缓冲区的长度。

⑪ Initial Patterns:采用某种编码的初始值。

2. Display 区

用于设置字信号发生器最右侧字符编辑显示区的字符显示格式,包括 Hex(十六进制显示)、Dec(十进制显示)、Binary(二进制显示)和 ASCII(ASCII 显示)。

3. Trigger 区

用于选择触发方式,包括 Internal(内部触发)和 External(外部触发)。右侧的两个按钮用于外部触发脉冲上升沿或下降沿的选择。

4. Frequency 区

用于设置输出字信号时钟频率。

5. 字信号编辑显示区

字信号发生器最右侧的空白显示区,用来显示字符。

3.3.9 逻辑分析仪

Multisim10 提供的逻辑分析仪(Logic Analyzer)可以同时记录和显示 16 路逻辑信号,常用于数字电路的时序分析和大型数字系统的故障分析。单击 Simulate→Instruments→Logic Analyzer 命令或按钮后,将得到如图 3.31 所示的逻辑分析仪图标和控制面板。该控制面板主要功能如下所述。

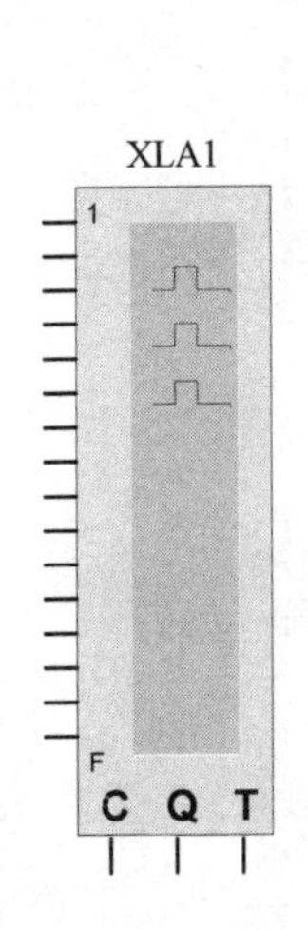

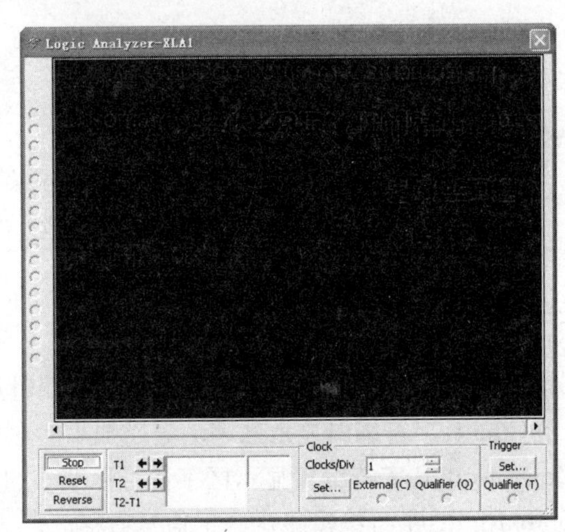

图 3.31 逻辑分析仪图标及控制面板

(1)最上方的黑色区域为逻辑信号的显示区域。

(2)Stop:停止逻辑信号波形显示。

(3)Reset:清除显示区域波形,重新仿真。

(4)Reverse:将逻辑信号波形显示区域由黑色变为白色。

(5)T1:游标 1 的时间位置。左侧的空白处显示游标 1 所在位置的时间值,右侧的空白处显示该时间处所对应的数据值。

(6)T2:游标 2 的时间位置。按键功能同上。

(7)T2−T1:显示游标 T2 与 T1 的时间差。

(8)Clock 区:时钟脉冲设置区。其中,Clocks/div 用于设置每格所显示的时钟脉冲个数。

单击 Clock 区的 Set 按钮，将弹出如图 3.32 所示的对话框。其中，Clock Source 用于设置触发模式，有内触发和外触发两种模式；Clock Rate 用于设置时钟频率，仅对内触发模式有效；Sampling Setting 用于设置采样方式，有 Pre-trigger(触发前采样)和 Post-trigger Samples(触发后采样)两种方式；Threshold Volt(V)用于设置门限电平。

(9)Trigger 区：触发方式控制区。单击 Set 按钮，将弹出如图 3.33 所示的 Trigger Setting 对话框。其中共分为 3 个区域。

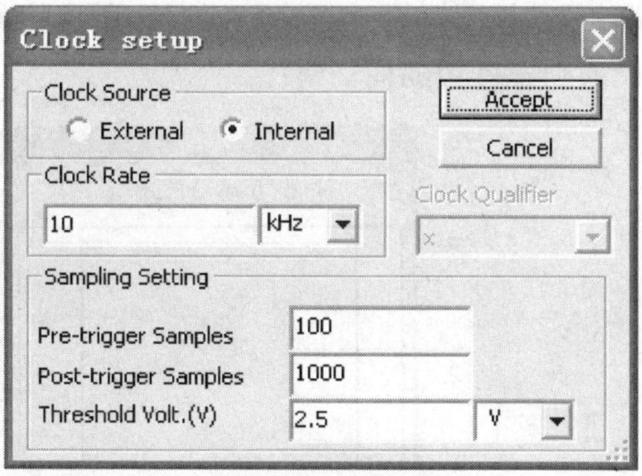

图 3.32 Clock 区设置窗口

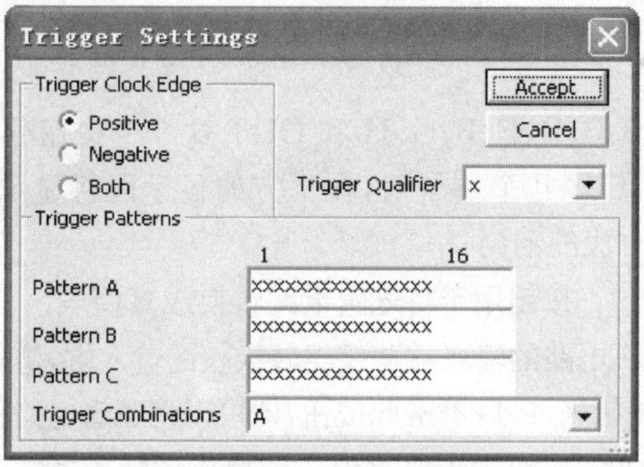

图 3.33 Trigger 区设置窗口

Trigger Clock Edge 用于设置触发边沿，有上升沿触发、下降沿触发，及上升沿和下降沿都触发 3 种方式。Trigger Qualifier 用于触发限制字设置。X 表示只要有信号，逻辑分析仪就采样，0 表示输入为零时开始采样，1 表示输入为 1 时开始采样。Trigger Patterns 用于设置触发样本，可以通过文本框和 Trigger Combinations 下拉列表框设置触发条件。

3.3.10 逻辑转换仪

逻辑转换仪(Logic Converter)对于数字电路的组合电路的分析有很实际的应用,逻辑转换仪可以在组合电路的真值表、逻辑表达式、逻辑电路之间任意转换。Multisim10 提供的逻辑转换仪只是一种虚拟仪器,并没有实际仪器与之对应。

单击 Simulate→Instruments→Logic Converter 命令或按钮后,将得到如图 3.34(a)所示的逻辑转换仪图标。其中共有 9 个接线端,从左到右的 8 个为接线端,剩下一个为输出端。双击该图标,将得到图 3.34(b)所示的逻辑转换仪内部参数设置控制面板。该控制面板主要功能如下所述。

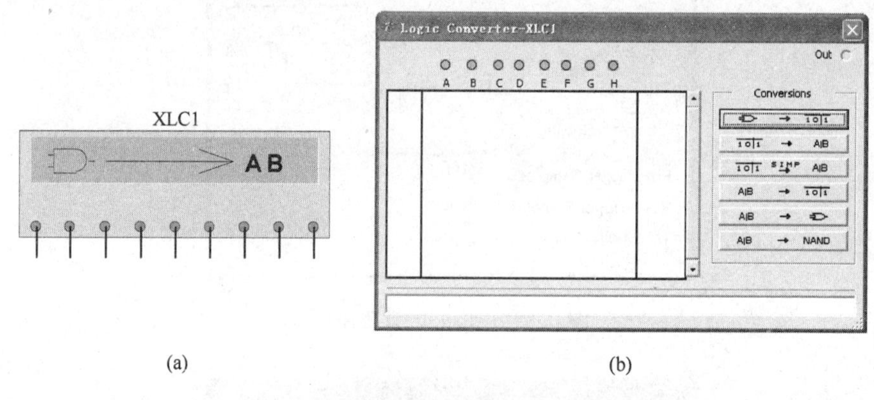

(a) (b)

图 3.34 逻辑转换仪图标及控制面板

(1)最上方的 A、B、C、D、E、F、G、H 和 OUT 这 9 个按钮分别对应图(a)中的 9 个接线端。单击 A、B、C 等几个端子后,在下方的显示区将显示所输入数字逻辑信号的所有组合及其所对应的输出。

(2) 按钮用于将逻辑电路转换成真值表。首先在电路窗口中建立仿真电路,然后将仿真电路的输入端与逻辑转换仪的输入端,仿真电路的输出端与逻辑转换仪的输出端连接起来,最后单击此按钮,即可以将逻辑电路转换成真值表。

(3) 按钮用于将真值表转换成逻辑表达式。单击 A、B、C 等几个端子,在下方的显示区中将列出所输入的数字逻辑信号的所有组合及其所对应的输出,然后单击此按钮,即可以将真值表转化成逻辑表达式。

(4) 按钮用于将真值表转化成最简表达式。

(5) 按钮用于将逻辑表达式转换成真值表。

(6) 按钮用于将逻辑表达式转换成组合逻辑电路。

(7) 按钮用于将逻辑表达式转换成由与非门所组成的组合逻辑电路。

3.3.11　伏安特性分析仪

Multisim10 提供的伏安特性分析仪(IV Analyzer)专门用来测量二极管、三极管和 MOS 管的伏安特性曲线。单击 Simulate→Instruments→IV Analyzer 命令或按钮后,将得到如图 3.35(a)所示的 IV 分析仪图标。其中共有三个接线端,从左到右的三个接线端分别接三极管的三个电极。双击该图标,将得到如图 3.35(b)所示的 IV 分析仪控制面板。该控制面板主要功能如下所述。

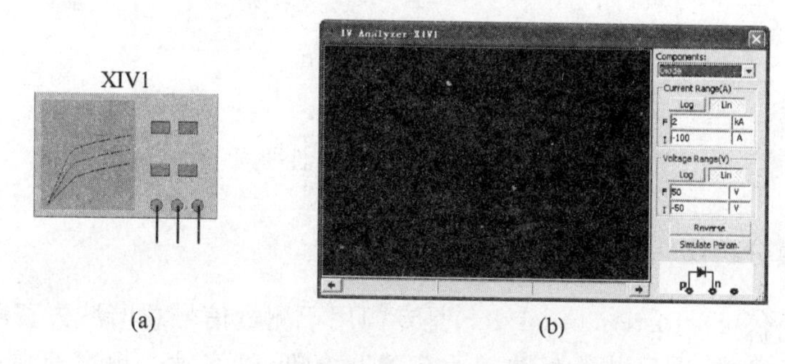

图 3.35　伏安特性分析仪图标及控制面板

(1)Components 区:伏安特性测试对象选择区,有 Diode(二极管)、晶体管、MOS 管等选项。

(2)Current Range 区:电流范围设置区,有 Log(对数)和 Lin(线性)两种选择。

(3)Voltage Range 区:电压范围设置区,有 Log 和 Lin 两种选择。

(4)Reverse:转换显示区背景颜色。

(5)Sim_Param:仿真参数设置区。单击 Simulate Param 按钮将弹出对话框。测量元件选择区选择的元件不同,将弹出二极管参数设置、三极管参数设置、MOS 管参数设置三种对话框,如图 3.36 所示。

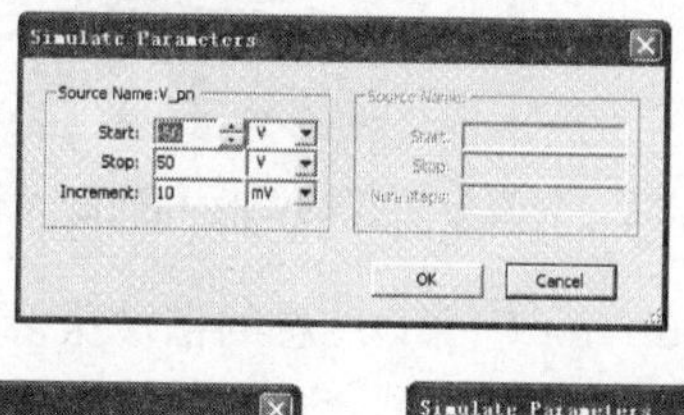

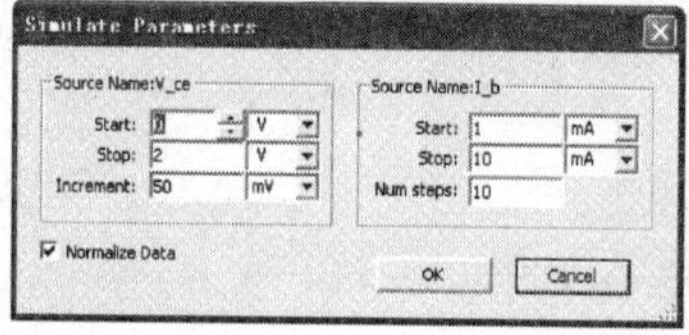

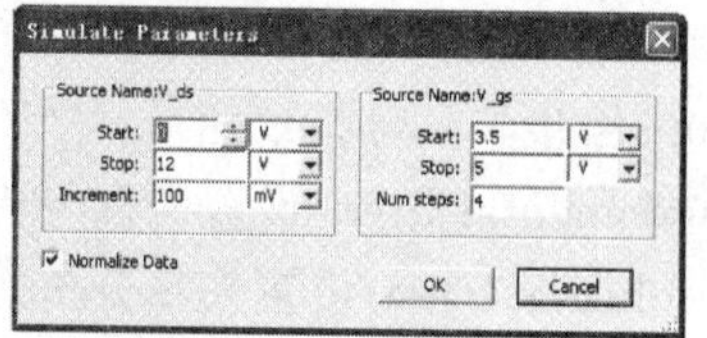

图 3.36　二极管、三极管、MOS 管参数设置对话框

例如,用 IV 分析仪来测量二极管 PN 结的伏安特性曲线,在该例中保持默认设置,单击 OK 按钮,将得到如图 3.37 所示的伏安特性曲线。

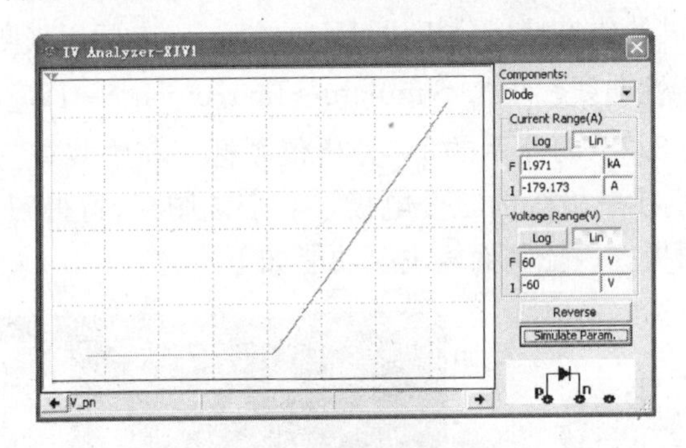

图 3.37　二极管伏安特性曲线

3.3.12　失真分析仪

失真分析仪(Distortion Analyzer)是专门用于测量信号总谐波失真和信噪比等参数的仪器,经常用于测量存在较小失真度的低频信号。频率范围是 20Hz～100kHz。单击 Simulate→Instruments→Distortion Analyzer 命令或按钮后,将得到如图 3.38(a)所示的失真分析仪图标。双击该图标,将得到如图 3.38(b)所示的失真分析仪控制面板。该控制面板主要功能如下。

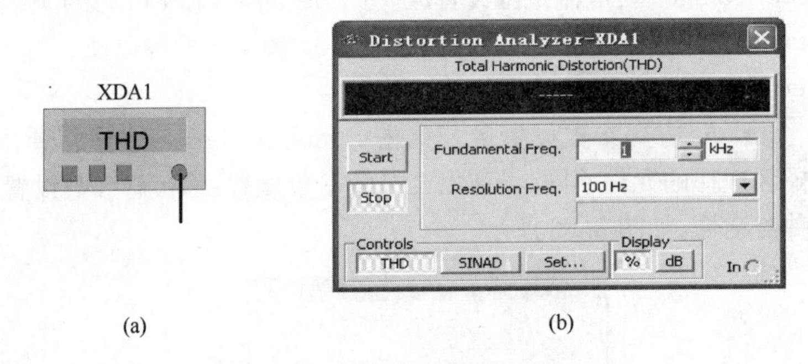

(a)　(b)

图 3.38　失真分析仪的图标和控制面板

(1)Total Harmonic Distortion(THD):总的谐波失真显示区。

(2)Start:启动失真分析按钮。

(3)Stop:停止失真分析按钮。

(4)Fundamental Freq:设置失真分析的基频。

(5)Resolution Freq:设置失真分析的频率分辨率。

(6)THD:显示总的谐波失真。

(7)SINAD:显示信噪比。

(8)Set:测试参数对话框设置。

(9)Display 区:用于设置显示模式,有百分比和分贝两种显示模式。

(10)In:用于连接被测电路的输出端。

3.3.13 频谱分析仪

频谱分析仪(Spectrum Analyzer)是一种用来分析高频电路的仪器。单击 Simulate→Instruments→Spectrum Analyzer 命令或按钮后,将得到如图 3.39(a)所示的频谱分析仪图标。双击该图标,将得到如图 3.39(b)所示的频谱分析仪控制面板。

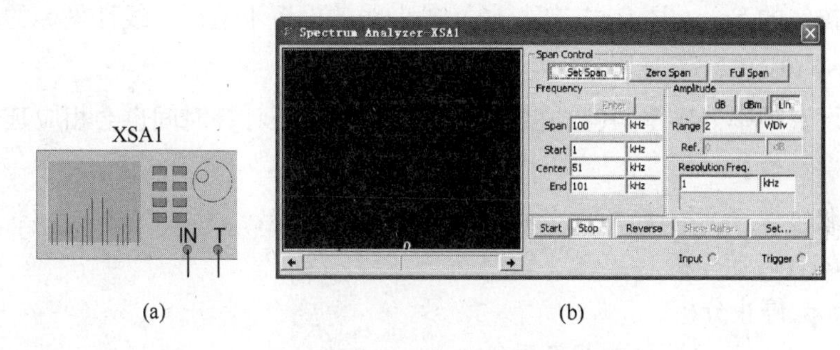

图 3.39 频谱分析仪图标及控制面板

1. 频谱显示区

该显示区内横坐标表示频率值,纵坐标表示某频率处信号的幅值(在 Amplitude 选项区中可以选择 dB、dBm、Lin 三种显示形式)。用游标显示所对应波形的精确值。

2. Span Control 选项区

该区域包括三个按钮,用于设置频率范围,分别为:

(1)Set Span:频率范围可在 Frequency 选项区中设定。

(2)Zero Span:仅显示以中心频率为中心的小范围内的权限,此时在 Frequency 选项区仅可设置中心频率值。

(3)Full Span:频率范围自动设为 0~4GHz。

3. Frequency 选项区

该选项区包括四个文本框,分别为:

(1)Span:设置频率范围。

(2)Start:设置起始频率。

(3)Center:设置中心频率。

(4)End:设置终止频率。

注意 在 Set Span 方式下,只要输入频率范围和中心频率值,然后单击 Enter 按钮,软件就可以自动计算出起始频率和终止频率。

4. Amplitude 选项区

该选项区用于选择幅值 U 的显示形式和刻度，主要功能如下。

(1)dB：设定幅值用波特图的形式显示，即纵坐标刻度的单位为 dB。

(2)dBm：当前刻度可由 10lg(U/0.775)计算而得，刻度单位为 dBm。该显示形式主要应用于终端电阻为 600Ω 的情况，以方便读数。

(3)Lin：设定幅值坐标为线性坐标。

(4)Range：用于设置显示屏纵坐标每格的刻度值。

(5)Ref.：用于设置纵坐标的参考线，参考线的显示与隐藏可以通过 Control 选项区控制按钮的 Show-Refer 按钮控制。参考线的设置不适用于线性坐标的曲线。

5. Resolution Freq 选项区

用于设置频率分辨率，其数值越小，分辨率越高，但计算时间也会相应延长。

6. 控制按钮区

该区域包含五个按钮，下面分别介绍各按钮的功能：

(1)Start：启动分析。

(2)Stop：停止分析。

(3)Reverse：使显示区的背景反色。

(4)Show-Refer/Hide-Refer：用来控制是否显示参考线。

(5)Set：用于进行参数的设置。

3.3.14 网络分析仪

网络分析仪(Network Analyzer)是一种用来测试双端口高频电路的 S 参数的仪器，还可以测试电路的 H 参数、Y 参数和 Z 参数等。单击 Simulate→Instruments→Network Analyzer 或 后，将得到如图 3.40(a)所示的网络分析仪图标。其中共有两个接线端，用于连接被测端点和外部触发器。双击该图标，将得到如图 3.40(b)所示的网络分析仪控制面板。网络分析仪控制面板共分为五个区域。

1. Mode 区

设置自分析模式。

(1)Measurement：设置网络分析仪为测量模式。

(2)RF Characterizer：设置网络分析仪为射频分析模式。

(3)Match Net Designer：设置网络分析仪为高频分析模式。

2. Graph 区

设置分析参数及其结果显示模式。

(1)Param：参数选择下拉菜单。有 S-Parameters、H-Parameters、Y-Parameters、Z-Parameters、Stability factor(稳定度)等选项。

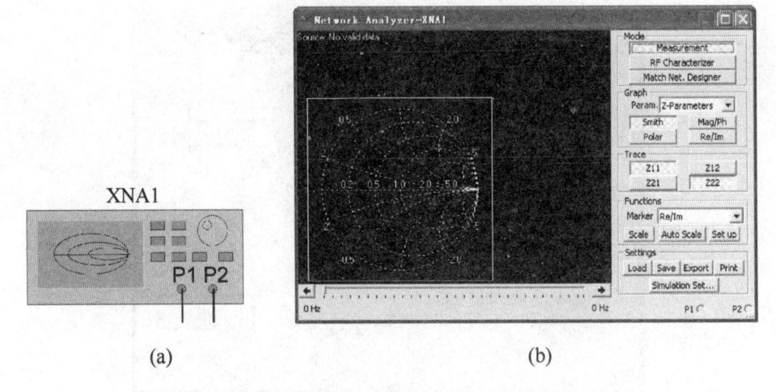

(a) (b)

图 3.40 网络分析仪图标及控制面板

(2)Smith(史密斯模式)、Mag/Ph(波特图方式)、Polar(极化图)、Re/Im(虚数/实数方式显示):用于设置显示格式。

3. Trace 区

用于显示所要显示的参数。

4. Functions 区

功能控制区。

(1)Marker:用于设置仿真结果显示方式。有 Re/Im(虚部/实部)、Polar(极坐标)和 dB。

(2) Mag/Ph(分贝极坐标)三种形式。

①Scale:纵轴刻度调整。

②Auto Scale:自动纵轴刻度调整。

③Set up:用于设置频谱仪数据显示窗口显示方式。

5. Settings 区

数据管理设置区。

(1)Load:装载专用格式的数据文件。

(2)Save:存储专用格式的数据文件。

(3)Exp:将数据输出到其他文件。

(4)Print:打印仿真结果数据。

(5)Simulation Set:单击此按钮,将弹出如图 3.41 所示的分析模式参数设置对话框,包括以下几个部分。

①Start frequency:用于设置激励信号源的起始频率。

②Stop frequency:用于设置激励信号源的终止频率。

③Sweep type:用于设置扫描模式,有 Decade(分贝)和 Linear(线性)两种模式。

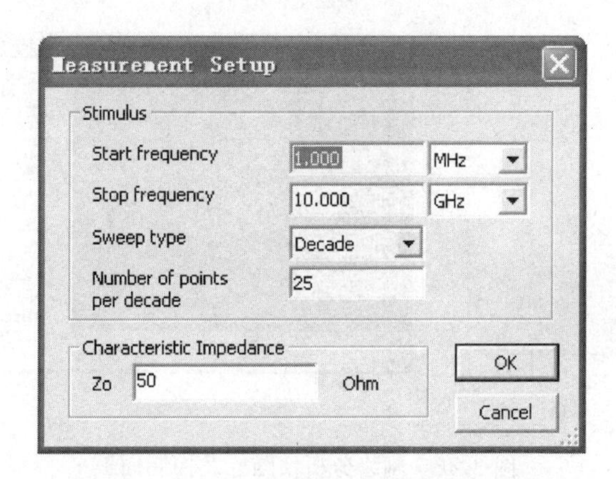

图 3.41 Simulation Set 按钮设置对话框

④Number of points per decade：设置每 10 倍频程取样多少点数。

⑤Characteristic Impedance：用于设置特性阻抗，默认值为 50Ω。

3.3.15 安捷伦仪器

安捷伦虚拟仪器是 Multisim10 根据安捷伦公司生产的实际仪器而设计的仿真仪器，在 Multisim10 中有安捷伦函数信号发生器(Agilent Function Generator)、安捷伦万用表(Agilent Multimeter)、安捷伦示波器(Agilent Oscilloscope)。这些仪器的使用方法请参考对应仪器厂家说明书。

3.3.16 泰克示波器

Multisim10 提供的泰克示波器(Tektronix Simulated Oscilloscope) Tektronix TDS2024 是一个四通道的 200MHz 的示波器。具体使用方法参考说明书或第 2 章 2.4 节内容。

3.4 Multisim10 的仿真分析

在利用 Multisim10 进行电路分析与设计的时候，可以调用仪器仪表栏所提供的各种器件对电路进行电压、电流波形的检测。

Multisim10 提供了 18 种仿真分析方法，分别是：直流静态工作点分析、交流分析、瞬态分析、傅里叶分析、噪声分析、噪声系数分析、失真分析、直流扫描分析、灵敏度分析、参数扫描分析、温度扫描分析、零-极点分析、传输函数分析、最坏情况分析、蒙特卡罗分析、线宽分析、批处理分析和用户自定义分析。

1. 直流工作点分析

直流工作点分析也称静态工作点分析，在进行直流工作点分析时，电路中电容被视为开路,电感被视为短路,交流源将被置零,数字器件被视为高阻接地。直流分析的结果是为以后的分析做准备。

单击 Simulate→Analysis→DC Operating Point 命令,将弹出 DC operating Point Analysis 对话框,如图 3.42 所示。

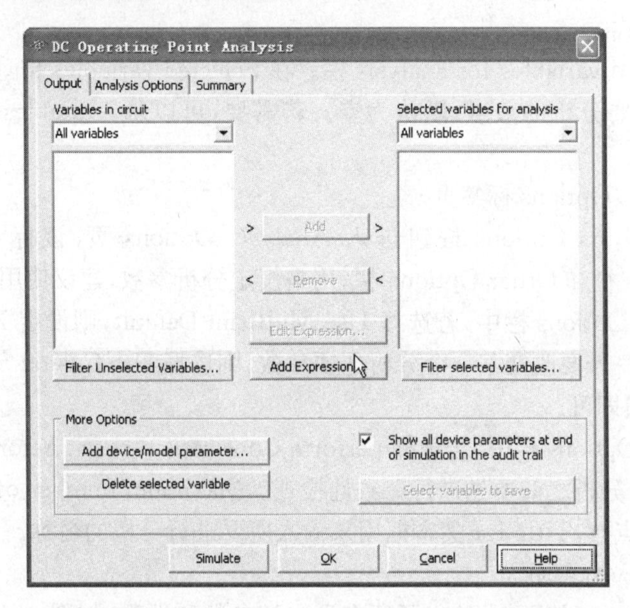

图 3.42 DC Operating Point Analysis 对话框

该对话框包含了三个选项卡。

1)Output 选项卡

用来选择需要分析的节点和变量。

(1)Variables in circuit 栏。Variables in circuit 下拉列表用于显示需要分析的节点和变量。点击 Variables in circuit 窗口中的下箭头按钮,可以给出变量类型选择表(Voltage and Current 显示电压和电流变量;Device/Model Parameters 显示元件模型/参数变量;All variables 显示电路中的全部变量)。若需增加变量,点击该栏下的 Filter Unselected Variables 按钮,弹出 Filter nodes 对话框,如图 3.43 所示。

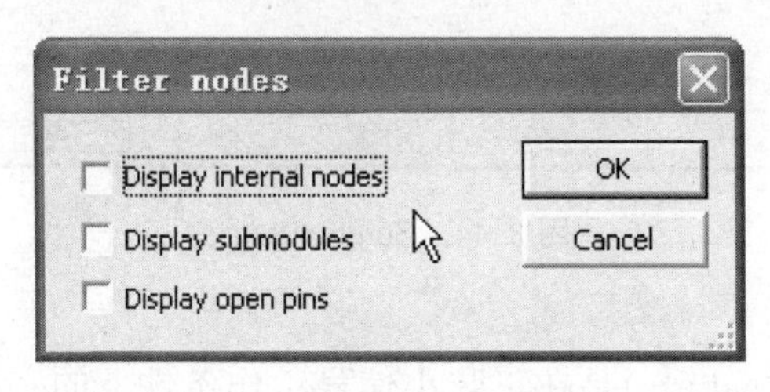

图 3.43 Filter nodes 对话框

该对话框有三个选项,其中 Display internal nodes 选项显示内部节点,Display submodules 选项显示子模块的节点,Display open pins 选项显示开路的引脚。

(2)More Options 栏。单击 Add device/model parameter 按钮,弹出 Add device/model parameter 对话框。在该对话框中,可以在 Parameter Type 栏内指定要新增参数的形式。

(3)Selected variables for analysis 栏。在 Selected variables for analysis 栏中列出的是确定需要分析的节点,默认为空。若需要,可以从 Variables in circuit 栏中添加。

2)Analysis Options 标签页

单击 Analysis Options 按钮进入 Analysis Options 页,该标签页中包含有 SPICE Options 栏和 Other Options 栏,用来设定分析参数,建议使用默认设置。

在 SPICE Options 栏中,若选择 Use Multisim Default,则设定 XSPICE 仿真引擎为默认参数。若要改变某一个分析选项参数,则选择 Use Custon Settings,再单击 Customize 按钮即可。

在 Other Options 栏中,若选择 perform Consistency check before starting 复选框,表示在进行分析之前要先进行一致性检查。Maximum number of 文本框用来设定最多的取样点数,Title for 文本框用来输入所要进行分析的名称。

3)Summary 标签页

在 Summary 标签页中,给出了所有设定的参数和选项,如图 3.44 所示,用户可以检查确认所要进行的分析设置是否正确。

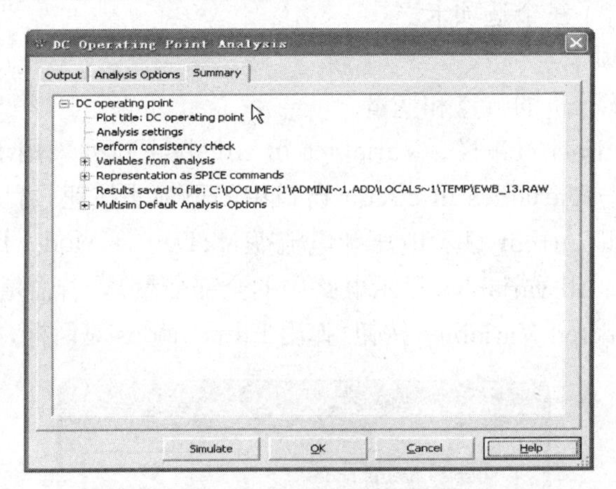

图 3.44 Summary 标签

2. 交流分析

交流分析(AC Analysis)是在正弦小信号工作条件下的一种频域分析。它计算电路的幅频特性和相频特性,是一种线性分析方法。在分析时,需先选定被分析的电路节点,电路中的直流源将自动置零,交流信号源、电容、电感等均呈现交流模式,输入信号自动设定为正弦波形式,分析电路随正弦信号频率变化的频率响应曲线。

单击 Simulate→Analysis→AC Analysis 命令,将弹出 AC Analysis 对话框,如图 3.45 所示。

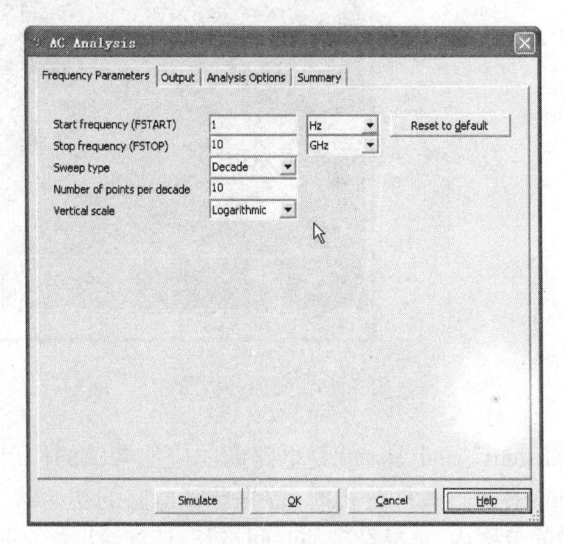

图 3.45 AC Analysis 对话框

AC Analysis 对话框有 Frequency Parameters、Output、Analysis Options 和 Summary 四个选项卡,其中除了 Frequency Parameters 选项卡外,其余与直流工作点分析的设置类似。下面介绍 Frequency Parameters 选项卡。

在 Frequency Parameters 选项卡中,可以确定分析的起始频率、终止频率、扫描方式、分析采样点数和纵向坐标等参数。Frequency Parameters 选项卡的设置项目、单位及默认值等内容如表 3.1 所示。

表 3.1 Frequency Parameters 选项卡的内容

项目	默认值	注释
Start frequency	1	交流分析的起始频率,单位有:Hz、kHz、MHz、GHz
Stop frequency	10	交流分析的终止频率,单位有:Hz、kHz、MHz、GHz
Sweep type	Decade	交流分析曲线的频率变化方式,可选项为:Decade、Linear、Octave
Number of points per decade	10	起点到终点共有多少个频率点对线性扫描项才有效
Vertical scale	Logarithmic	扫描时的垂直刻度,可选项有:Linear、Logarithmic、Decibel、Octave

下面以单放电路为例,对该电路进行简单的交流分析,结果如图 3.46 所示。

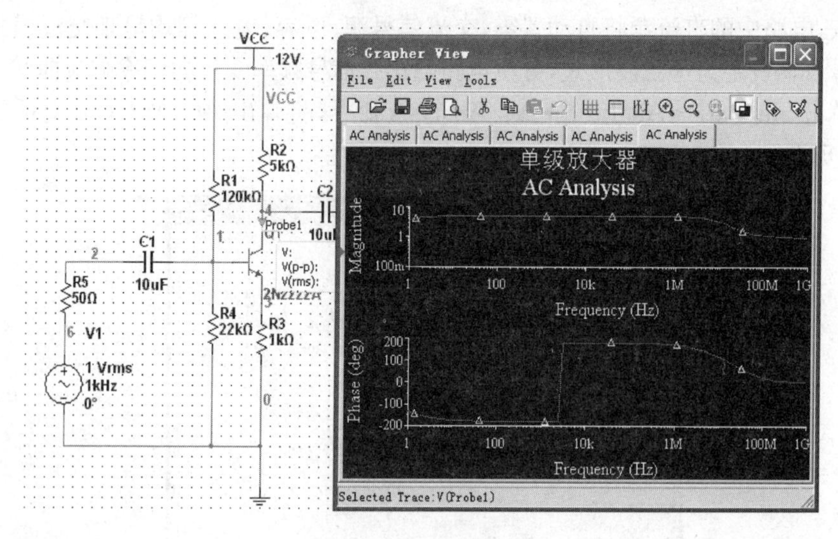

图 3.46　交流分析图

3. 瞬态分析

瞬态分析(Transient Analysis)就是电路的响应加激励的作用后在时间域内的函数波形。Multisim 在进行瞬态分析时,首先计算电路的初始状态,然后从初始时刻到某个给定的时间范围内,选择合理的时间步长,计算输出端在每个时间点的输出电压,输出电压由一个完整周期中的各个时间点的电压来决定。启动瞬态分析时,只要定义起始时间和终止时间,Multisim 即可以自动调节合理的时间步长值,以兼顾分析精度和计算时需要的时间,又可以自行定义时间步长,以满足一些特殊要求。

单击 Simulate→Analysis→Transient Analysis 命令,将弹出 Transient Analysis 对话框,如图 3.47 所示。

该对话框中除 Analysis Parameters 选项卡的内容外,其他与直流工作点分析的设置相同。Analysis Parameters 选项卡的内容如表 3.2 所示。

表 3.2　Analysis Parameters 选项卡的内容

选项		默认值	注释
Paramenters	Start time	0s	瞬态分析的起始时间大于或等于零,小于结束时间
	End time	0.001s	瞬态分析的终止时间大于起始时间
	Maximun time step settings	选中	Miximun number of time points、Maximun time step、Generate time steps automatically 三项中选一项
	Miximun number of time points	100	起始时间到终止时间内模拟输出的点数
	Maximun time step	1e-005s	模拟时的最大步进时间
	Generate time steps automatically	选中	Multisim 将自动产生合理的最大步进时间

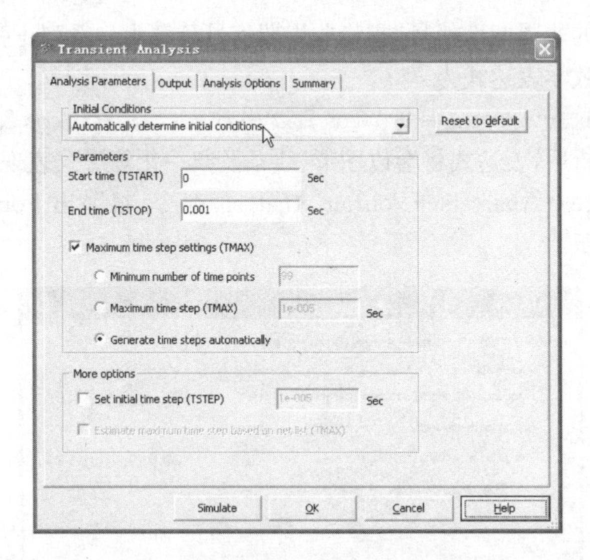

图 3.47 Transient Analysis 对话框

以单放电路为例,瞬态分析曲线如图 3.48 所示。

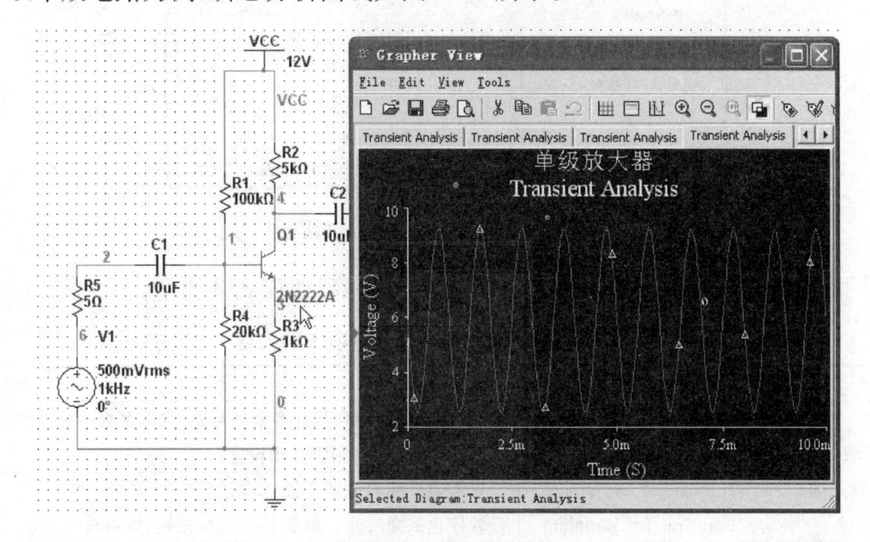

图 3.48 瞬态分析图

瞬态分析的结果同样可以用示波器观察到。对于瞬态分析,如果实际结果与预期结果不相符,甚至相差很大,在没有电路错误的情况下,可以通过适当设置仿真时间达到预期的结果。

4. 傅里叶分析

傅里叶分析(Fourier Analysis)是工程中常用的电路分析方法之一。傅里叶分

析用于分析复杂的非周期性信号，它将非周期信号分解为一系列正弦波、余弦波和直流分量之和。其数学表达式为

$$f(t) = A_0 + A_1\cos\omega t + A_2\cos 2\omega t + B_1\cos\omega t + B_2\cos 2\omega t + \cdots$$

在傅里叶分析后，表达式将会以图形、线条及归一化等形式表现出来。

单击 Simulate→Analysis→Fourier Analysis 命令，将弹出 Fourier Analysis 对话框，如图 3.49 所示。

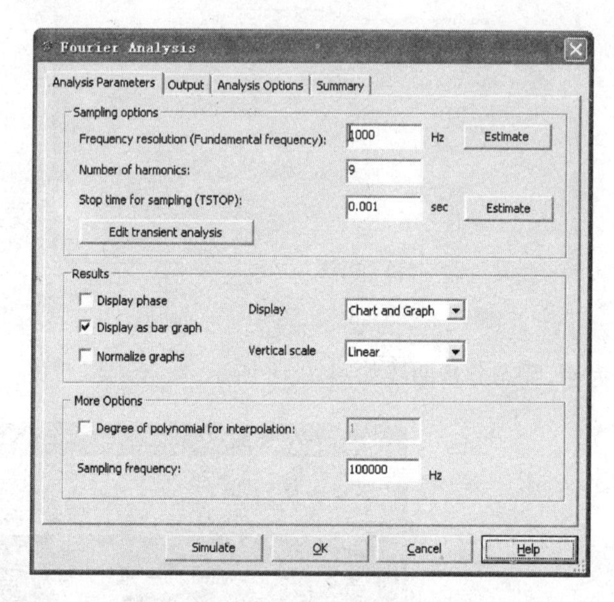

图 3.49 Fourier Analysis 对话框

下面只介绍 Analysis Parameters 选项卡的内容，如表 3.3 所示。

表 3.3 Analysis Parameters 选项卡的内容

选项		注释
Sampling options（采样选项）	Frequency resolution	取交流信号源频率，若有多个信号源，则取其最小公因数。单击 Estimate 按钮，则将自动设置。
	Number of harmonics	设置需要计算的谐波个数
	Stop time for sampling	设置停止采样时间。单击 Estimate 按钮，则将自动设置。
Results(结果)	Display phase	选中后将会显示相频特性分析结果
	Display as bar graph	选中后将以线条图形方式显示分析结果
	Normalize graphs	选中后分析结果将绘制归一化图形
	Displays	显示形式的三种选择：Chart(图表)、Graph(图形)、Chartand Graph(图表和图形)
	Vertical scale	纵轴刻度的三种选择：Linear(线性)、Logrithmic(对数)、Decibel(分贝)或 Octave(8倍)

5. 噪声分析

电路中的电阻和半导体器件在工作时都会产生噪声，噪声分析(Noise Analysis)就是定量分析电路中的白噪声的大小。Multisim 提供了热噪声、散弹噪声和闪烁噪声三种不同的噪声模型。

单击 Simulate→Analysis→Noise Analysis 命令，将弹出 Noise Analysis 对话框，如图 3.50 所示。

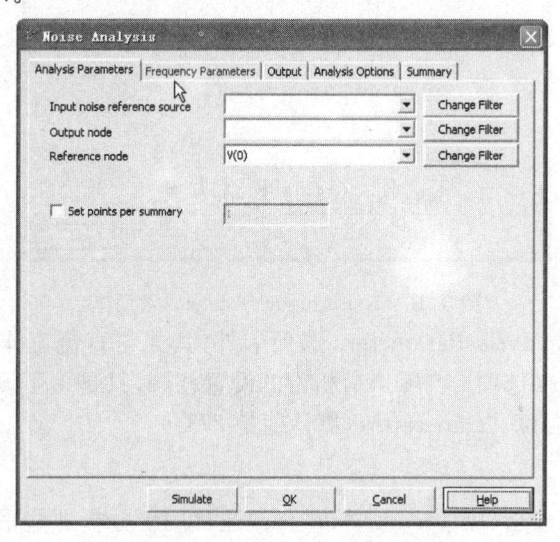

图 3.50　Noise Analysis 对话框

下面只介绍 Analysis Parameters 选项卡的设置，如表 3.4 所示。

表 3.4　Analysis Parameters 选项卡的内容

选项	默认值	注释
Input noise reference source	电路的输入源	选择交流信号源输入
Output node	电路中的节点	选择输出噪声的节点位置，在该节点计算电路所有元器件产生的噪声电压均方根之和
Reference node	0	默认接地
Set points per summary	1	选中后噪声分析将产生所选元件的噪声轨迹，在右边填入频率步进数

6. 噪声系数分析

噪声系数分析(Noise Figure Analysis)是指分析输入信噪比/输出信噪比。噪声系数分析用来衡量有多大的噪声加入到信号中。因此，信噪比是衡量电子线路中信号质量好坏的一个重要参数。

单击 Simulate→Analysis→Noise Figure Analysis 命令，将弹出 Noise Figure Analysis对话框，如图 3.51 所示。

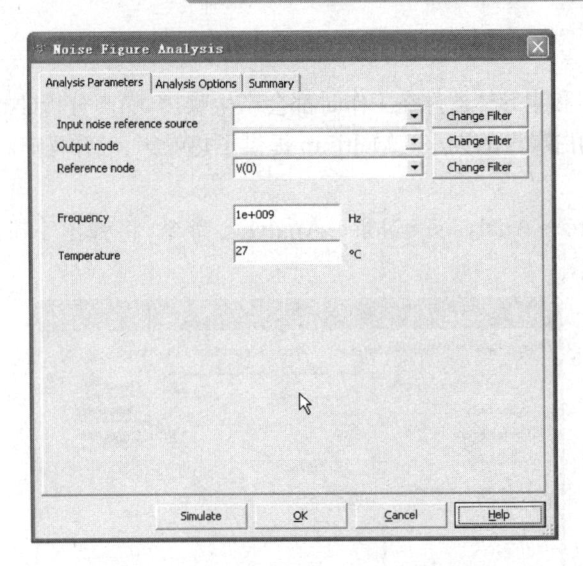

图 3.51 Noise Figure Analysis 对话框

此对话框除 Analysis Parameters 选项卡外，其他与直流工作点分析一样。而 Analysis Parameters 选项卡与噪声分析中的设置相同，只是多了设置输入信号频率 Frequency 和输入温度 Temperature（默认值是 27℃）。

7. 失真分析

Multisim 失真分析（Distortion Analysis）通常用于分析那些采用瞬态分析不易察觉的微小失真。

单击 Simulate→Analysis→Distortion Analysis 命令，将弹出 Distortion Analysis 对话框，如图 3.52 所示。

Analysis Parameters 选项卡的设置如表 3.5 所示。

表 3.5 Analysis Parameters 选项卡的内容

选项	默认值	注释
Start frequency	1Hz	设置起始频率
Stop frequency	10GHz	设置终止频率
Sweep type	Decade	三种扫描类型 Decade（10 倍刻度扫描）、Linear（线性刻度扫描）、Octave（8 倍刻度扫描）
Number of points per decade	10	设置每 10 倍频的采样点数
Vertical scale	Logarithm	垂直刻度可选 Linear（线性）、Lograrithm（对数）、Decibel（分贝）或 Octave（8 倍）
F2/F1 Ratio	0.1（不选）	选中时，在 F1 扫描期间，F2 设定为该比率乘以起始频率，应大于 0、小于 1
Reset to main AC values		按钮将所有设置恢复为与交流分析相同的设置值
Reset to default		按钮将所有设置恢复为默认值

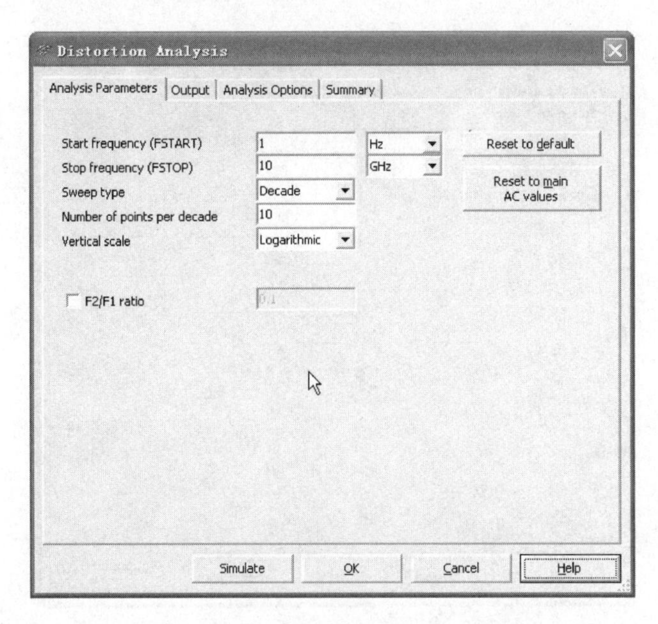

图 3.52 Distortion Analysis 对话框

8. 直流扫描分析

直流扫描分析(DC Sweep Analysis)就是分析电路中的某个节点电压或支路电流随电路中的一个或两个直流电源电压变化的情况。在进行直流扫描分析时，Multisim10 先计算电路的静态工作点，然后随着直流电源电压的变化将重新计算电路中的静态工作点。

单击 Simulate→Analysis→DC Sweep Analysis 命令，将弹出 DC Sweep Analysis 对话框，如图 3.53 所示。

四个选项卡除了 Analysis Parameters 选项卡以外，其他选项卡和 DC operating Point Analysis 对话框中的选项卡完全一致。下面只介绍 Analysis Parameters 选项卡的设置，如表 3.6 所示。

表 3.6 Analysis Parameters 选项卡的内容

选项	注释
Source	选择要扫描的直流电源
Start value	设置扫描开始值
Stop value	设置扫描终止值
Increase	设置扫描增量
Use source2	若要选择扫描两个电源的话选中该选项

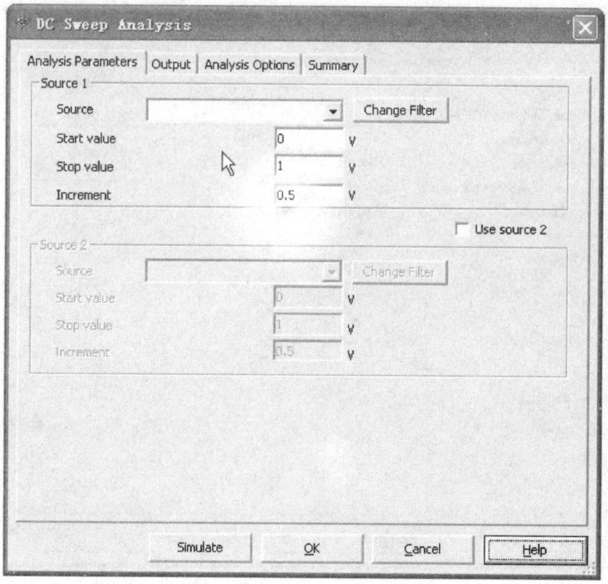

图 3.53 DC Sweep Analysis 对话框

9. 灵敏度分析

灵敏度分析(Sensitivity Analysis)是指当电路中某个元件的参数改变时,分析该元件的变化对电路的节点电压和支路电流的影响。灵敏度分析包括直流灵敏度分析和交流灵敏度分析。直流灵敏度的分析结果是以数值的形式显示,而交流灵敏度的分析结果是以曲线的形式显示。

单击 Simulate→Analysis→Sensitivity Analysis 命令,将弹出 Sensitivity Analysis 对话框,如图 3.54 所示。

四个选项卡除了 Analysis Parameters 选项卡以外,其他均和 DC Operating Point Analysis 对话框中的选项卡完全一致。下面只介绍 Analysis Parameters 选项卡的设置,如表 3.7 所示。

表 3.7 Analysis Parameters 选项卡的内容

选项		注释
Output node	Voltage	在 Output node 下拉列表中选择要分析的输出节点,在 Output reference 下拉列表中选择参考节点,通常为地
	Current	在 Output source 下拉列表中选择信号源
	Output scaling	可选 Absolute(绝对灵敏度)和 Relative(相对灵敏度)
	DC Sensitivity	直流灵敏度分析,分析结果将会产生一个表格
	AC Sensitivity	交流灵敏度分析,分析结果将会产生一个分析图,选中该项后单击 Edit Analysis按钮即可进入灵敏度分析对话框,参数设置与交流分析相同

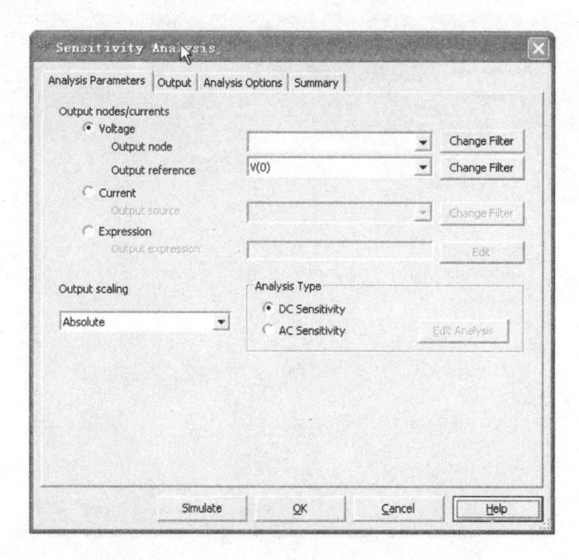

图 3.54　Sensitivity Analysis 对话框

10. 最坏情况分析

最坏情况分析(Worst Case Analysis)是一种统计方法,是指元件参数在容差域边界点上引起电路性能的最大偏差。

单击 Simulate→Analysis→Worst Case Analysis,将弹出 Worse Case Analysis 对话框。该对话框除了 Model tolerance list 和 Analysis Parameters 选项卡外,其他的均与 DC operating Point Analysis 对话框中的选项卡完全一致。下面介绍 Model tolerance list 和 Analysis Parameters 选项卡。

1)Model tolerance list 选项卡

在 Current list of tolerances 选项中列出了目前的元件模型容差参数,可以单击下方的 Add tolerance 按钮,将弹出如图 3.55 所示的添加容差设置 Tolerance 对话框。

图 3.55 所示的对话框包括三个设置区域,内容和含义如表 3.8 所示。

2)Analysis Parameters 选项卡

Analysis Parameters 选项卡对话框如图 3.56 所示。Analysis Parameters 选项卡的内容如表 3.9 所示。

11. 参数扫描分析

参数扫描分析(Parameter Sweep Analysis)是指在仿真中改变电路中某个元件的参数值,观察其参数值在一定范围内的变化对电路的直流工作点等性能的影响。参数扫描分析的效果相当于对电路中某个元件的每一个固定的参数值进行一次仿真分析,然后改变该参数值,继续分析的效果。

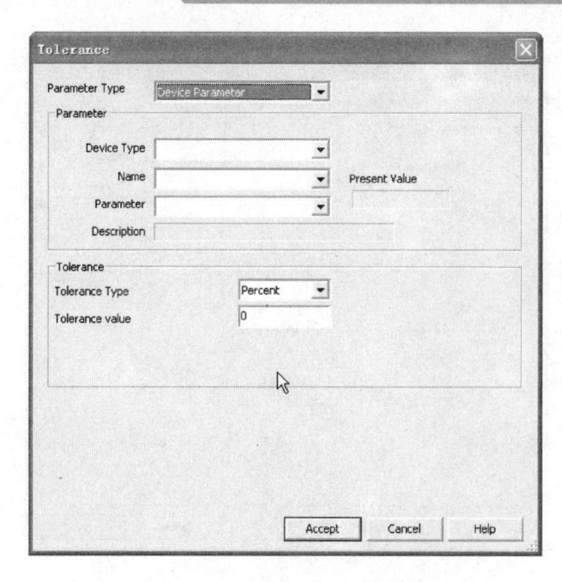

图 3.55 Tolerance 对话框

表 3.8 Tolerance 对话框的内容

选项区域	选项	注释
Parameter Type	Parameter Type（类型参数）	可选 Model Parameter（元件模型参数）和 Device Parameter（器件模型参数）
Parameter	Device Type	选择如 BJT、Capacitor、Resistor 等
	Name	选择要设定参数的元件序号
	Parameter	选择设定的参数
	Present Value	显示当前参数设定值，不可更改
	Description	对设定参数进行说明
Tolerance	Distribution	可选择 Guassian（高斯分布）和 Uniform（均匀分布）两个选项
	Lot number	可选择容差随机数出现方式
	Tolerance Type	可选择容差的形式
	Tolerance	设置容差值

表 3.9 Analysis Parameters 选项卡的内容

选项区域	选项	注释
Analysis Parameters	Analysis	选择 AC Analysis 和 DC Operating point
	Output	选择要分析的输出节点
	Function	选择比较函数，有 MAX、MIN、RISE_EDGE、FULL_EDGE 四种选项
	Direction	选择容差变化方向，有 DEFAULT、LOW、HIGH 三种选项
	Restrict to range	确定 X 轴的范围
Output Contrl	Group all traces on one plot	选中此项的话，仿真结果和记录显示在一个图形中，不选则三种仿真分别显示

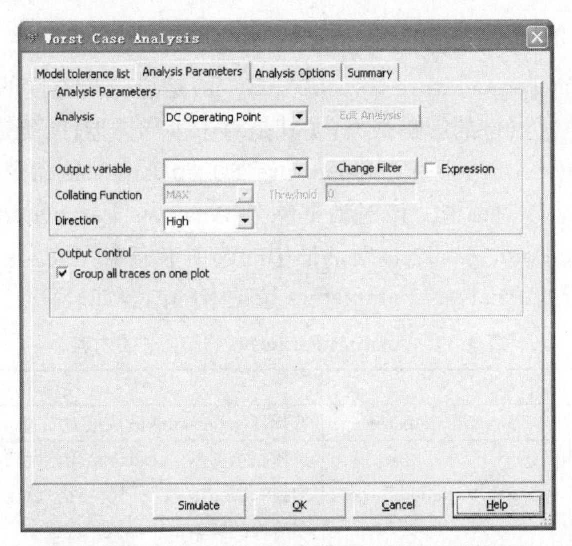

图 3.56 Analysis Parameters 选项卡对话框

单击 Simulate→Analysis→Parameter Sweep Analysis 命令，将弹出 Parameter Sweep Analysis 对话框。该对话框除了 Analysis Parameters 选项卡外，其他的与 DC Operating Point Analysis 对话框中的选项卡完全一致。下面介绍 Analysis Parameters 选项卡。

参数扫描分析的 Analysis Parameters 选项卡的内容如表 3.10 所示。

表 3.10 Analysis Parameters 选项卡的内容

选项		注释
Sweep Parameters	Sweep Parameter	在下拉菜单中可选 Device Parameter(元器件参数)和 Model Parameter(模型参数)
	Device Type	在下拉菜单中可选 Capacitor(电容器类)、Diode(二极管类)、Resistor(电阻类)和 Vsource(电压源类)等
	Name	选择要扫描的元器件的序号
	Parameter	选择要扫描的元器件的参数
	Description	显示当前该参数的设置值
Points to sweep	Sweep Variation Type	选择扫描类型 Decade(10 倍刻度扫描)、Octave(8 倍刻度扫描)、Linear(线性刻度扫描)、List(取列表值扫描)后，在后面的文本框中填入相应值
More options	Analysis to sweep	有三种分析类型：DC Operating Point、AC Analysis 和 Transient Analysis
	Edit Analysis	对该分析进行进一步设置和编辑
	Group all traces on one plot	选中后则表示将分析的曲线放置在同一个分析图中显示

12. 温度扫描分析

温度扫描分析(Temperature Sweep Analysis)是指分析温度的变化对电路性能的影响。温度对电子器件的影响很大,尤其是对于半导体器件,更是不容忽视。

单击Simulate→Analysis→Temperature Sweep Analysis命令,将弹出Temperature Sweep Analysis对话框。该对话框除了Analysis Parameters选项卡外,其他的与DC operating Point Analysis对话框中的选项卡完全一致。

温度扫描分析的Analysis Parameters选项卡的内容如表3.11所示。

表3.11 Analysis Parameters选项卡的内容

选项		注释
Sweep Parameters	Sweep Parameter	选择Temperature默认值为27℃
Points to sweep	Sweep Variation Type	选择扫描类型Decade(10倍刻度扫描)、Octave(8倍刻度扫描)、Linear(线性刻度扫描)、List(取列表值扫描)后,在后面的文本框中填入相应值
More Options	Analysis to sweep	有三种分析类型:DC Operating Point、AC Analysis和Transient Analysis
	Edit Analysis	对该分析作进一步设置和编辑
	Group all traces on one plot	选中后则表示将分析的曲线放置在同一个分析图中显示

13. 零-极点分析

零-极点分析(Pole-Zero Analysis)就是分析一个系统是否稳定。通常是先进行直流工作点分析,对非线性元器件求得线性化的小信号模型,然后再进行传递函数的零点和极点分析。

单击Simulate→Analysis→Pole-Zero Analysis命令,将弹出Pole-Zero Analysis对话框。其中Analysis Parameters选项卡的内容如表3.12所示。

表3.12 Analysis Parameters选项卡的内容

选项		注释
Analysis Type	Gain Analysis	进行电路增益分析,即输出电压/输入电压
	Impedance Analysis	进行电路互阻分析,即输出电压/输入电流
	Input Impedance	进行电路输入阻抗分析,即输入电压/输入电流
	Output Impedance	进行电路输出阻抗分析,即输出电压/输出电流
Nodes	Input(+)	设置输入节点的正端
	Input(-)	设置输入节点的负端
	Output(+)	设置输出节点的正端
	Output(-)	设置输出节点的负端
Analysis Performed	Analysis Performed	可以选Pole and Zero Analysis、Pole Analysis、Zero Analysis三种分析类型

14. 传递函数分析

传递函数分析(Transfer Function Analysis)是分析一个输入源与两个节点间的输出电压或一个输入源与一个电流输出变量之间的小信号传递函数。在进行该分析前,程序先自动对电路进行直流工作点分析,求得线性化的模型,然后再进行小信号分析求得传递函数。

单击 Simulate→Analysis→Transfer Function Analysis 命令,将弹出 Transfer Function Analysis 对话框。其中 Analysis Parameters 选项卡的内容如表 3.13 所示。

表 3.13 Analysis Parameters 选项卡的内容

选项		注释
Input Source	Input Source	从下拉菜单中选择输入信号源,若没有的话,可以单击 Change Filter 按钮增加
Output node/source	Voltage	在下拉菜单中指定输出节点
	Output reference	在下拉菜单中指定参考节点,通常为地
	Current	在下拉菜单中指定输出电流

15. 蒙特卡罗分析

蒙特卡罗分析(Monte Carlo Analysis)是利用一种统计方法,分析电路元件的参数在一定数值范围内按照指定的误差分布变化时对电路性能的影响。该分析方法可以预测电路在批量生产时的合格率和生产成本。

单击 Simulate→Analysis→Monte Carlo Analysis 命令,将弹出 Monte Carlo Analysis对话框。其中 Analysis Parameters 选项卡如图 3.57 所示。

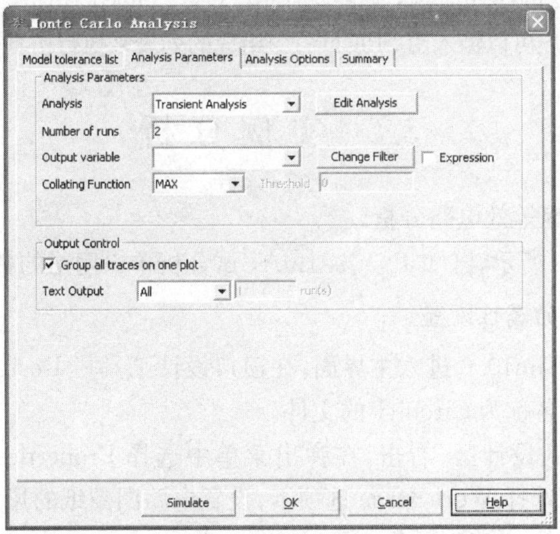

图 3.57 Analysis Parameters 选项卡对话框

蒙特卡罗分析的 Analysis Parameters 选项卡中 Number of runs 文本框的含义是:蒙特卡罗分析次数,其值必须大于等于 2;Text Output 下拉列表的含义是:选择文字输出方式。

16. 布线宽度分析

当电路完成仿真分析并达到各项参数要求时,就可以制作 PCB 板了。布线宽度分析(Trace width Analysis)就是在制作 PCB 板时,对导线有效的传输电流所允许的最小线宽的分析。导线的厚度受板材限制,导线的电阻则取决于 PCB 板设计者对导线宽度的设置。

单击 Simulate→Analysis→Monte Carlo Analysis 命令,将弹出 Trace width Analysis对话框。其中 Trace width analysis 选项卡中几项设置的含义如下:

(1)Maximum temperature above ambient:设置周围环境可能的最大温度。

(2)Weight of plating:设置铜膜的厚度。

(3)Set node trace widths using the results from this analysis:选择是否用本分析的结果建立导线的宽度。

17. 批处理分析

批处理分析(Batched Analysis)就是将同一个仿真电路的不同分析组合在一起执行的分析方式。

18. 用户自定义分析

用户自定义分析(Use Defined Analysis)可以由用户扩充仿真分析功能,单击 Simulate→Analysis→Use Defined Analysis 命令,将弹出 Use Defined Analysis 对话框。在 Commands 选项卡中,用户可以输入由 SPICE 命令组成的列表来执行仿真分析。

3.5 实例分析

例 3.1 戴维南等效电路分析。

电路如图 3.58 所示,已知 $I_s = 0.1\text{mA}$,试分析单口网络的戴维南等效电路。

1. 电路图图纸的属性设置

(1)运行 Multisim10.0 进入主界面,在窗口设计工具栏 Design Toolbox 中可以看到自动创建一个名称为 Circuit1 的文件。

(2)移动光标到设计区,右击,在弹出菜单中选择 Properties 命令,打开 Sheet Properties 对话框,选择 WorkSpace 选项卡,设置电路图图纸的尺寸为 A4,方向为横向。设置完对话框后,单击对话框 OK 按钮。

(3)在主菜单上选择 place→Title 命令,在弹出的“打开”对话框中选择并打开路

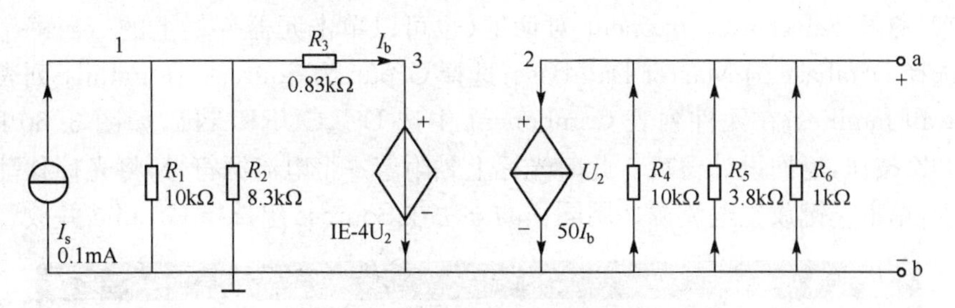

图 3.58　戴维南等效电路

径为…\Program Files\National Instruments\Circuit Design Suit10.1 titleblocks 的文件夹，选择 DefaultV6.tb7 的电路标注形式，选择“打开”按钮关闭对话框。这时可以看到光标上黏附着样式为 DefaultV6.tb7 的图纸标注，将光标移动到适当位置，单击左键放置标注。

(4)移动光标到图纸标注上，双击鼠标左键，弹出图纸标注 Title Block 对话框，用户可以根据自己的情况进行设置，本例如图 3.59 所示。

图 3.59　Title Block 对话框

2. 电路原理图的建立

(1)电流源的放置。在设计区单击鼠标左键，在弹出菜单上选择 Place Component 项，打开 Select a Component 对话框(也可以单击元器件栏上的 -- In Use List -- 图标)，选择 Database 为 Master DataBase；选择 Group 为 Sources；在 Family 列表中选 Select all families；在元件列表 Component 中选 DC_CURRENT，如图 3.60 所示。单击 OK 按钮，返回设计窗口。此时光标上黏附着一个电流源符号，将光标移动到适当位置，单击左键放置电流源。用同样的方法在 Sources 组选择 Ground 并放置。

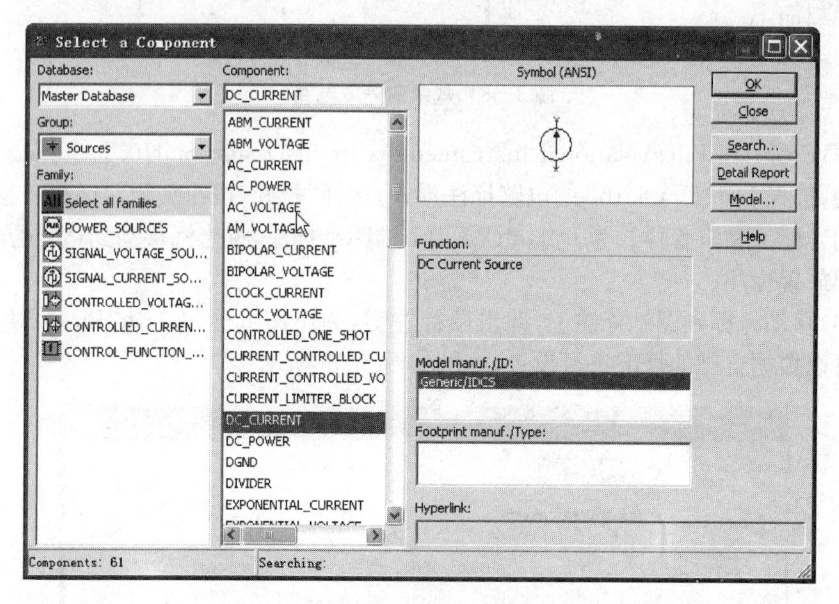

图 3.60 电流源的选择

(2)电阻的放置。同(1)中一样打开 Select a Component 对话框，在 Master DataBase 的 Group 中选 Basic，然后在 Family 中选 RESISTER，元件值采用默认值，单击 OK 按钮，然后在设计窗口中放置电阻符号。电路中剩余电阻可以按照以上同样的方法添加。也可以用如下方法添加：①在主菜单工具栏上单击 In Use List 下拉框箭头，选 RESISTOR_VIRTUAL 项，如图 3.61 所示，这时光标上黏附着一个电阻符号，可以直接在设计区中的适当位置单击鼠标左键放置；②移动光标选中电阻符号，通过快捷键组合 Ctrl+C 复制电阻，然后移动光标在空白处单击鼠标左键，再用快捷键组合 Ctrl+V 粘贴并放置电阻。

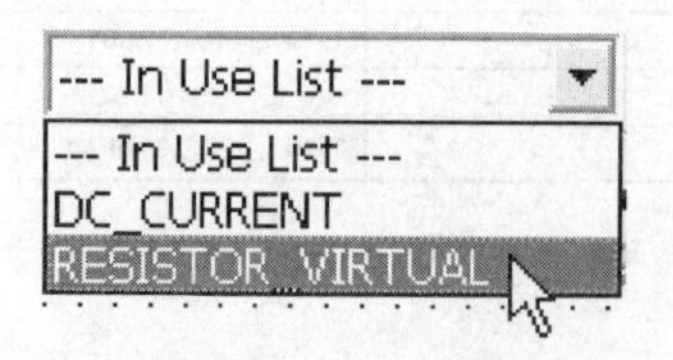

图 3.61 元件选择窗口

(3)受控源的添加。同(1)中一样打开 Select a Component 对话框，在 Master DataBase 的 Group 中选 Source，在 Family 中选 CNTROLLED_VOTAGE…，在 Component 中选 CURRENT_CONTROLLED_CURRENT SOURCE。单击 OK 按钮，在设计图上添加受控电压源。用同样的方法在电路设计区上放置 VOLTAGE_CONTROLLED VOLTAGE SOURCE。

(4)修改元件参数。用光标选中设计图中某个元件，右击，在弹出的菜单中选 Properties 选项(或双击该元件)，然后在弹出元件相应的特性对话框中选 Value 标签，设定所需要的值。

(5)连线。连接好的电路如图 3.62 所示。

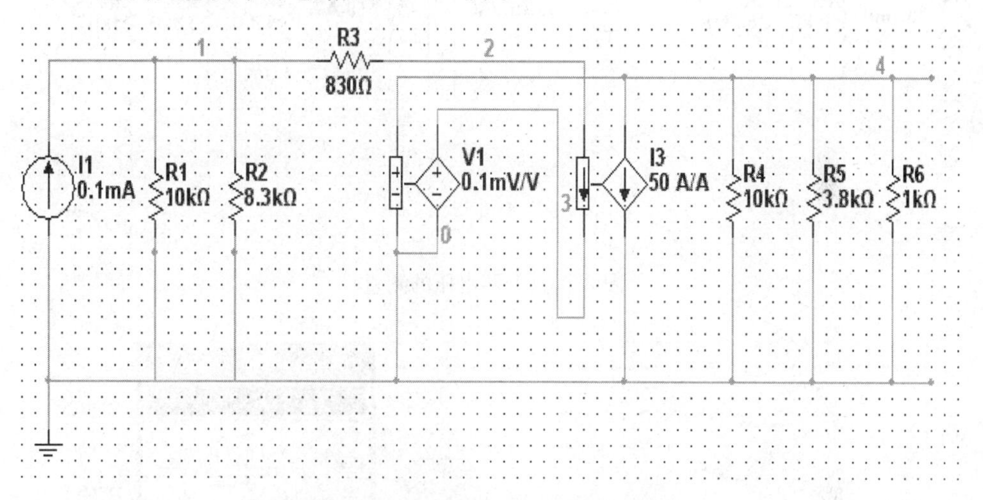

图 3.62　连接好的戴维南等效电路

3. 电路分析

(1)选用仪表。电路连接好后，在 Multisim10 主界面的右列工具栏点击万用表图标，光标黏附着一个万用表符号，在设计区中的适当位置放置。

(2)端口开路电压测量。将万用表正负极分别于待测等效端口的两个端子相接，双击万用表图标，可以看到弹出的数字万用表的操作面板，选择测量类型为 V，测量信号模式为“直流”，激活电路，如图 3.63 所示。这时操作面板上显示测量的开路电压为 $U_{oc}=3.103\text{V}$。

(3)等效电阻测量。根据戴维南定理，将电路中独立电流源开路，万用表接在等效端口的端子上，双击万用表打开其操作面板，选择测量类型为 Ω。激活电路，如图 3.64 所示，测得等效电阻 $R_o=734.093\Omega$。

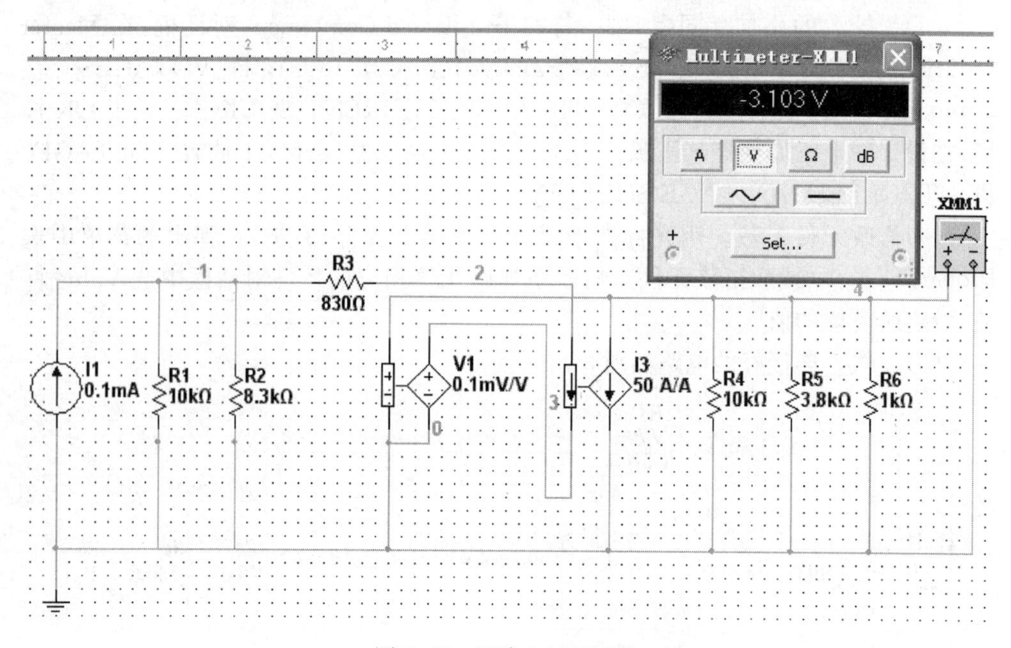

图 3.63 开路电压的测量

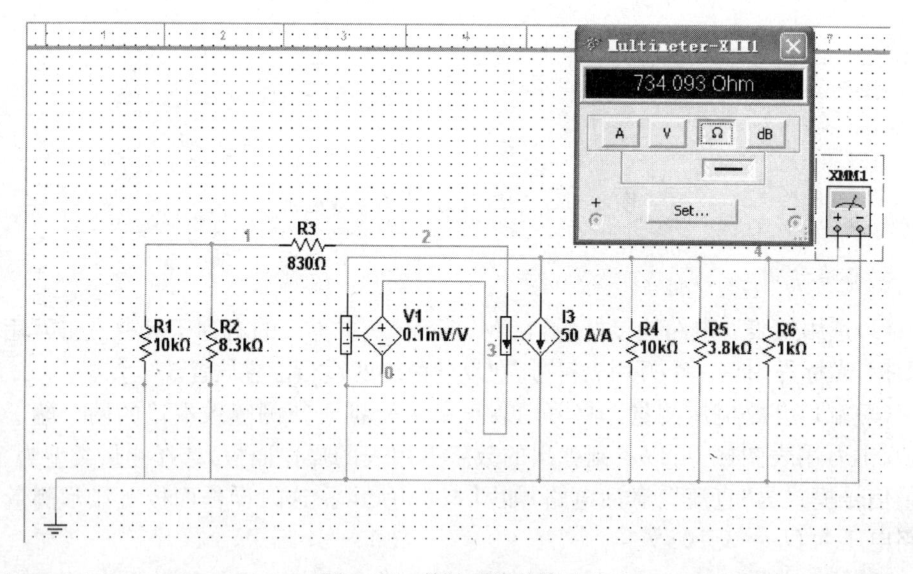

图 3.64 等效电阻的测量

例 3.2 三极管放大电路分析。

电路如图 3.65 所示，按照例 3.1 中的方法将电路连接好，然后利用 Multisim10 对电路进行仿真分析。

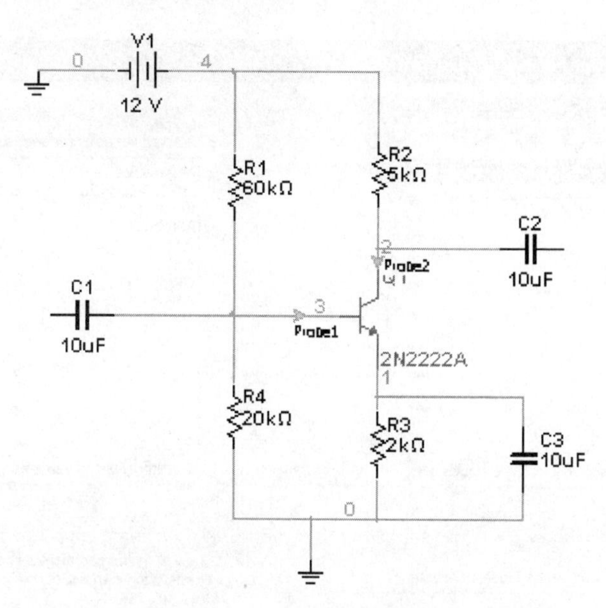

图 3.65 三极管分压偏置电路

1. 电路参数的理论计算

对图 3.63 所示电路的直流通路进行理论计算。

假定 2N2222A 的 $V_{beq}=0.7\text{V}$,则

$$V_{bq}=V_{cc}\times\frac{R_4}{R_1+R_4}=12\times\frac{20}{60+20}=3.0\text{V}$$

$$V_{eq}=V_{bq}-V_{beq}=3.0-0.7=2.3\text{V}$$

$$I_{eq}=V_{eq}/R_3=1.15\text{mA}$$

$$I_{cq}\approx I_{eq}=1.15\text{mA}$$

$$V_{cq}=V_{cc}-I_{cq}\times R_2=12-1.15\times 5=6.25\text{V}$$

$$V_{ceq}=V_{cq}-V_{eq}=6.25-2.3=3.95\text{V}$$

2. 电路的直流分析

(1)单击菜单 Simulate→Instruments 命令,在仪器仪表子菜单中单击 Measurement Probe,在三极管基极位置单击设置探针 Probe1,同样的方法在三极管集电极位置单击设置探针 Probe2。

(2)单击 Simulate→Analysis →DC Operating Point Analysis 命令,弹出 DC Operating Point Analysis 对话框,设置 Output 选项卡的分析变量如图 3.66 所示。

(3)单击 Simulate 按钮,分析结果如图 3.67 所示。通过分析结果可以看出,分析结果和理论计算基本吻合。

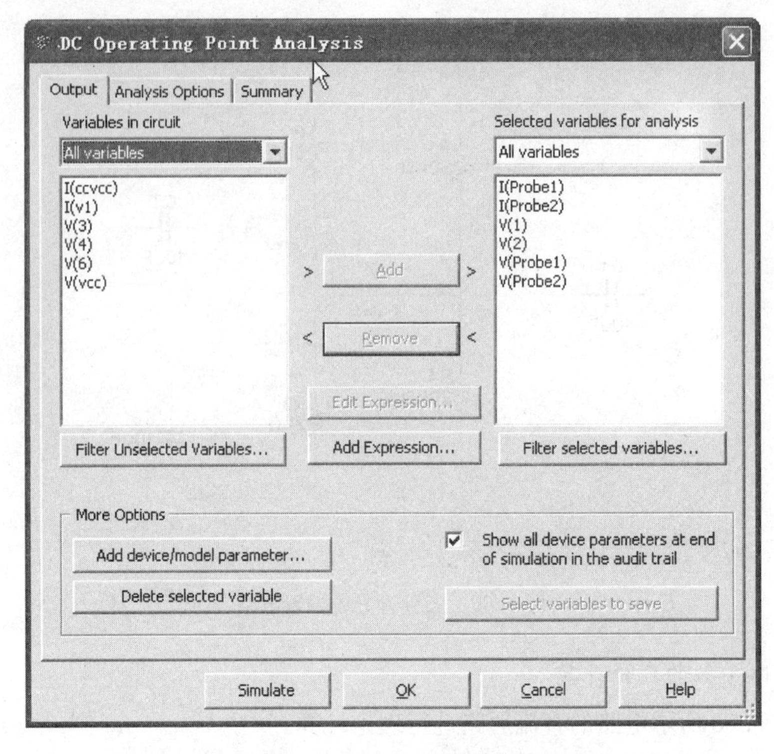

图 3.66 Output 选项卡设置

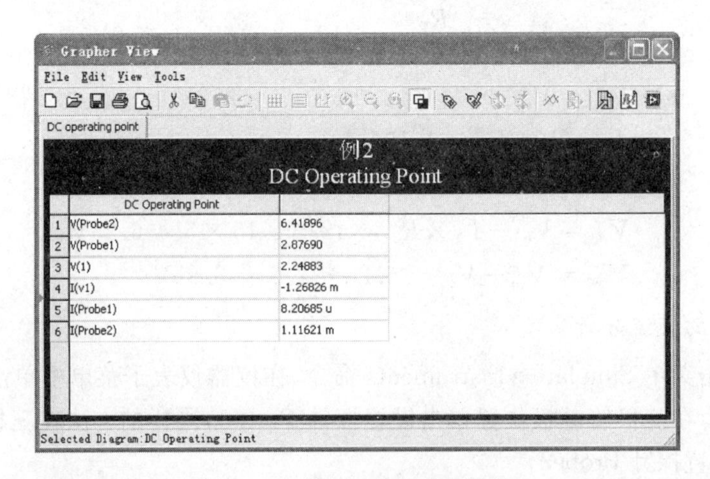

	DC Operating Point	
1	V(Probe2)	6.41896
2	V(Probe1)	2.87690
3	V(1)	2.24883
4	I(v1)	-1.26826 m
5	I(Probe1)	8.20685 u
6	I(Probe2)	1.11621 m

图 3.67 静态工作点分析结果

3. 电路交流放大倍数测量及交流分析

(1)给电路输入端加入一个 $F=1\text{kHz}$,$V_{\text{rms}}=20\text{mV}$ 的正弦信号,通过示波器测量输出波形的幅度,则 $A_v=6634/56.418\approx118$,如图 3.68 所示。

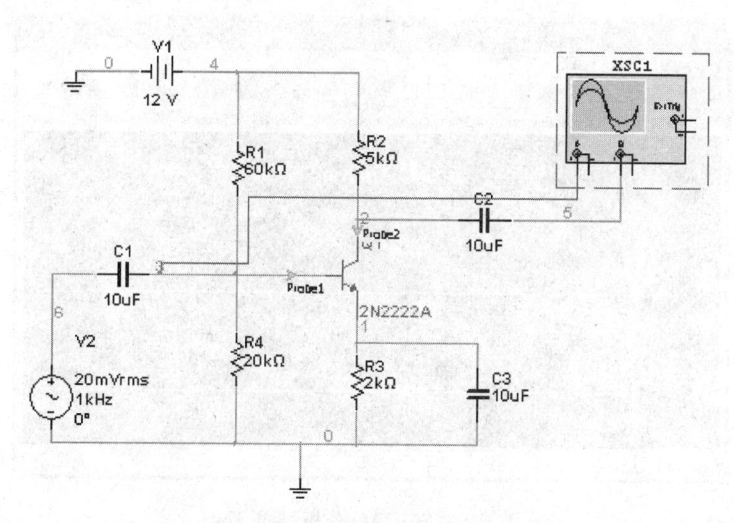

图 3.68 放大电路输出信号测量

(2)单击 Simulate→Analysis→AC Analysis 命令，弹出 AC Analysis 对话框，设置 Frequency Parameters 选项卡，如图 3.69 所示。

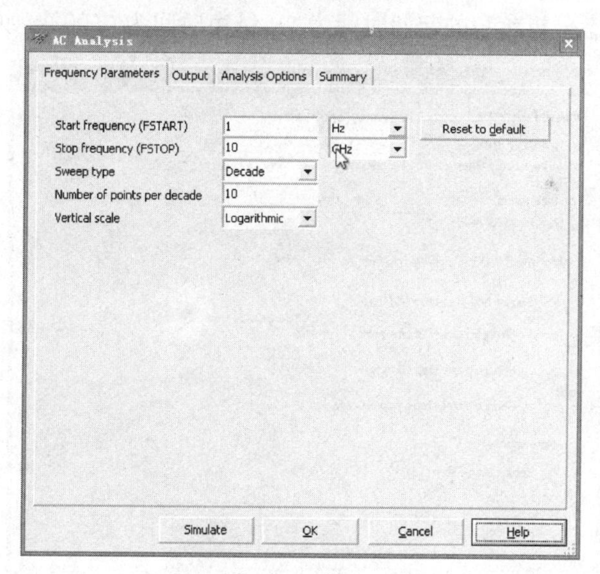

图 3.69 频率参数的设置

(3)设置 Output 选项卡的分析变量为 V[Probe2]。

(4)单击 AC Analysis 对话框中的 Simulate 按钮，分析结束后将弹出窗口，查看分析结果，如图 3.70 所示。

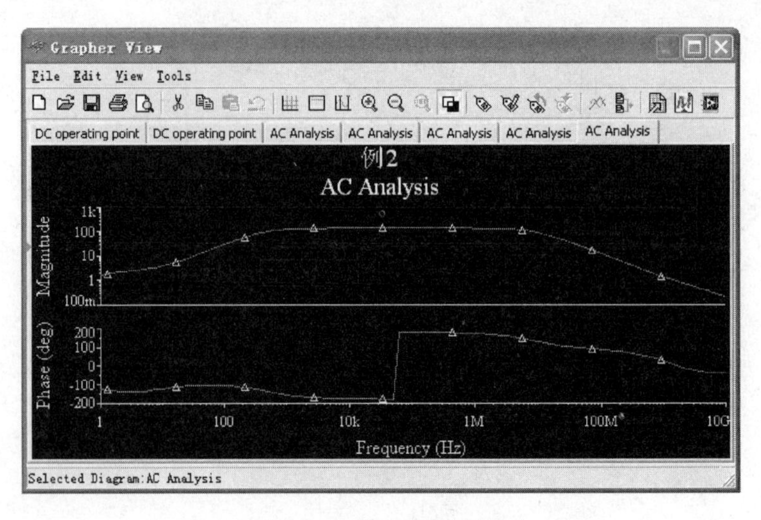

图 3.70 AC 分析结果

4. 电路的瞬态分析

(1)单击 Simulate→Analysis→Transient Analysis 命令，在 Analysis Parameters 选项卡中设置瞬态分析参数的起始时间为 0s，结束时间为 0.002s，如图 3.71 所示。

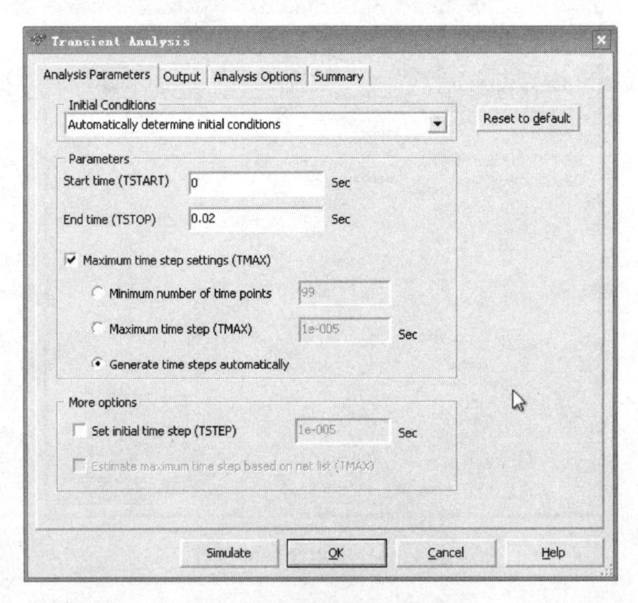

图 3.71 瞬态分析对话框

(2)设置 Output 选项卡的输出变量为 I(Probe1)。

(3)单击 Simulate 按钮，分析结果如图 3.72 所示。

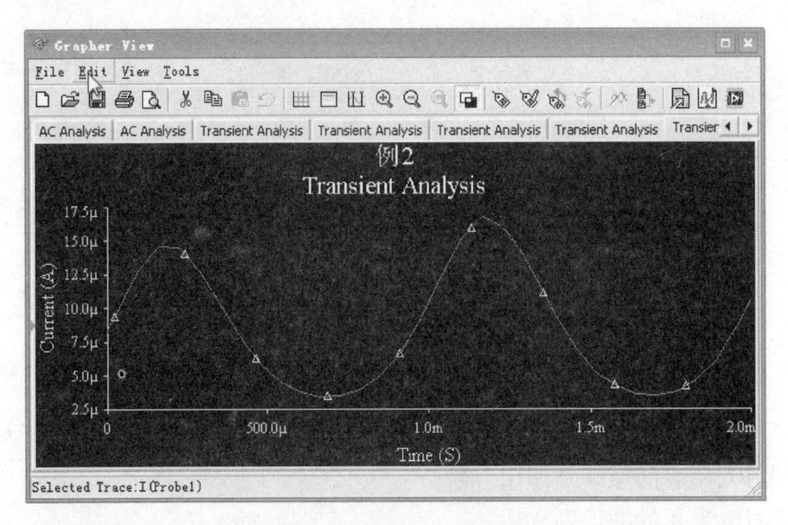
Grapher View
File Edit View Tools
AC Analysis
AC Analysis
Transient Analysis
Transient Analysis
Transient Analysis
Transient Analysis
例2
Transient Analysis
Current (A)
17.5μ
15.0μ
12.5μ
10.0μ
7.5μ
5.0μ
2.5μ
0
500.0μ
1.0m
1.5m
2.0m
Time (S)
Selected Trace:I(Probe1)

图 3.72　瞬态分析结果

第4章 电路分析基础实验

实验1 直流稳压电源及仪表的使用

实验预习

(1)预习直流稳压电源原理及使用方法。

(2)预习万用表的原理及使用方法。

(3)预习电阻元件的识别方法。

(4)计算实验内容中的理论值,分别填入表4.2和表4.3中。

实验目的

(1)熟悉直流稳压电源的使用方法。

(2)熟悉使用万用表测量电压、电流及电阻值的方法。

(3)熟悉面包板的结构,掌握在面包板上搭建电路的方法。

(4)掌握色环电阻的识别方法。

实验器材

直流稳压电源、数字万用表、面包板、电阻若干。

实验原理

万用表、直流稳压电源的工作原理及使用方法在前面章节中已经介绍,请参考第2章的2.1节和2.2节,在这里我们仅对万用表在具体电路测量中的接线方式加以说明。

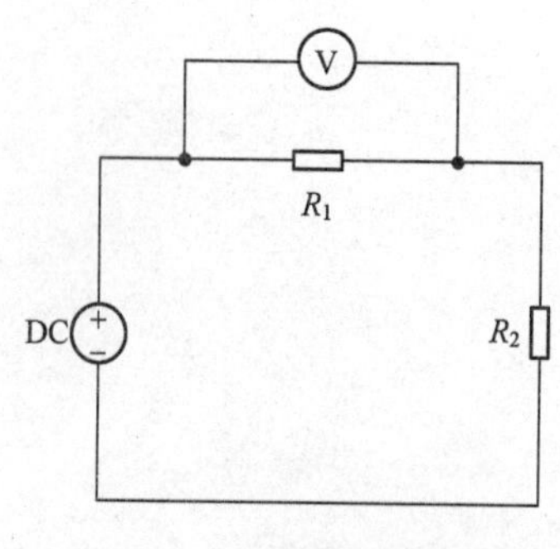

图4.1 电压测量电路图

1)测量电压

万用表测量电压时应将万用表调到电压挡并联接入被测支路中,测量R_1电阻两端电压的电路图如图4.1所示。

2)测量电流

万用表测量电流时应先将被测支路断开,将万用表调到电流挡串联接入被测支路中,测量通过R_1电阻电流的电路图如图4.2所示。

3)测量电阻

万用表测量电阻阻值时，应将电阻放在绝缘的平面上，先将万用表调到电阻挡，然后再将表笔分别搭在电阻两端，选择合适的量程，即可直接读出阻值，如图 4.3 所示。

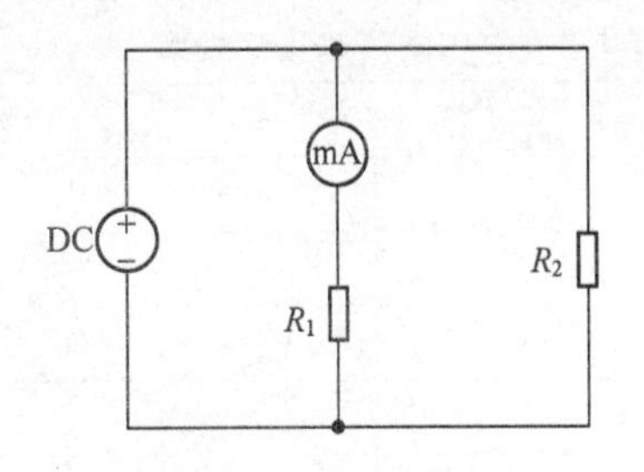

图 4.2　电流测量电路图

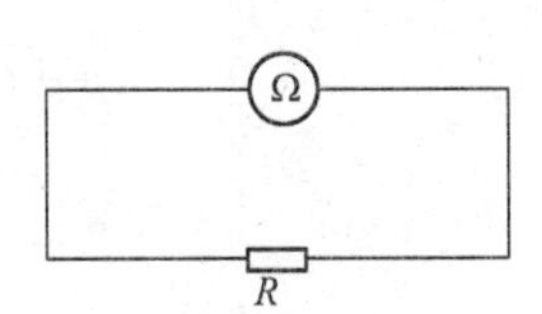

图 4.3　电阻测量电路图

实验内容

1)电阻的识别及测量

(1)参考第 1 章 1.2 节色环电阻的识别方法，读出标称值及误差填入表 4.1 中。再用万用表测出相应的电阻值，填入表 4.1 中。其中：$R_1=1\text{k}\Omega, R_2=2\text{k}\Omega, R_3=3\text{k}\Omega, R_4=820\Omega$。

表 4.1　电阻的识别及测量表

	R_1	R_2	R_3	R_4
第一环颜色				
第二环颜色				
第三环颜色				
第四环颜色				
第五环颜色				
标称值				
误差				
测量值				

(2)用万用表测量如图 4.4 所示电路图中节点 1、4，2、4，3、4 间的电阻值，将结果记录在表 4.2 中，并与理论值相比较。取 $R_1=1\text{k}\Omega$，$R_2=2\text{k}\Omega$，$R_3=3\text{k}\Omega$，$R_4=820\Omega$。

表 4.2　电阻记录测量表

	R_{14}	R_{24}	R_{34}
测量值			
理论值			

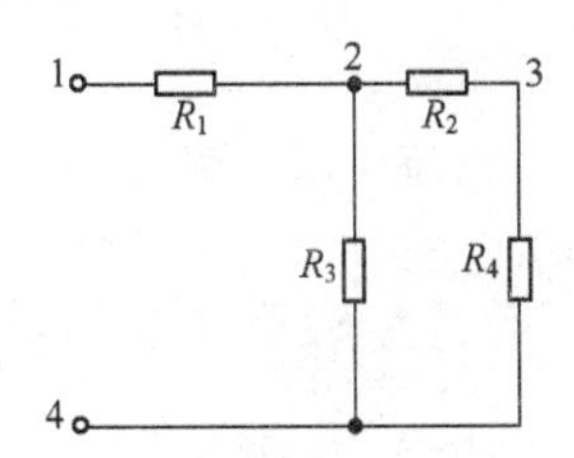

图 4.4　电阻测量电路图

2)电压、电流的测量

按照图 4.5 接线，用万用表测量各支路电流和电压，填入表4.3中。取电源电压DC=5V，$R_1=1k\Omega$，$R_2=2k\Omega$，$R_3=3k\Omega$。其中$V_1\sim V_3$分别对应电阻$R_1\sim R_3$两端的电压，$I_1\sim I_3$为通过电阻$R_1\sim R_3$的电流。

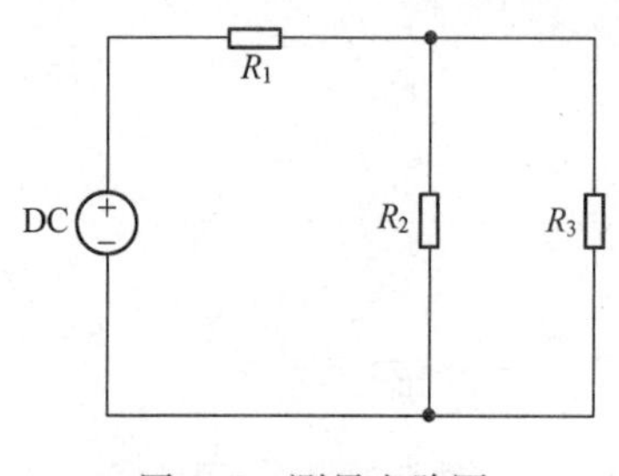

图4.5 测量电路图

表4.3 电压电流测量记录表

被测量	I_1	I_2	I_3
理论值			
测量值			
被测量	V_1	V_2	V_3
理论值			
测量值			

注意

➢ 使用面包板时，应先了解面包板的结构，注意元器件不要被短路。

➢ 测量电流时应将电流表串联在被测电路中。

实验报告要求

(1)根据测试数据完成实验中的表格。

(2)计算理论值，与实验数据相比较，分析误差产生原因。

实验2 元件伏安特性和电源外特性的测试

实验预习

(1)预习直流稳压电源和万用表的使用。

(2)预习线性电阻元件和非线性电阻元件的伏安特性。

(3)预习二极管、稳压二极管的伏安特性，并画出伏安特性曲线。

(4)预习理想电源外特性的测试方法，并画出电路图。

实验目的

(1)学会测量线性电阻和非线性电阻元件伏安特性的方法。

(2)学会电源外特性的测试方法。

(3)学会直流稳压电源和数字万用表的使用方法。

实验器材

直流稳压电源、数字万用表、面包板、电阻箱、电阻若干。

实验原理

1)线性电阻元件的伏安特性

任一个二端元件的特性都可用此元件端电压与通过此元件的电流之间的关系来表示，称为元件的伏安关系。

线性电阻元件的伏安特性曲线由 U-I 平面上的一条通过原点的曲线来表示。该直线的斜率倒数表示该电阻元件的电阻值 R,如图 4.6(a)所示。线性电阻元件的伏安特性对称于坐标原点,称为双向性,所有电阻元件都具有这种特性。

白炽灯在正常工作时,灯丝电阻随温度的升高而增大,一般灯泡的“冷电阻”与“热电阻”的阻值相差几倍至几十倍。其伏安特性如图 4.6(b)所示。

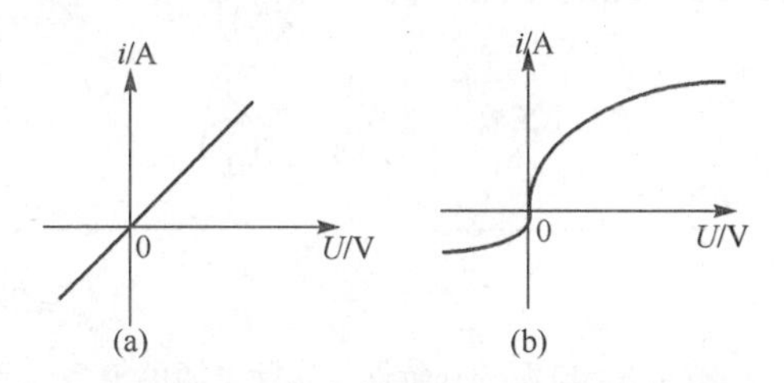

图 4.6　线性电阻元件伏安特性

2)非线性电阻元件的伏安特性

普通的半导体二极管元件是一个非线性电阻元件,其阻值随电流的变化而变化,其伏安特性如图 4.7(a)所示。二极管具有单向导电性:①正向特性,第 1 段为正向特性。此时二极管的正向电压只有零点几伏(一般锗管为 0.2～0.3V,硅管为 0.5～0.7V),但相对来说流过管子的电流却很大。因此,正向电阻很小。②反向特性,第 2 段为反向特性。反向电压从零一直增加到十几伏至几十伏,其反向电流增加很小,可近似为零。若反向电压加的过高,会导致二极管被击穿,如图 4.7(a)中第 3 段,这叫做二极管的反向击穿。稳压二极管是一种特殊的半导体二极管,正向特性与普通的二极管相似,反向特性不同,如图 4.7(b)所示,当反向电压开始增加时,反向电流几乎为零,但当其增加到某一数值时,电流将急剧增加,以后其端电压将保持恒定,不再随外加电压增大而增大。

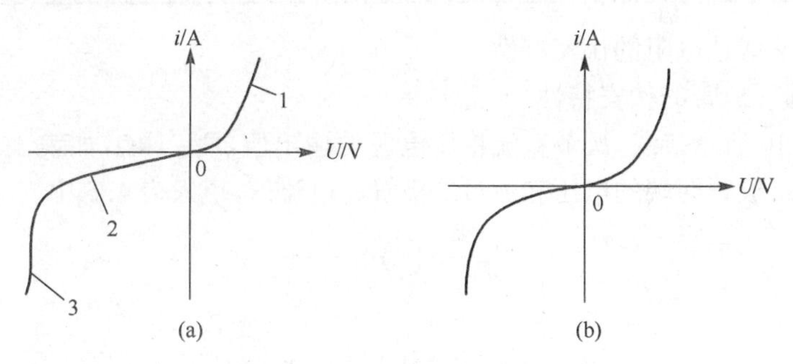

图 4.7　非线性电阻元件伏安特性

3)电源的外特性

理想的直流稳压电压源的输出电压是不随输出电流的变化而变化的,其伏安特性是一条直线。由于有内阻的存在，当接入负载后，在内阻上产生电压降，使得电源两端的电压比无负载时降低了。因此，实际电压源的外特性是一条不平行于电流坐标轴的直线，如图4.8所示。

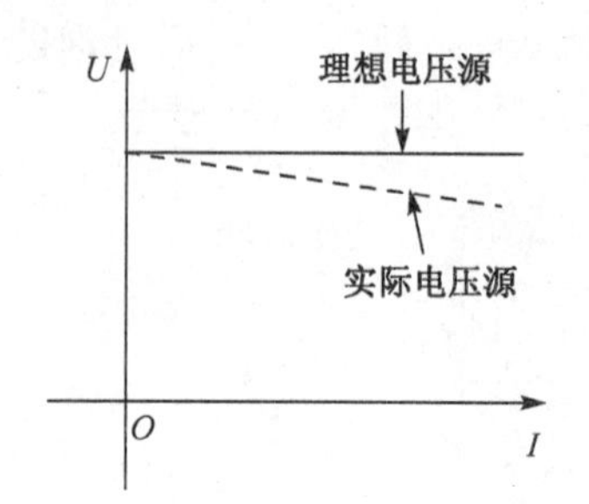

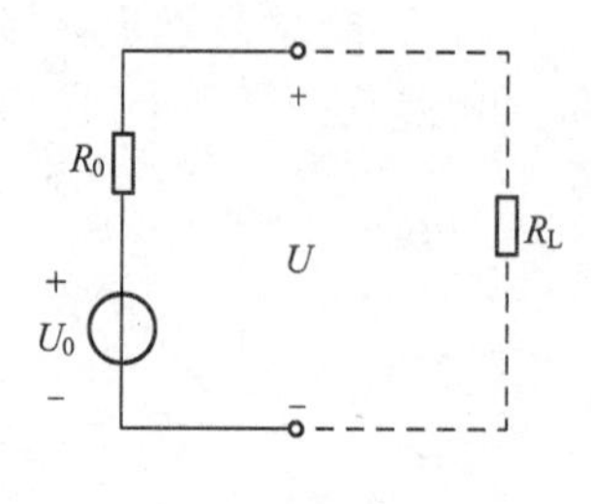

图4.8 电源的外特性及实际电源的模型

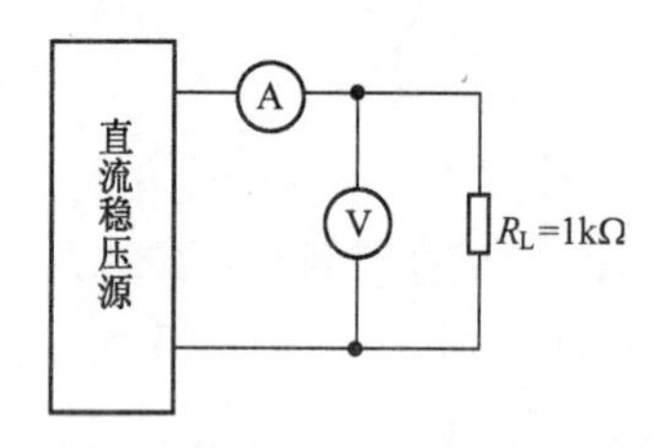

图4.9 线性电阻伏安特性测试表

实验内容

1)测量线性电阻的伏安特性

测量电路如图4.9所示。测试方法采用两表法，按图4.9所示接好电路后，调节直流稳压电源的输出如表4.4所示的值，用万用表测量电阻两端的电压和流过电阻的电流值，填入表4.4中。

表4.4 线性电阻伏安特性测试表

U/V	0	2	4	6	8	10	12	14	16	18
I/mA										
U_{R_L}/V										

2)测量非线性电阻的伏安特性

(1)普通二极管的伏安特性。

按图4.10所示接线，调节直流稳压电源的输出值，R=1kΩ，如表4.5所示。用万用表测量二极管两端的电压和流过二极管的电流值，填入表4.5中。

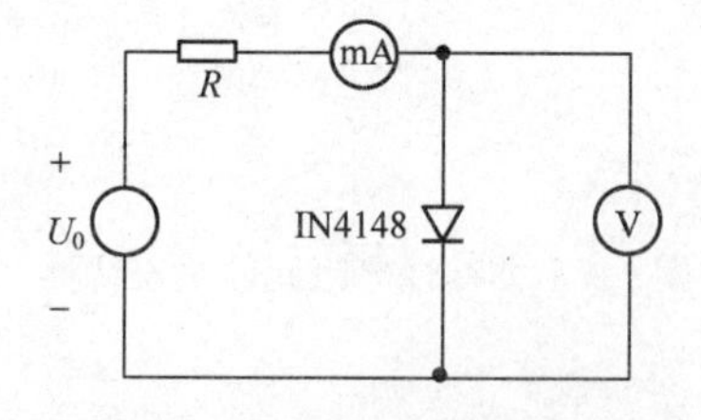

图4.10 二极管伏安特性测试图

表 4.5　非线性电阻伏安特性测试表

U_0/V	0	0.2	0.4	0.5	0.55	0.60	0.65	0.70	0.75
I/mA									
U/V									

将图 4.10 中的二极管反接后，再测流过二极管的电流和二极管两端的电压，将测试结果填入表 4.6 中。

表 4.6　二极管反接后非线性电阻伏安特性测试表

U_0/V	0	−5	−10	−15	−20	−25	−30
I/mA							
U/V							

(2)稳压二极管的伏安特性。

将图 4.10 中的 IN4148(二极管型号)，换成稳压二极管 2CW390(稳压二极管型号)，重复(1)中的内容，自制表格，将测量数据填入表中。

3)测量实际电压源的外特性

按图 4.11 所示接线，虚线框内电路可模拟一个实际电压源，调节 R_L，测量 R_L 两端的电压和流过 R_L的电流值，将测试结果填入表 4.7 中。

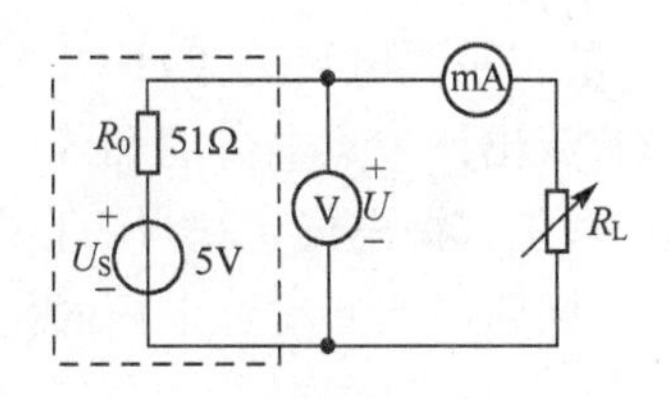

图 4.11　电压源外特性测试电路

表 4.7　电源外特性测试数据表

R_L/Ω	∞	2k	1.5k	1k	800	500	300	200	100
U/V									
I/mA									

注意

➢测量时应注意电压表和电流表的量程，勿使仪表超量程。

➢仪表极性不能接反，电源应避免短路。

实验报告要求

(1)整理实验数据，依所测数据用坐标纸画出伏安特性曲线。

(2)总结电阻、普通二极管、稳压二极管、实际电压源的伏安特性，得出实验结论。

实验 3　基尔霍夫定律

实验预习

(1)预习基尔霍夫电压定律和电流定律的基本内容。

(2)计算实验内容中的理论值。

实验目的

(1)验证基尔霍夫电压定律和电流定律。

(2)加深对电路基本定律适应范围的认识。

(3)加深对电路参考方向的理解。

实验器材

直流稳压电源、数字万用表、面包板、电阻若干。

实验原理

基尔霍夫定律是电路理论中最基本也是最重要的定律之一,不论是线性电路还是非线性电路,不论是非时变电路还是时变电路,各支路的电流和电压都符合该定律。

基尔霍夫电流定律(KCL)可表述为:对于集中参数电路中的任一节点,在任意时刻,流出该节点电流的和等于流入该节点电流的和。

基尔霍夫电压定律(KVL)可表述为:在集中参数电路中,任意时刻,沿任一回路绕行,回路中所有支路电压的代数和恒为零。

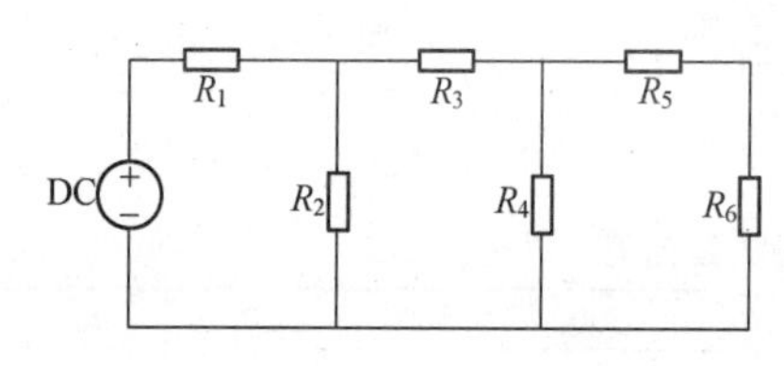

图4.12　实验电路图

实验内容

(1)按实验图4.12在面包板上搭建电路。取电源电压DC=12V, $R_1=1.5\text{k}\Omega$, $R_2=3\text{k}\Omega$, $R_3=1.5\text{k}\Omega$, $R_4=3\text{k}\Omega$, $R_5=1\text{k}\Omega$, $R_6=2\text{k}\Omega$。

(2)测量各支路电压并记录于表4.8中,其中 $U_1\sim U_6$ 分别对应电阻 $R_1\sim R_6$ 两端的电压。

表4.8　基尔霍夫电压定律测试表

被测量	U_1	U_2	U_3	U_4	U_5	U_6
理论值						
测量值						

(3)测量各支路电流并记录于表4.9中,其中 $I_1\sim I_6$ 分别为通过电阻 $R_1\sim R_6$ 的电流。

表4.9　基尔霍夫电流定律测试表

被测量	I_1	I_2	I_3	I_4	I_5	I_6
理论值						
测量值						

注意

➢测量各支路电压、电流,应注意参考方向,与参考方向相反应为负值。

➢用万用表测量时应注意量程选择，尽量使结果准确。

➢测量电流时应将电流表串联在电路中。

实验报告要求

(1)根据各支路电压的测量值验证各网孔电压是否满足 $\sum V = 0$。

(2)根据各支路电流的测量值验证对任一节点是否满足 $\sum I = 0$。

(3)计算各支路电压及电流的理论值，与测量值比较，分析实验结果及误差产生的原因。

实验 4　叠加定理

实验预习

(1)预习叠加定理的内容和它的应用条件。

(2)预习使用叠加定理时应注意的事项。

(3)用叠加定理计算图 4.13 中各元件两端电压。

实验目的

(1)验证叠加定理，加深对线性电路的特性——叠加性和齐次性的理解。

(2)掌握叠加定理的测定方法和适用范围。

(3)加深对电流和电压参考方向的理解。

实验器材

直流稳压电源、数字万用表、面包板、电阻。

实验原理

叠加定理描述了线性电路的可加性或叠加性，其内容是：对于具有唯一解的线性电路，多个激励源共同作用时引起的响应(电路中各处的电流、电压)等于各个激励源单独作用(其他激励源置为零)时所引起的响应之和。

线性电路的齐次性是指单个激励的电路中，当激励信号(某独立源的值)增加或减小 K 倍时，电路中某条支路的响应(电流或电压)也将增加或减小 K 倍。叠加定理是分析线性电路时非常有用的网络定理，它反映了线性电路的一个重要规律。它只适用于线性电路。线性电路是同时满足叠加性和齐次性的网络。

实验内容

(1)按图 4.13 所示连接电路，K_3 投向 330Ω，令 U_1 电源单独作用(将开关 K_1 投向 U_1 侧，开关 K_2 投向短路侧)。用万用表电流、电压挡测量各支路电流及各电阻元件两端的电压，将数据填入表 4.10 中。

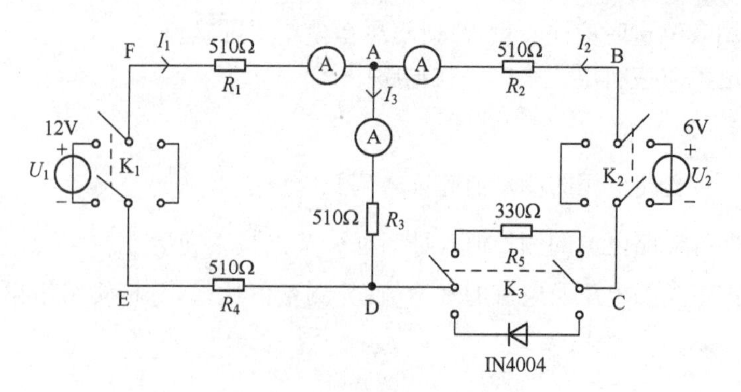

图 4.13 叠加定理实验电路

表 4.10 测量数据 1

测量项目	U_1/V	U_2/V	U_{FA}/V	U_{AD}/V	U_{AB}/V	U_{ED}/V	U_{DC}/V
U_1单独作用							
U_2(6V)单独作用							
U_1、U_2共同作用							
U_2(9V)单独作用							

(2)令U_2电源单独作用(将开关K_1投向短路侧,开关K_2投向U_2侧),重复实验步骤(1)的测量和记录,将数据填入表 4.10 中。

(3)令U_1和U_2共同作用(开关K_1和K_2分别投向U_1和U_2侧),重复上述的测量和记录,将数据填入表 4.10 中。

(4)将U_2的数值调至+9V,重复实验步骤(2)的测量并记录,将数据填入表 4.10中。

(5)验证线性电路的叠加定理是否成立,齐次性是否成立。

(6)将R_5(330Ω)换成二极管 IN4004(即将开关K_3投向二极管 IN4004 侧),重复(1)~(4)的测量过程,将数据填入表 4.11 中。验证非线性电路的叠加定理是否成立,齐次性是否成立。

表 4.11 测量数据 2

测量项目	U_1/V	U_2/V	U_{FA}/V	U_{AD}/V	U_{AB}/V	U_{ED}/V	U_{DC}/V
U_1单独作用							
U_2(6V)单独作用							
U_1、U_2共同作用							
U_2(9V)单独作用							

实验报告要求

(1)根据实验数据表格,进行分析、比较,归纳、总结实验结论,即验证线性电路的叠加性与齐次性。

(2)将理论值和实测值进行比较,分析误差产生的原因。

(3)通过实验步骤(6)及分析表 4.11 中的数据,你能得出什么样的结论?

实验思考题

(1)实验电路中,如果将一个电阻器改为二极管,试问叠加定理的叠加性与齐次性还成立吗?为什么?

(2)用电流实测值及电阻标称值计算各电阻上消耗的功率,说明功率能否叠加?

实验 5　戴维南定理的验证

实验预习

(1)预习戴维南定理的内容。

(2)计算出实验内容中图 4.16 所示电路的戴维南等效电路,实验结束后对比理论计算与测量结果,验证戴维南定理。

(3)计算出实验内容中图 4.16 所示电路的诺顿等效电路。

实验目的

(1)验证戴维南定理的正确性,加深对该定理的理解。

(2)掌握测量有源二端网络等效参数的一般方法。

实验器材

直流稳压电源、数字万用表、电阻箱、面包板、电阻若干。

实验原理

1)戴维南定理内容

戴维南定理可描述为:任意一个线性一端口 N(图 4.14(a)),它对外电路的作用可以用一个电压源和电阻的串联组合来等效,如图 4.14(b)所示。该电压源的电压 U_{oc} 等于一端口电路在端口处的开路电压;电阻 R_0 等于一端口电路内所有独立源置为零的条件下,从端口处看进去的等效电阻。

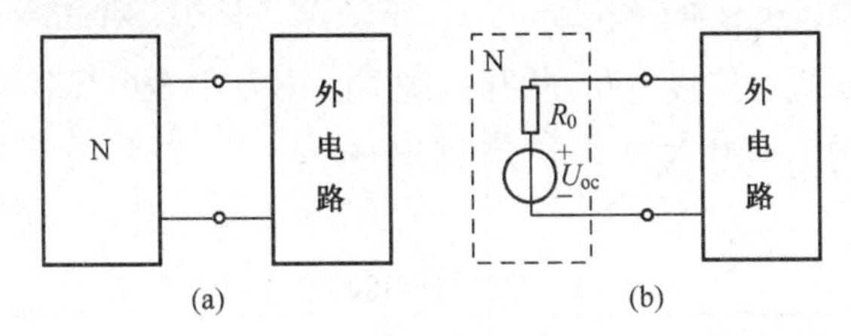

图 4.14　戴维南定理

2)等效内阻的测量方法

(1)开路电压、短路电流法。

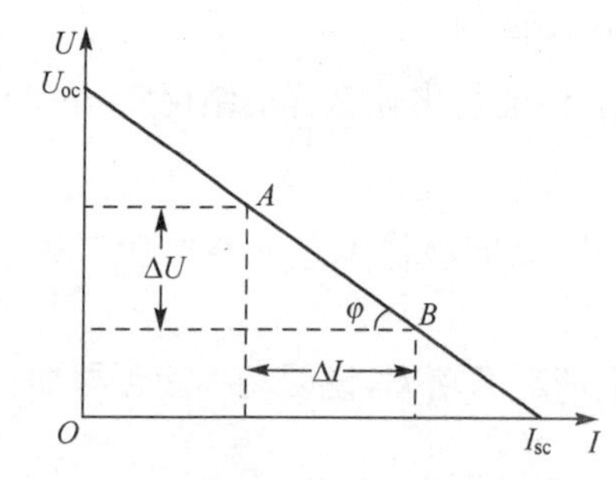

图 4.15 有源二端网络的外特性曲线

在有源二端网络的输出端开路时,用万用表直接测量其输出端的开路电压 U_{oc},然后再将其输出端短路,用万用表直接测量短路电流 I_{sc},则等效内阻为

$$R_0 = \frac{U_{oc}}{I_{sc}}$$

(2)伏安法。

用万用表测量出有源二端网络的外特性曲线,如图 4.15 所示。根据外特性曲线求出斜率 $\tan\varphi$,则等效内阻为

$$R_0 = \tan\varphi = \frac{\Delta U}{\Delta I}$$

(3)半电压法。

半电压法测量内阻的方法即调节负载阻值 R_L,使负载两端的电压为被测网络开路电压的一半,即 $V_{R_L} = \frac{1}{2}U_{oc}$时,负载电阻(即电阻箱 R_L)等于被测的有源二端网络的等效内阻值,即 $R_0 = R_L$。

实验内容

有源二端网络及其等效电路如图 4.16 和图 4.17 所示,其中:$R_1 = 220\Omega$,$R_2 = 820\Omega$,$R_3 = 820\Omega$,$R_4 = 270\Omega$,R_L 为负载电阻,R_0 为等效电阻,U_{oc} 为开路电压,$U_S = 12V$。

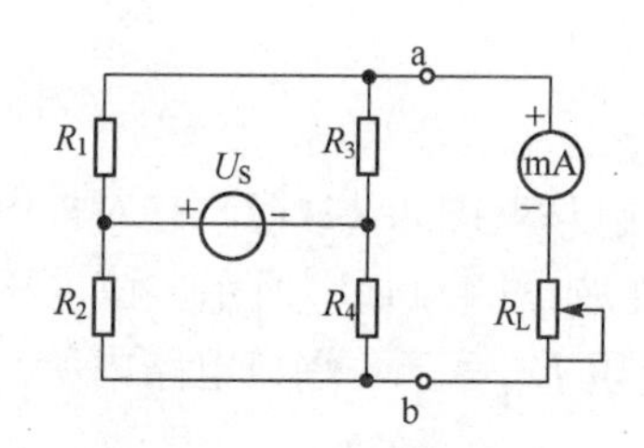

图 4.16 有源二端网络

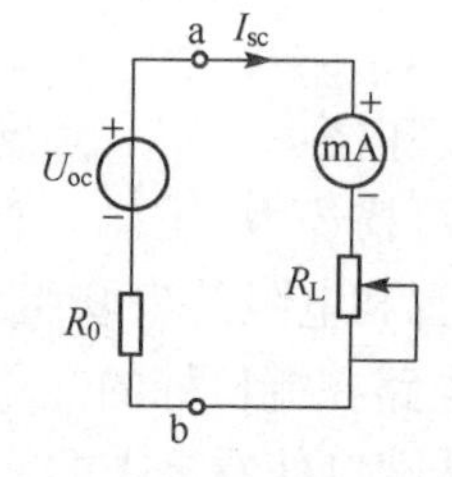

图 4.17 有源二端网络等效电路

(1)按图 4.15 所示连接电路,断开负载 R_L,用万用表电压挡测量开路电压 U_{oc}。将负载 R_L 短路,用万用表电流挡测量电流 I_{sc},并计算 $R_0 = U_{oc}/I_{sc}$,将数据填入表 4.12 中。

表 4.12 开路电压短路电流测试表

U_{oc}/V	I_{sc}/mA	$R_0 = \frac{U_{oc}}{I_{sc}}/\Omega$

(2)调节电阻箱 R_L阻值分别为 100Ω、200Ω、300Ω、400Ω、500Ω、600Ω 时，测量出相应的电流和电压填入表 4.13 中，绘制外特性曲线，并且根据其斜率求得内阻。

表 4.13　外特性测试表

R_L/Ω	100	200	300	400	500	600
U_{R_L}/V						
I_{R_L}/mA						

(3)调节电阻箱 R_L 使得电压表示数为 $V_{ab}=\frac{1}{2}U_{oc}$，记录此时的 R_L 值，即为此电路的等效内阻。

(4)根据测量的开路电压和短路电流，以及等效内阻连接成如图 4.16 所示电路，调节 R_L阻值分别为 100Ω、200Ω、300Ω、400Ω、500Ω、600Ω，测量出相应的电压值和电流值，填入表 4.14 中，并绘制外特性曲线。

表 4.14　等效电路外特性测试表

R_L/Ω	100	200	300	400	500	600
U'_{R_L}/V						
I'_{R_L}/mA						

实验报告要求

(1)在同一坐标纸上绘制实验电路和戴维南等效电路的外特性曲线。

(2)根据实验数据表格，进行分析、比较，归纳、总结实验结论，即验证戴维南定理。

(3)将理论值和实测值进行比较，分析误差产生的原因。

实验思考题

(1)若在稳压电源两端并入一个 3kΩ 的电阻，对测量结果有无影响？为什么？

(2)说明测量等效内阻 R_0的几种方法的优缺点。

实验 6　最大功率传输条件测试

实验目的

(1)进一步掌握最大功率传输定理的内容及其应用。

(2)掌握负载获得最大传输功率的条件。

(3)理解电源输出功率与效率的关系。

实验器材

直流稳压电源、数字万用表、电阻箱、面包板、电阻若干。

实验原理

一个有源线性二端网络，当所接负载不同时，该有源线性二端网络传输给负载的功率就不同。根据戴维南定理，可将有源二端网络等效成一个理想电压源 U_S 与一个电阻 R_0 的串联电路模型，如图 4.18 所示，并可知有源线性二端网络传输给负载电阻 R_L 的功率为

$$P = I^2 R_L = \left(\frac{U_S}{R_0 + R_L}\right)^2 R_L$$

当 $R_L=0$ 或者 $R_L=\infty$时，有源线性二端网络输送给负载的功率均为零。而以不同的负载电阻 R_L 的阻值代入上面的公式中可以求得不同的 P 值。功率 P 随着负载 R_L 的阻值变化而变化，由变化曲线可知，功率存在一极大值点。

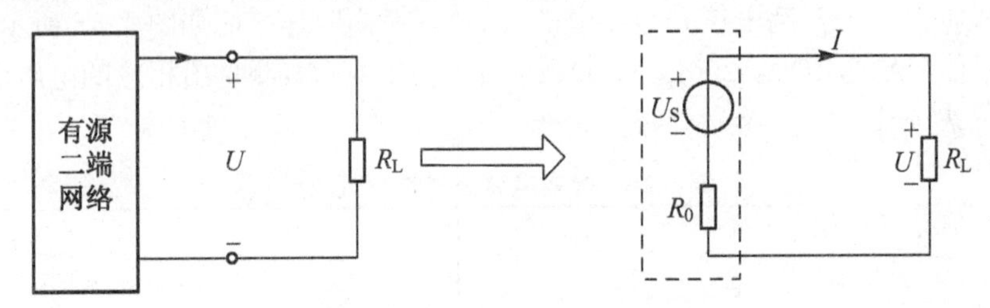

图 4.18　戴维南定理等效电路

根据数学求最大值的方法，令$\frac{dP}{dR_L}=0$，即可求得负载获得最大功率传输的条件

$$\frac{dP}{dR_L} = \frac{[(R_0 + R_L)^2 - 2R_L(R_L + R_0)]U_S^2}{(R_0 + R_L)^4}$$

$$(R_0 + R_L)^2 - 2R_L(R_L + R_0) = 0$$

$$R_L = R_0$$

当满足 $R_L=R_0$ 时，负载从电流源获得的最大功率为

$$P_{max} = \left(\frac{U_S}{R_0 + R_L}\right)^2 R_L = \left(\frac{U_S}{2R_L}\right)^2 R_L = \frac{U_S^2}{4R_L}$$

结论　负载电阻 R_L 等于有源线性二端网络的等效内阻 R_0 为最大功率匹配条件。将这一条件代入功率表达式中，得负载获得的最大功率为

$$P_{max} = \frac{U_S^2}{4R_0}$$

注意

➢最大功率传输定理用于线性含源一端口给定的电路，负载电阻可调的情况。

➢计算最大功率问题结合应用戴维南定理或诺顿定理最方便。

➢对于有源线性二端网络，当负载获取最大功率时，有源线性二端网络的传输效率是50%。

实验内容

按图 4.19 所示电路接线,负载电阻 R_L 由可变电阻箱代替。

(1) 直流稳压电源 $U_S=12V$,电阻 $R_{01}=100\Omega$,电阻 $R_{02}=300\Omega$。

(2)将开关 S 拨向电阻 R_{01} 时,按表 4.15 列出的负载电阻 R_L 的阻值调节可变电阻箱,分别测量出 U_0、U_L 及 I 的值,并将数据填入表 4.15 中,再计算出 P_0 和 P_L。表 4.15 中的 U_0、P_0 分别为直流稳压电源的输出电压和功率,U_L、P_L 分别为负载电阻 R_L 两端的电压和功率,I 为电路的电流。

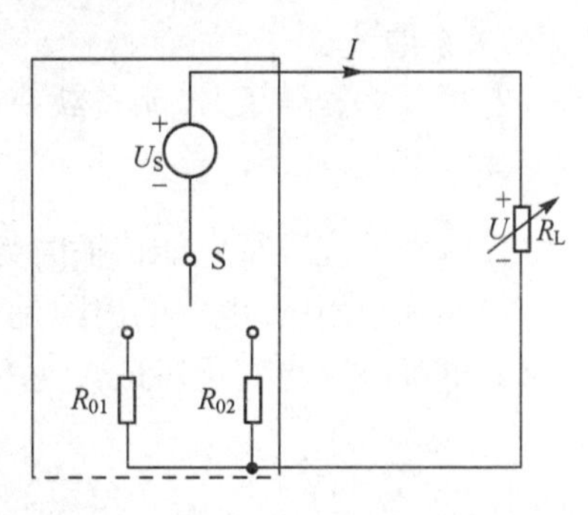

图 4.19 最大功率传输条件测定电路

表 4.15 $R_{01}=100\Omega$ 最大功率传输条件测定实验数据

	R_L/Ω	40	60	80	100	120	140	160
$U_S=12V$ $R_{01}=100\Omega$	U_0/V							
	U_L/V							
	I/mA							
	P_0/W							
	P_L/W							

(3)将开关 S 拨向电阻 R_{02} 时,按表 4.16 列出的负载电阻 R_L 的阻值调节可变电阻箱,分别测出 U_0、U_L 及 I 的值,并将数据填入表 4.16 中,再计算出 P_0 和 P_L。

表 4.16 $R_{02}=300\Omega$ 最大功率传输条件测定实验数据

	R_L/Ω	100	200	300	400	500
$U_S=12V$ $R_{02}=300\Omega$	U_0/V					
	U_L/V					
	I/mA					
	P_0/W					
	P_L/W					

注意

➢测量时应注意数字万用表量程的更换。

➢改接电路时,先要关掉电源,再连接线路。

➢注意十进制可变电阻箱的使用及其读数。

➢注意电路中开关的使用。

➢直流稳压电源的输出端不能短路。

实验报告要求

(1)整理实验数据,分别画出两种不同内阻下的 I-R_L、U_0-R_L、U_L-R_L、P_0-R_L、P_L-R_L关系曲线。

(2)根据实验结果,说明负载获得最大功率的条件是什么。

实验思考题

(1)电力系统进行电能传输时为什么不能在匹配工作状态工作?

(2)实际应用中,电源的内阻是否随负载而改变?

(3)电源电压的变化对最大功率传输的条件有无影响?

实验7 受 控 源

实验预习

(1)预习受控源的概念。

(2)预习用运算放大器组成四类受控源电路的方法。

(3)预习四类受控源的代号、电路模型、控制量与被控制量之间的关系。

(4)预习受控源 β、g_m、μ 和 r 的意义及测得的方法。

实验目的

(1)通过实验加深对受控源概念的理解。

(2)了解用运算放大器组成四类受控源的线路原理。

(3)学会测试受控源的转移特性及负载特性。

实验器件

直流稳压电源、数字万用表、毫伏表、电阻箱、面包板、电阻若干。

实验原理

受控源是对某些电路元件物理性能的模拟,反映电路中某条支路的电压或电流受电路中其他支路的电压或电流控制的关系。测量受控量与控制量之间的关系,就可以掌握受控源输入量与输出量间的变化规律。受控源具有独立源的特性,受控源的受控量仅随控制量的变化而变化,与外接负载无关。根据控制量与受控量电压或电流的不同,受控源有四种:电压控制电压源(VCVS)、电压控制电流源(VCCS)、电流控制电压源(CCVS)、电流控制电流源(CCCS)。电路模型如图 4.20 所示。

受控源的受控量与控制量之比称为转移函数。四种受控源的转移函数分别用 β、g_m、μ 和 r 表示。它们的定义如下:

CCCS:$\beta=i_2/i_1$转移电流比(电流增益)。

VCCS:$g_m=i_2/u_1$转移电导。

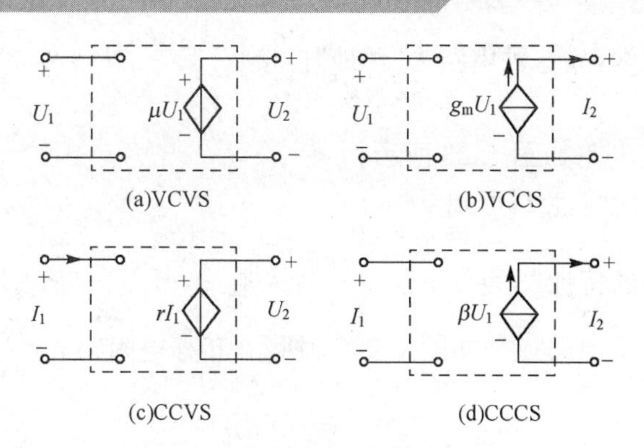

图 4.20 受控源模型

VCVS:$\mu=u_2/u_1$转移电压比(电压增益)。

CCVS:$r=u_2/i_1$转移电阻。

以上介绍的是理想的受控源,实验室中采用的是由运算放大器组成的四种受控源,具体电路如下:

1)VCVS

实现 VCVS 的电路如图 4.21 所示。

根据运算放大器的特性 1,可知 $u_+=u_-=u_1$,则

$$i_{R_1}=\frac{u_1}{R_1},\qquad i_{R_2}=\frac{u_2-u_1}{R_2}$$

由运算放大器的特性 2,可知 $i_{R_1}=i_{R_2}$,代入 i_{R_1},i_{R_2} 得

$$u_2=\left(1+\frac{R_2}{R_1}\right)u_1$$

式中 $\mu=(R_1+R_2)/R_1$为电压放大系数。由于$R_1=R_2$,故$\mu=2$。又因输出端与输入端有公共的“接地”端,故这种接法称之为“共地”连接。

2)VCCS

实现 VCCS 的电路如图 4.22 所示。

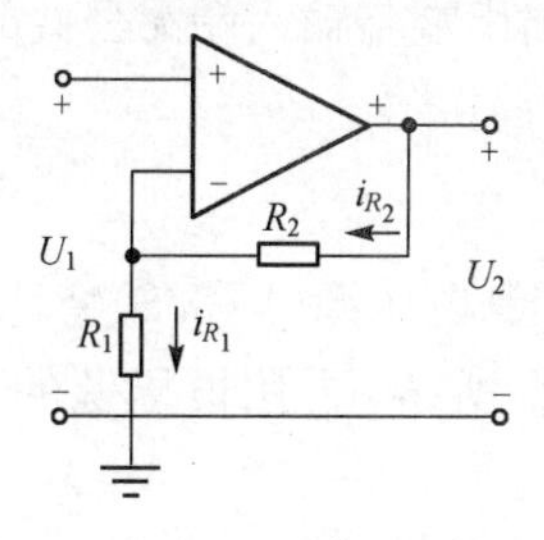

图 4.21 VCVS 的电路

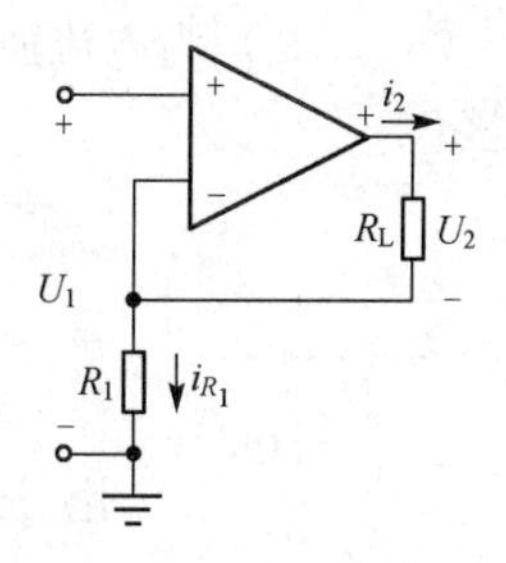

图 4.22 VCCS 的电路

根据运算放大器特性有 $u_+=u_-=u_1$,$i_2=i_{R_1}=\dfrac{u_1}{R_1}$,令 $g_m=\dfrac{i_2}{u_1}=\dfrac{1}{R_1}$,$g_m$为转移电导。输出端电流 i_2只受输入端电压 u_1的控制,而与负载电阻 R_L无关。因输出与

输入无公共“接地”端，故这种电路为“浮地”连接。

3)CCVS

实现 CCVS 的电路如图 4.23 所示。

由运算放大器的特性 1，可知

$$u_{+}=u_{-}=0,\qquad u_2=Ri_R$$

由运算放大器的特性 2，可知 $i_R=i_1$，代入上式，得 $u_2=Ri_1$，即输出电压 u_2 受输入电流 i_1 控制。其电路模型如图 4.20(c)所示，转移电阻为 $r=\dfrac{u_2}{i_1}=R$，连接方式为“共地”连接。

4)CCCS

实现 CCCS 的电路如图 4.24 所示。

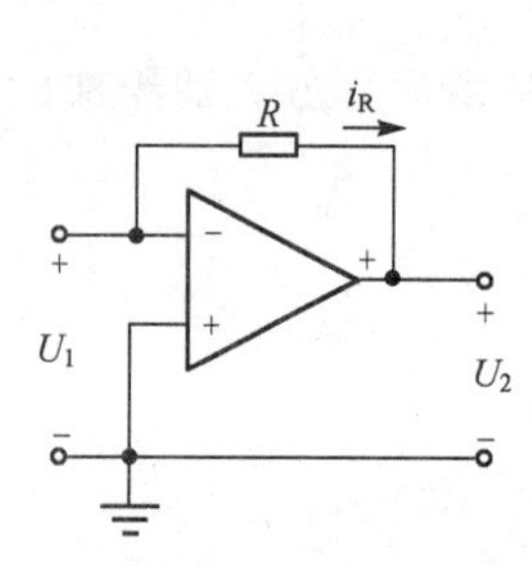

图 4.23 CCVS 的电路

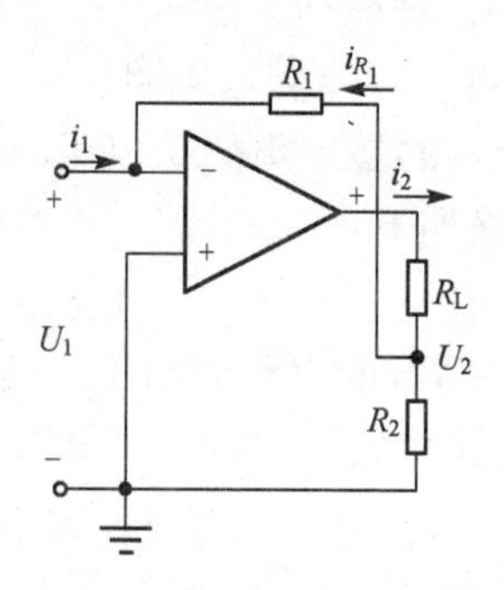

图 4.24 CCCS 的电路

由运算放大器的特性 1，可知

$$u_{+}=u_{-}=0,\qquad i_{R1}=\frac{R_2}{R_2+R_1}i_2$$

由运算放大器的特性 2，可知 $i_{R_1}=-i_1$，代入上式，得

$$i_2=-\left(1+\frac{R_1}{R_2}\right)i_1$$

式中 $\beta=-[1+(R_1/R_2)]$ 为电流放大系数。因输出端与输入端无公共的“接地”点，故为“浮地”连接。

实验内容

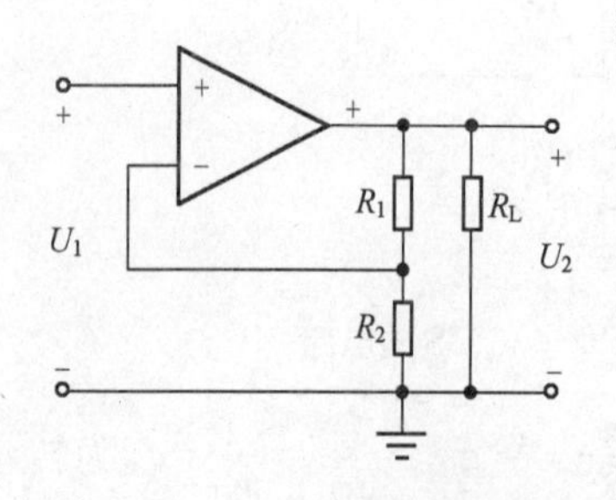

图 4.25 VCVS 实验电路

1)测试电压控制电压源(VCVS)特性

电路如图 4.25 所示，U_1 用恒压源的可调电压输出，$R_1=R_2=10\text{k}\Omega$。

(1)测试 VCVS 的转移特性 $u_2=f(u_1)$。

调节恒压源输出电压 U_1（以电压表读数为准）为表 4.17 所示值，$R_L=2\text{k}\Omega$(用电阻箱)，用电压表测量对应的输出电压 U_2，将数据填入表 4.17 中。

表 4.17　VCVS 的转移特性数据

U_1/V	0	1	2	3	4	5	6	7	8
U_2/V									

(2)测试 VCVS 的负载特性 $u_2=f(R_L)$。

保持 $U_1=2V$,负载电阻 R_L用电阻箱,调节其大小为表 4.18 所示阻值,用电压表测量对应的输出电压 U_2,并将数据填入表 4.18 中。

表 4.18　VCVS 的负载特性数据

R_L/Ω	50	100	200	300	400	500	1000	2000
U_2/V								

2) 测试电压控制电流源(VCCS)特性

电路如图 4.26 所示,U_1 用恒压源的可调电压输出,$R_1=10k\Omega$。

(1)测试 VCCS 的转移特性 $I_2=f(u_1)$。

调节恒压源输出电压 U_1(以电压表读数为准)为表 4.19所示值,$R_L=2k\Omega$(用电阻箱),用电流表测量对应的输出电流 I_2,将数据填入表 4.19 中。

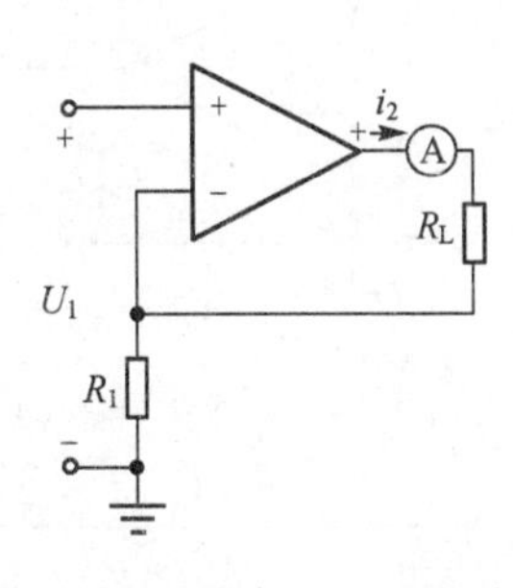

图 4.26　VCCS 实验电路

表 4.19　VCCS 的转移特性数据

U_1/V	0	0.5	1	1.5	2	2.5	3	3.5	4
I_2/mA									

(2) 测试 VCCS 的负载特性 $I_2=f(R_L)$。

保持 $U_1=2V$,负载电阻 R_L用电阻箱,调节其大小为表 4.20 所示阻值,用电流表测量对应的输出电流 I_2,并将数据填入表 4.20 中。

表 4.20　VCCS 的负载特性数据

R_L/Ω	50	20	10	5	3	1	0.5	0.2	0.1
I_2/mA									

3) 测试电流控制电压源(CCVS)特性

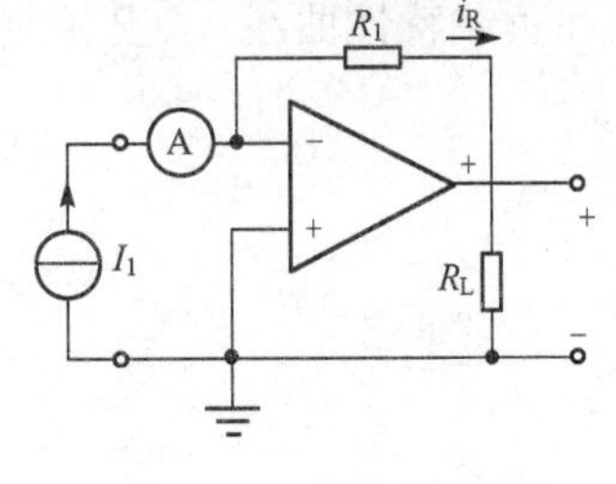

图 4.27　CCVS 实验电路

电路如图 4.27 所示,I_1 用恒流源提供,$R_1=10k\Omega$。

(1)测试 CCVS 的转移特性 $u_2=f(u_1)$。

调节恒流源输出电流 I_1(以电流表读数为准)为表 4.21所示值,$R_L=2k\Omega$(用电阻箱),用电压表测量对应的输出电压 U_2,将数据填入表 4.21 中。

(2)测试 CCVS 的负载特性 $u_2=f(R_L)$。

表4.21 CCVS的转移特性数据

I_1/mA	0	0.05	0.1	0.15	0.2	0.25	0.3	0.4
U_2/V								

保持I_1=0.2mA，负载电阻R_L用电阻箱，并调节其大小为表4.22所示数据，用电压表测量对应的输出电压U_2，并将数据填入表4.22中。

表4.22 CCVS的负载特性数据

R_L/Ω	50	100	150	200	500	1k	2k	10k	80k
U_2/V									

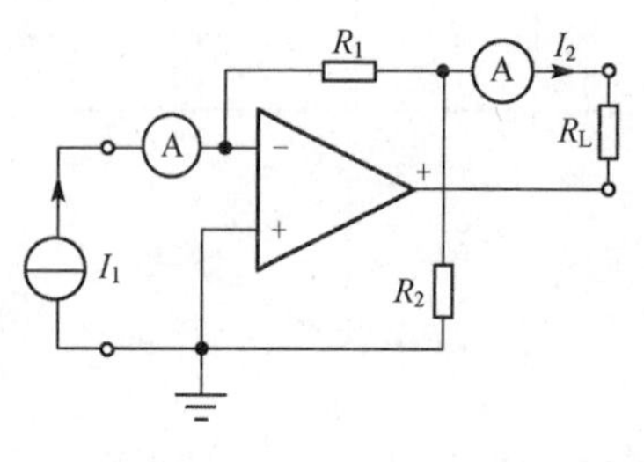

图4.28 CCCS实验电路

4)测试电流控制电流源(CCCS)特性

电路如图4.28所示，I_1用恒流源，$R_1=R_2=10k\Omega$。

(1)测试CCCS的转移特性$I_2=f(I_1)$。

调节恒流源输出电流I_1(以电流表读数为准)为表4.23所示，$R_L=2k\Omega$(用电阻箱)，用电流表测量对应的输出电流I_2，并将数据填入表4.23中。

表4.23 CCCS的转移特性数据

I_1/mA	0	0.05	0.1	0.15	0.2	0.25	0.3	0.4
I_2/mA								

(2)测试CCCS的负载特性$I_2=f(R_L)$。

保持I_1=0.2mA，负载电阻R_L用电阻箱，并调节其大小为表4.24所示数据，用电流表测量对应的输出电流I_2，并将数据填入表4.24中。

表4.24 CCCS的负载特性数据

R_L/Ω	50	100	150	200	1k	2k	10k	80k
I_2/mA								

实验报告要求

(1)画出各实验电路图，整理实验数据。

(2)根据实验数据分别绘出四种受控源的转移特性和负载特性曲线，求出相应的转移参数，并分析误差原因。

(3)总结受控源的特点及实验的体会。

实验思考题

(1)受控源和独立源有何异同？为什么？

(2)受控源的控制特性是否适合于交流信号？

(3)如何用双踪示波器观察“浮地”受控源的转移特性？

实验 8　信号源、数字示波器的使用

实验预习

（1）预习示波器、信号源的原理和使用方法相关章节内容。

（2）计算 RC 电路的电压电流响应。

实验目的

（1）学习 DDS 信号源和数字示波器的使用方法。

（2）初步掌握用示波器观测正弦波、方波及三角波波形，并能读取波形参数。

实验器材

DDS 信号源、数字示波器、万用表、电阻、面包板。

实验原理

DDS 信号源、数字示波器的工作原理及使用方法在前面章节中已经介绍，请参考第 2 章 2.3 节和 2.4 节。

实验内容

（1）调节 DDS 信号源使其输出分别为 $f=1\text{kHz}, V_{\text{p-p}}=2\text{V}$ 的正弦波，$f=1.5\text{kHz}, V_{\text{p-p}}=3\text{V}$ 的方波，$f=2.5\text{kHz}, V_{\text{p-p}}=4\text{V}$ 的三角波信号。

（2）使用示波器 CH1 通道将示波器本身的自检信号进行自检，并填入表 4.25 中。

表 4.25　自检信号测试表

	标准值	实测值
频率/kHz		
幅度/$V_{\text{p-p}}$		

（3）用示波器测量由信号源产生 $V_{\text{p-p}}=5\text{V}$ 的频率如表 4.26 所示的正弦波信号，并填入表 4.26 中。

表 4.26　测试表

信号源频率/Hz	信号源电压/$V_{\text{p-p}}$	示波器测量 $V_{\text{p-p}}$	示波器测量/V_{rms}
100			
1k			
10k			
100k			

（4）调节信号源使产生一个 $f=1\text{kHz}, V_{\text{p-p}}=3\text{V}$ 的方波，然后分别用示波器的不同测量法测量记录，并填入表 4.27 中。

表 4.27 测试表

	信号标称值	示波器自动测量值	示波器光标测量值
电压/ V_{p-p}			
频率 f/kHz			
周期 T/ms			

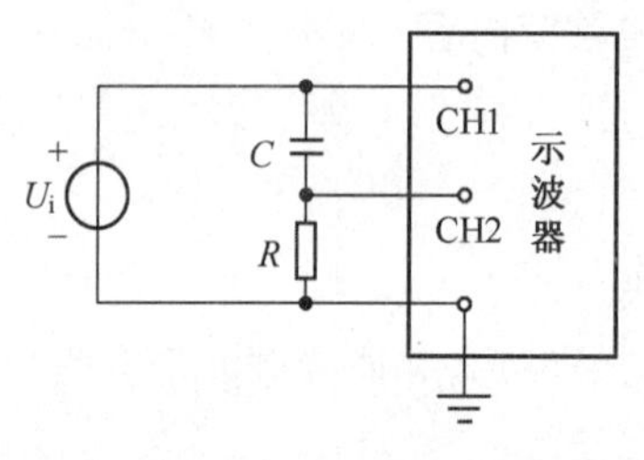

图 4.29 用示波器测量相位差电路图

(5)图 4.29 所示 RC 电路,$U_i=5V_{p-p}$,频率为表 4.28 所示的正弦信号,$R=200\Omega$,$C=0.47\mu F$,调整示波器扫速旋钮使扫描速度适中,以便于在水平轴上读取 L_X 和 L_T 的值。此时示波器上将同时显示两个波形,调整两个通道垂直位移,使两个波形的水平中心轴重合,如图 2.17 所示,则 $\theta=\frac{L_X}{L_T}\times 360°$。测量并比较两者之间的相位关系,记录不同频率下的 L_X 和 L_T,填入表 4.28 中,并与理论值进行比较(令 U_i初相为 0°)。

表 4.28 相位测量记录表

频率/Hz	500	1000	1500	2000	3000	6000
L_X						
L_T						
θ						

实验报告要求

(1)整理实验数据,画出各实验步骤示波器显示的波形图。

(2)按表 4.28 的测试数据用坐标纸绘制相频特性曲线,找到电路的固有频率。

实验 9 RC 一阶电路动态特性的观察与测试

实验预习

(1)什么样的电信号可作为 RC 一阶电路零输入响应、零状态响应和完全响应的激励信号?

(2)已知 RC 一阶电路 $R=10k\Omega$,$C=0.1\mu F$,试计算时间常数 τ。

(3)何谓积分电路和微分电路,它们必须具备什么条件?它们在方波序列脉冲的激励下,其输出信号波形的变化规律如何?这两种电路有何功用?

实验目的

(1)进一步学习示波器、函数信号发生器等仪器仪表的使用方法。

(2)研究一阶网络的零输入响应、零状态响应和完全响应的变化规律。

(3)学习电路时间常数的测定方法,掌握有关微分电路和积分电路的概念。

实验器材

直流电源、函数信号发生器、示波器、万用表、元器件若干。

实验原理

含有一个独立储能元件、可以用一阶微分方程来描述的电路,称为一阶电路。图 4.30 所示为 RC 一阶串联电路及电路的响应特性曲线,输入为一个阶跃电压 U_s,电容电压的初始值为 $u_C(0^+)=U_0$,则电路的全响应为

$$\begin{cases} RC\dfrac{du_C}{dt}+u_C=U_s \\ u_{C(0^+)}=U_0 \end{cases}$$

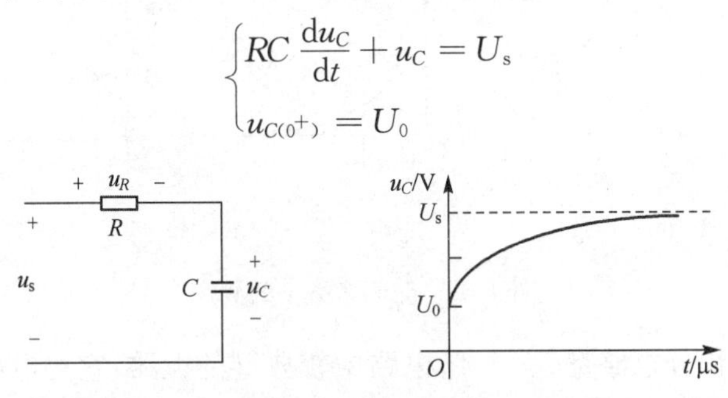

图 4.30　RC 一阶电路及特性曲线

一阶动态网络的过渡过程是十分短暂的单次变化过程,对时间常数 τ 较大的电路,可用慢扫描长余辉示波器观察光点移动的轨迹。为了用一般的双踪示波器观察过渡过程和测量有关的参数,必须使这种单次变化的过程重复出现,可以利用信号发生器输出的方波来模拟阶跃激励信号,即令方波输出的上升沿作为零状态响应的正阶跃激励信号;方波下降沿作为零输入响应的负阶跃激励信号。只要选择方波的重复周期远大于电路的时间常数 τ,电路在这样的方波序列脉冲信号的激励下,它的影响和直流电源接通与断开的过渡过程是基本相同的。

RC 一阶电路的零输入响应和零状态响应分别按指数规律衰减和增长,其变化的快慢取决于电路的时间常数 τ。其中 RC 电路的零状态响应如图 4.31 所示。

1)时间常数 τ 的测定方法

采用如图 4.32(a)所示电路,用示波器测得零输入响应的波形如图 4.32(b)所示。

根据一阶微分方程的求解得知

$$u_C=Ee^{-t/RC}=Ee^{-t/\tau}$$

当 $t=\tau$ 时,$u_C(\tau)=0.368E$,此时所对应的时间就等于 τ。

2)用示波器测量 τ 的具体方法

在示波器上直接读出稳态值 $u_C(\infty)$,算出

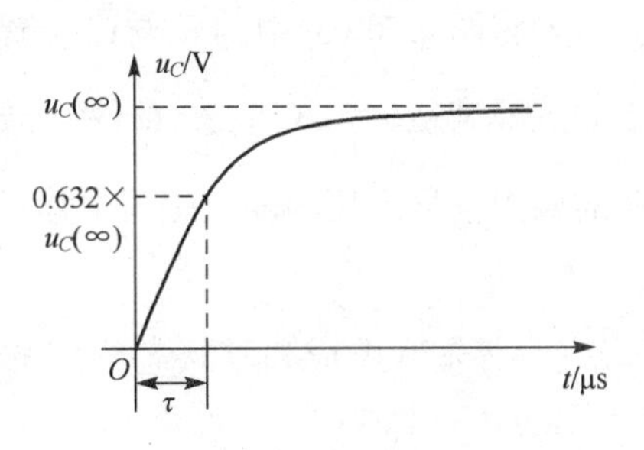

图 4.31　零状态响应

$0.632\times u_C(\infty)$ ，在纵轴上找到该电压值对应的点，通过该点做水平线和响应波形交于一点，再通过该点做垂线和横轴相交，读出时间常数 τ。亦可用零状态响应波形增长到 $0.632E$ 所对应的时间测得，如图 4.32(c)所示。

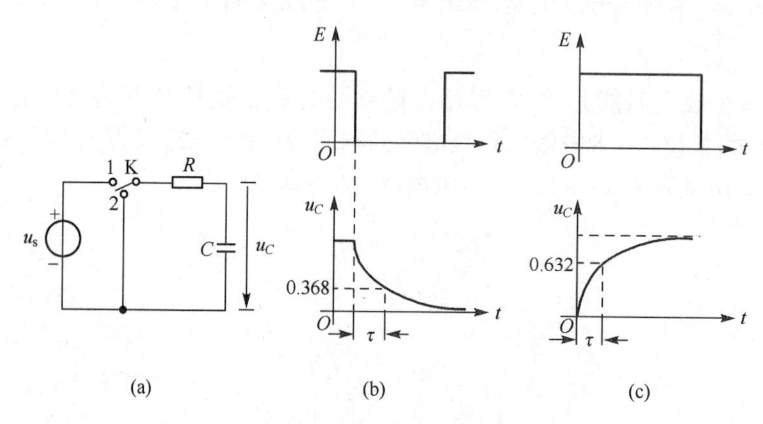

图 4.32 时间常数 τ 的测定

微分电路和积分电路是 RC 一阶电路中较典型的电路，它对电路元件参数和输入信号的周期有着特定的要求。一个简单的 RC 串联电路，在方波序列脉冲的重复激励下，当满足 $\tau=RC\ll\frac{T}{2}$ 时（T 为方波脉冲的周期），且由 R 两端作为响应输出，如图 4.33(a)所示，这就构成了一个微分电路，因为此时电路的输出信号电压与输入信号电压的微分成正比。

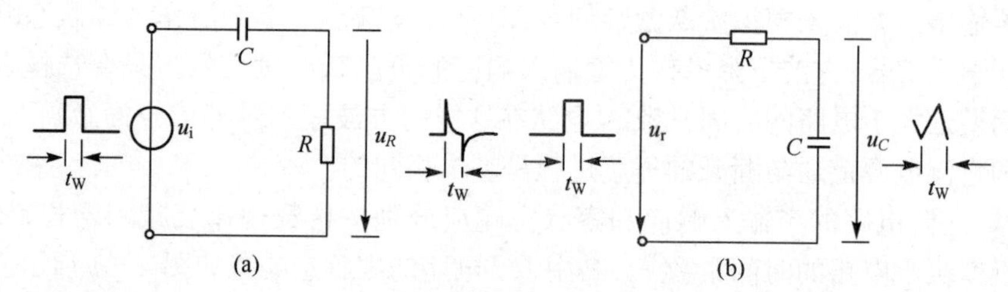

图 4.33 微分电路和积分电路

若将图 4.33(a)中的 R 与 C 位置调换一下，即由 C 端作为响应输出，且当电路参数的选择满足 $\tau=RC\gg\frac{T}{2}$ 条件时，如图 4.33(b)所示即构成积分电路，因为此时电路的输出信号电压与输入信号电压的积分成正比。

实验内容

(1)零输入响应和零状态响应的测试。如图 4.32(a)所示连接电路，$u_s=10\text{V}$，$R=2\text{k}\Omega$，$C=1000\mu\text{F}$。

开关 K 首先置于位置 2，即 C 的初始储能 $u_C(0_-)=0$，在 $t=0$ 瞬间将 K 投向 1，即可用双踪示波器观察到零状态响应时的 $u_C(t)$ 波形。描绘出此时的波形填入表4.29中。

电路达到稳态以后，开关K再由位置1转到位置2，此时电容已有初始储能 $u_C(0_-)=U_s$，当开关 K 合到位置2时。电容 C 的初始储能经 R 放电。此时从示波器上可观察到零输入响应时的 $u_C(t)$ 波形，描绘出它们的波形填入表4.29中。

表4.29　零输入响应和零状态响应的测试

$U_s=10V$　　$R=2k\Omega$　　$C=1000\mu F$			
零状态响应		零输入响应	
$u_C(t)$ 波形		$u_C(t)$ 波形	
估算 τ 值		估算 τ 值	
$U_s=5V$　　$R=1k\Omega$　　$C=1000\mu F$			
$u_C(t)$ 波形		$u_C(t)$ 波形	
估算 τ 值		估算 τ 值	

(2) RC 电路的方波脉冲响应。按照图4.33(b)所示连接电路，信号源为 $V_{p\text{-}p}=5V$，$f=5kHz$ 的方波信号，$R=1k\Omega$，电容 C 为表4.30所示参数值。在表4.30中记录 $u_C(t)$ 波形，此时输出信号为积分信号；改变 R 和 C 的位置，观测并记录 $u_R(t)$ 波形，此时输出为微分信号。

表4.30　RC电路的方波脉冲响应测试表

C	4700pF	$1\mu F$	$0.1\mu F$
$\tau/\mu s$			
输出波形 $u_C(t)$			
输出波形 $u_R(t)$			

注意

➢调节电子仪器各旋钮时，动作不要过猛。阅读本书关于实验中使用的信号发生器及示波器的使用方法的有关内容。

➢信号源的接地端与示波器的接地端要连在一起(称共地)，以防外界干扰而影响测量的准确性。

实验报告要求

绘出观察到的波形，并求出电路的时间常数 τ。

实验思考题

时间常数 τ 除用计算和本实验介绍的用示波器测量来确定之外，是否还有其他方法求得？

实验10 二阶暂态过程的电路研究

实验预习

(1)什么是二阶电路的零状态响应和零输入响应？它们的变化规律与哪些因素有关？

(2)根据二阶电路实验电路元件的参数，计算出处于临界阻尼状态的值。

(3)在示波器显示屏上，如何测得二阶电路零状态响应和零输入响应欠阻尼状态的衰减系数 δ 和振荡频率 ω？

实验目的

(1)研究 RLC 二阶电路零输入响应、零状态响应的规律和特点，了解电路参数对响应的影响。

(2)学习二阶电路衰减系数、振荡频率的测量方法，了解电路参数对它们的影响。

(3)观测、分析二阶电路响应的三种变化曲线及其特点，加深对二阶电路响应的认识与理解。

实验器材

直流电源、函数信号发生器、示波器、万用表、元器件若干。

实验原理

1)零状态响应

在图4.34所示 R、L、C 电路中，$u_C(0)=0$，在 $t=0$ 时开关S闭合，电压方程为

$$LC\frac{\mathrm{d}^2u_C}{\mathrm{d}t}+RC\frac{\mathrm{d}u_C}{\mathrm{d}t}+u_C=u$$

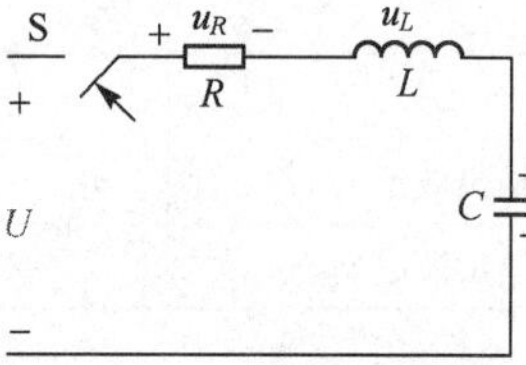

图4.34 二阶电路图

这是一个二阶常系数非齐次微分方程，该电路称为二阶电路，电源电压 U 为激励信号，电容两端电压 u_C 为响应信号。根据微分方程理论，u_C 包含两个分量：暂态分量 u''_C 和稳态分量 u'_C，即 $u_C=u''_C+u'_C$，具体解与电路参数 R、L、C 有关。

当满足 $R<2\sqrt{\dfrac{L}{C}}$ 时

$$u_C(t)=u''_C+u'_C=A\mathrm{e}^{-\delta t}\sin(\omega t+\varphi)+u$$

式中，衰减系数 $\delta=\dfrac{R}{2L}$；衰减时间常数 $\tau=\dfrac{1}{\delta}=\dfrac{2L}{R}$；振荡频率 $\omega=\sqrt{\dfrac{1}{LC}-\left(\dfrac{R}{2L}\right)^2}$；振荡周期 $T=\dfrac{1}{f}=\dfrac{2\pi}{\omega}$。变化曲线如图4.35(a)所示，$u_C$ 的变化处在衰减振荡状态，由于电阻 R 比较小，又称为欠阻尼状态。

当满足$R>2\sqrt{\dfrac{L}{C}}$时，u_C的变化处在过阻尼状态，由于电阻R比较大，电路的能量被电阻很快消耗掉，u_C无法振荡，变化曲线如图4.35(b)所示。

当满足$R=2\sqrt{\dfrac{L}{C}}$时，u_C的变化处在临界阻尼状态，变化曲线如图4.35(c)所示。

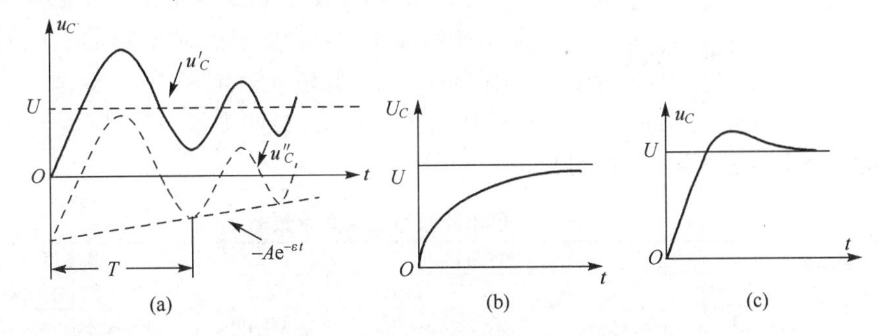

图4.35　零状态响应u_C变化曲线

2)零输入响应

在图4.36所示电路中，开关S与端口1闭合，电路处于稳定状态，$u_C(0)=U$，在$t=0$时开关S与端口2闭合，输入激励为零，电压方程为

$$LC\frac{d^2u_C}{dt}+RC\frac{du_C}{dt}+u_C=0$$

这是一个二阶常系数齐次微分方程，根据微分方程理论，u_C只包含暂态分量u''_C，稳态分量u'_C为零。和零状态响应一样，根据R与$2\sqrt{\dfrac{L}{C}}$的大小关系，u_C的变化规律分为衰减振荡(欠阻尼)、过阻尼和临界阻尼三种状态，它们的变化曲线与图4.35中的暂态分量u''_C类似，衰减系数、衰减时间常数、振荡频率与零状态响应完全一样。

本实验对R、C、L并联电路进行研究，激励采用方波脉冲，二阶电路在方波正、负阶跃信号的激励下，可获得零状态与零输入响应，响应的规律与R、C、L串联电路相同。测量u_C衰减振荡的参数，如图4.35(a)所示，用示波器测出振荡周期T，便可计算出振荡频率ω，按照衰减轨迹曲线，测量0.367A对应的时间τ，便可计算出衰减系数δ。

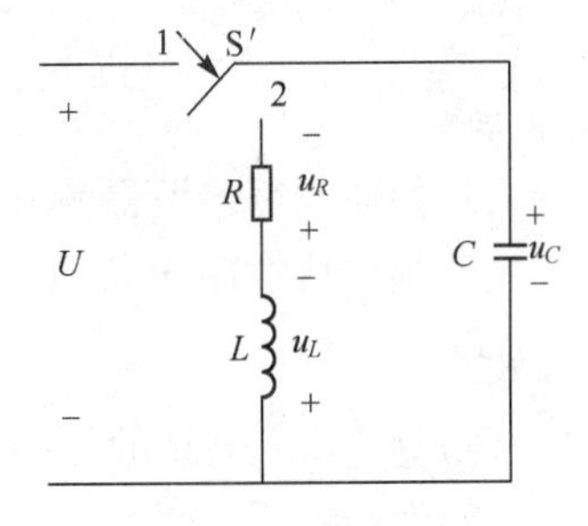

图4.36　零输入响应

实验内容

实验电路如图4.37所示，其中$R_1=10\text{k}\Omega$，$C=0.01\mu\text{F}$，$L=15\text{mH}$，R_2为$10\text{k}\Omega$电位器(可调电阻)，信号源的输出为最大值$U_m=2\text{V}$，频率$f=1\text{kHz}$的方波脉冲，通过导线接至实验电路的激励端，同时用示波器探头将激励端和响应输出端接至双踪示波器的CH1和CH2两个输入口。

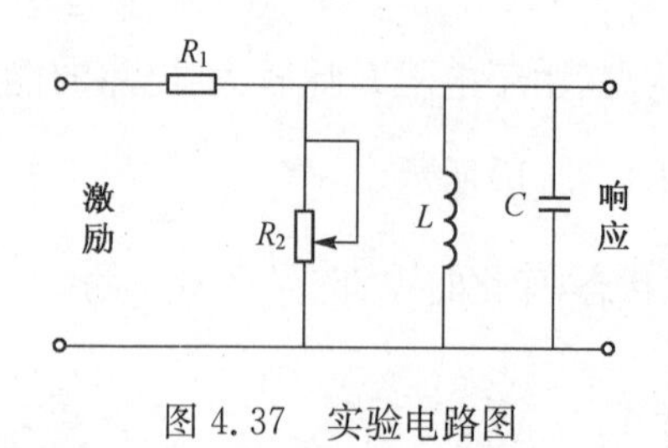

图 4.37 实验电路图

(1)调节电阻器 R_2，观察二阶电路的零输入响应和零状态响应由过阻尼过渡到临界阻尼，最后过渡到欠阻尼的变化过渡过程，分别定性地描绘响应的典型变化波形。

(2)调节 R_2 使示波器荧光屏上呈现稳定的欠阻尼响应波形，定量测量此时电路的衰减常数 δ 和振荡频率 ω，并填入表 4.31 中。

(3)改变电路参数，按表 4.31 中的数据重复步骤(2)的测量，仔细观察改变电路参数时的变化趋势，并将数据填入表 4.31 中。

表 4.31 二阶电路暂态过程实验数据

电路参数 \ 试验次数	元件参数				测量值	
	R_1/kΩ	R_2	L/mH	C/μF	δ	ω
1	10	调至欠阻尼状态	15	1000pF		
2	10		15	3300pF		
3	10		15	0.0.1		
4	10		15	0.0.1		

实验报告要求

(1)根据观察结果，在坐标轴上描绘二阶电路过阻尼、临界阻尼和欠阻尼的响应波形。

(2)测算欠阻尼振荡曲线上的衰减系数 δ、衰减时间常数 τ、振荡周期 T 和振荡频率 ω。

(3)归纳、总结电路元件参数的改变对响应变化趋势的影响。

实验 11 RC 电路的频率响应及选频网络特性测试

实验预习

(1)如何利用示波器测量相位差，其对应的计算方法是什么?

(2)幅频特性曲线和相频特性曲线有何意义和作用?

实验目的

(1)测定 RC 电路的频率特性，并了解其应用意义。

(2)学会利用信号发生器和示波器测定 RC 电路的幅频特性和相频特性。

实验器材

信号发生器、数字示波器、数字万用表、电阻、电容若干。

实验原理

交流电路中，由于存在电抗元件，对不同频率的激励信号(输入信号的幅值不变)，电路中电流和各部分电压(响应)的大小和相位也会随频率的变化而发生改变。响应与频率的关系称为电路的频率特性或频率响应。

其对应物理现象是：有一些频率分量的信号通过了网络，而另一些则不能通过。我们称这样的网络对激励信号产生滤波作用，并称此网络为滤波器(选频网络)。由 RC 元件组成的一阶选频网络，分别称为高通和低通滤波器。截止频率均为 $f_c = \frac{1}{2\pi RC}$。截止频率 f_c 处的网络输出电压为

$$U_2 = U_1/\sqrt{2} = 0.707U_1$$

相位差

$$|\phi_2 - \phi_1| = 45°$$

式中，U_2、ϕ_2 为网络输出信号的幅度和相位；U_1、ϕ_1 为网络输入信号的幅度和相位。

由 RC 元件组成的二阶选频网络，通常有低通、高通、带通、带阻等滤波器，其中带通、带阻滤波器的中心频率为 $f_0 = 1/2\pi RC$。

实验内容

1)低通电路测试

按图 4.38 所示电路接线，$R=1\text{k}\Omega$，$C=0.1\mu\text{F}$。改变信号源的频率 f，保持 $U_i = 3\text{V}$，分别测量表 4.32中所列频率对应的 U_{o1} 及 U_{o1} 与 U_i 相位差 τ，计算出 ϕ。

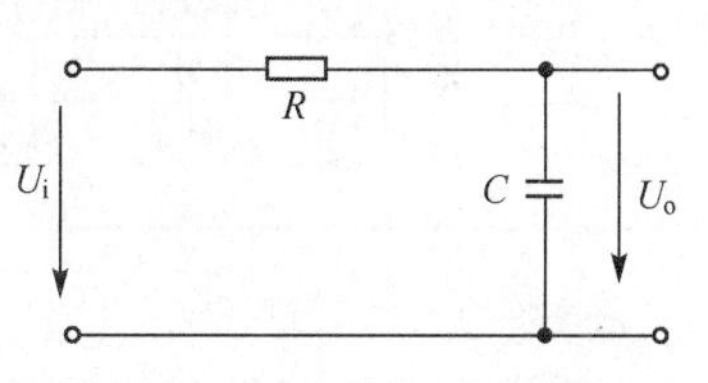

图 4.38　RC 低通滤波电路

表 4.32　低通滤波器频率特性

	序数	1	2	3	4	5	6	7	8	9	10	11
低通滤波器	f/Hz	50	100	200	500	1k	1.3k	1.6k	1.8k	2k	5k	10k
	U_{o1}/V											
	T/ms											
	τ/ms											
	ϕ/rad											

2)高通电路测试

按图 4.39 所示电路接线，$R = 1\text{k}\Omega$，$C = 0.1\mu\text{F}$。改变信号源的频率 f，保持 U_i $=3\text{V}$，分别测量表 4.33 中所列频率对应的 U_{o2} 及 U_{o2} 与 U_i 相位差 τ，计算出 ϕ。

表 4.33　高通滤波器频率特性

	序数	1	2	3	4	5	6	7	8	9	10	11
高通滤波器	f/Hz	100	500	1k	1.3k	1.6k	1.8k	2k	5k	10k	20k	50k
	U_{o2}/V											
	T/ms											
	τ/ms											
	ϕ/rad											

3) RC 串并联选频网络测试

按图4.40所示电路接线，$R_1=R_2=1\text{k}\Omega$，$C_1=C_2=0.1\mu\text{F}$。改变信号源的频率 f，保持 $U_i=3\text{V}$，分别测量表4.34中所列频率对应的 U_{o3}。

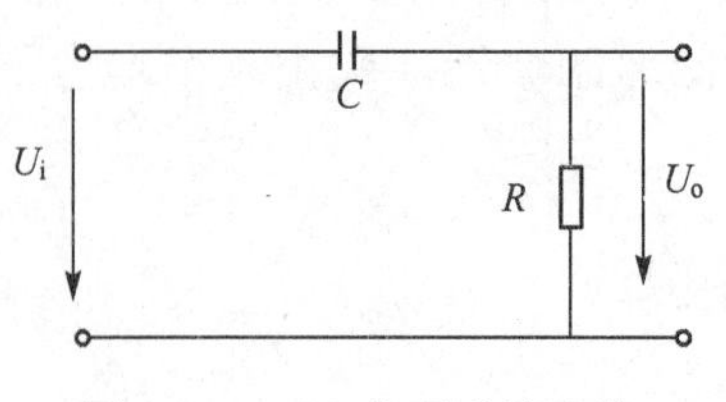

图4.39 RC 高通滤波电路

图4.40 RC 串并联选频网络

表4.34 RC 串并联选频网络频率特性

	序号	1	2	3	4	5	6	7	8	9	10
RC 串并联选频网络	f/Hz	100	300	700	1k	1.1k	1.2k	1.3k	1.4k	1.5k	1.6k
	U_{o3}/V										
	序号	11	12	13	14	15	16	17	18	19	20
	f/Hz	1.7k	1.8k	2k	2.5k	4k	6k	10k	20k	50k	100k
	U_{o3}/V										

注意

➢使用示波器测量时应该注意共地问题，即示波器地、信号源地和电路地应该“三地合一”。

➢由于信号源内阻的影响，每次改变信号源频率时，都要用示波器测量信号源输出信号幅度，并调节其输出幅度为要求值。

实验报告要求

(1)根据测量数据，在坐标纸上分别作出低通、高通及 RC 串并联选频电路的幅频特性曲线。要求用对数坐标，求出 f_0 或 ω_0，说明电路的作用。

(2)根据测量数据，在坐标纸上分别作出低通、高通电路的相频特性曲线。

(3)总结分析此次实验。

实验12 RLC 网络正弦分析及研究

实验预习

(1)计算 RLC 串联电路的总电压和各元件的端电压。

(2)计算 RLC 并联电路的总电流和流过各元件的分电流。

实验目的

(1)研究 R、L、C 元件在正弦交流电路中的基本特性。

(2)研究 R、L、C 串联电路中总电压和分电压之间的关系。

(3)研究 R、L、C 并联电路中总电流和分电流之间的关系。

实验器材

双踪示波器、函数信号发生器、面包板、元器件。

实验原理

1)R、L、C 元件的相量关系

对于电阻 R 元件来说，在正弦交流电路中的伏安关系和直流电路并没有什么区别，其相量关系为 $\dot{U}=\dot{I}R$，电阻元件两端电压幅值和电流幅值符合欧姆定律，电流和电压是同相的，电阻值与频率无关。

电容 C 两端的相量关系为 $\dot{U}=Z_C\cdot\dot{I}$。电容器 C 两端的电压幅值和电流幅值不仅和电容 C 的大小有关，而且和角频率的大小也有关。流过电容的电流超前其端电压90°。

电感 L 元件的相量关系为 $\dot{U}=Z_L\dot{I}$。电感 L 两端电压的幅值及电流幅值不仅和电感 L 的大小有关，而且和角频率的大小也有关。流过电感中的电流落后其端电压90°。

2) RLC 串联电路中总电压和分电压的关系

图 4.41 所示电路为 RLC 串联电路，根据基尔霍夫电压定律有

$$\dot{U}=\dot{U}_R+\dot{U}_L+\dot{U}_C$$

用向量图表示如图 4.42 所示。

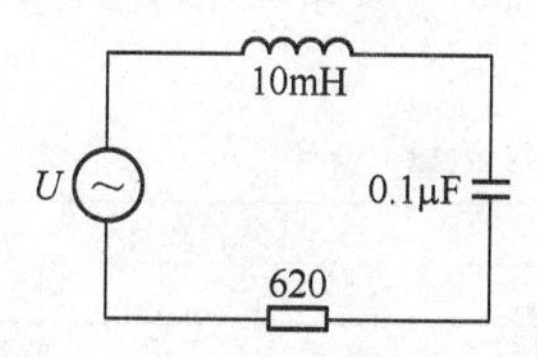

图 4.41 RLC 串联电路

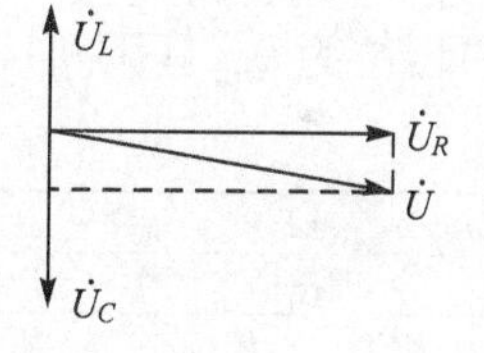

图 4.42 RLC 串联电路相量图

3) RLC 并联电路中总电流和分电流的关系

图 4.43 所示电路为 RLC 并联电路，根据基尔霍夫电流定律有

$$\dot{I}=\dot{I}_R+\dot{I}_L+\dot{I}_C$$

用向量图表示如图 4.44 所示。

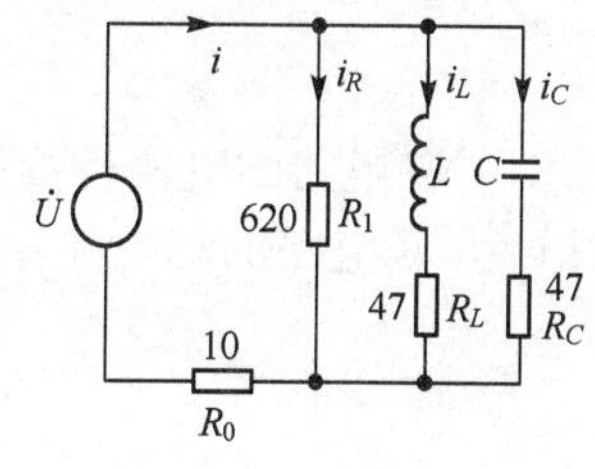

图 4.43 RLC 并联电路

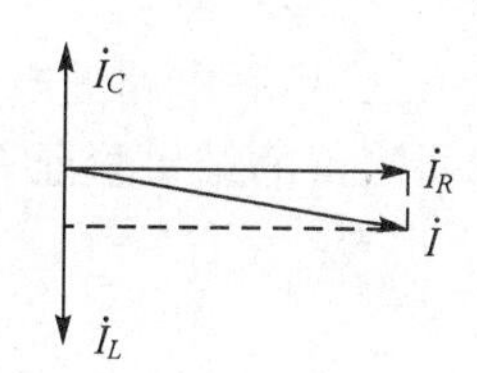

图 4.44 RLC 并联电路向量图

实验内容

1) *RLC* 串联电路特性

(1)按图4.41所示电路接线，将正弦信号发生器的输出电压调到$V_{p\text{-}p}=10V$，频率$f=10kHz$，用双踪示波器测量各元件端电压及总电压，将测量结果填入表4.35中(假设总电压的相位为0°)。

表4.35 *RLC* 串联电路特性测量

<table>
<tr><th colspan="6">10kHz</th><th colspan="6">15kHz</th></tr>
<tr><th colspan="2">测量</th><th colspan="2">理论</th><th colspan="2">误差</th><th colspan="2">测量</th><th colspan="2">理论</th><th colspan="2">误差</th></tr>
<tr><th>幅度</th><th>相位</th><th>幅度</th><th>相位</th><th>幅度</th><th>相位</th><th>幅度</th><th>相位</th><th>幅度</th><th>相位</th><th>幅度</th><th>相位</th></tr>
<tr><td></td><td></td><td></td><td></td><td></td><td></td><td></td><td></td><td></td><td></td><td></td><td></td></tr>
<tr><td></td><td></td><td></td><td></td><td></td><td></td><td></td><td></td><td></td><td></td><td></td><td></td></tr>
<tr><td></td><td></td><td></td><td></td><td></td><td></td><td></td><td></td><td></td><td></td><td></td><td></td></tr>
<tr><td></td><td></td><td></td><td></td><td></td><td></td><td></td><td></td><td></td><td></td><td></td><td></td></tr>
</table>

(2)将正弦信号发生器的输出电压调到$V_{p\text{-}p}=10V$，频率$f=15kHz$，用双踪示波器重复(1)中的内容，将结果填入表中4.35中。

2) *RLC* 并联电路特性

(1)按图4.43所示接线，将正弦信号发生器的输出电压调到$V_{p\text{-}p}=10V$，频率$f=10kHz$，用双踪示波器测量各支路的电流及总电流，将测量结果填入表4.36中(假设总电压的相位为0°，且用间接测量法)。

表4.36 *RLC* 并联电路特性测量

<table>
<tr><th colspan="6">10kHz</th><th colspan="6">15kHz</th></tr>
<tr><th colspan="2">测量值</th><th colspan="2">理论值</th><th colspan="2">误差</th><th colspan="2">测量值</th><th colspan="2">理论值</th><th colspan="2">误差</th></tr>
<tr><th>幅度</th><th>相位</th><th>幅度</th><th>相位</th><th>幅度</th><th>相位</th><th>幅度</th><th>相位</th><th>幅度</th><th>相位</th><th>幅度</th><th>相位</th></tr>
<tr><td></td><td></td><td></td><td></td><td></td><td></td><td></td><td></td><td></td><td></td><td></td><td></td></tr>
<tr><td></td><td></td><td></td><td></td><td></td><td></td><td></td><td></td><td></td><td></td><td></td><td></td></tr>
<tr><td></td><td></td><td></td><td></td><td></td><td></td><td></td><td></td><td></td><td></td><td></td><td></td></tr>
<tr><td></td><td></td><td></td><td></td><td></td><td></td><td></td><td></td><td></td><td></td><td></td><td></td></tr>
</table>

(2)将正弦信号发生器的输出电压调到$V_{p\text{-}p}=10V$，频率$f=15kHz$，用双踪示波器重复(1)中的内容，将结果填入表4.36中。

实验报告要求

(1)画出 *RLC* 串联电路的电压相量关系图和 *RLC* 并联电路的电流相量关系图。

(2)根据所测得的结果验证 *RLC* 串联电路和 *RLC* 并联电路的相量关系图是否正确。

实验思考题

电容器的容抗和电感器的感抗与哪些因素有关?

实验13　日光灯及改善功率因数的实验

实验预习

(1)参阅电动式电表的资料,明确功率表的工作原理。

(2)阅读本节的原理说明,明确日光灯的启辉原理。

(3)在日常生活中,当日光灯上缺少了启辉器时,人们常用一根导线将启辉器的两端短接一下,然后迅速断开,使日光灯点亮,解释其原因。

(4)为了改善电路的功率因数,常在感性负载上并联电容器,此时增加了一条电流支路,试问电路的总电流是增大还是减小,此时感性元件上的电流和功率是否改变?

(5)提高日光灯电路功率因数为什么只采用并联电容器法,而不用串联法?所并联的电容器是否越大越好?

实验目的

(1)掌握功率表的原理和使用方法。

(2)进一步熟悉三表法测量负载交流参数的原理和方法。

(3)掌握日光灯线路的接线方法及其启辉原理。

(4)理解改善电路功率因数的意义并掌握其基本方法。

实验器材

(1)交流电压表0～500V,1块,可用万用表代替。

(2)交流电流表0～1A或0～3A,1块,建议使用具有相应灵敏度的钳形表。

(3)单相功率表,电压0～250V或0～500V,电流0～3A或0～5A,1块。

(4)自耦调压器,输出电压0～250V,功率≥100W,1台。

(5)镇流器、启辉器、40W日光灯管、灯座,1套。

(6)白炽灯15W/220V,连灯座3套。

(7)纸质油浸电容器耐压≥450V,CZM1μF,2.2μF,4.7μF,各1个,可用其他高耐压无极性电容器代替,但不能用极性电容器代替。

实验原理

1)日光灯线路的工作原理

日光灯线路如图4.45所示,图4.45中A是日光灯管,L是镇流器,S是启辉器。

日光灯管是一根直径为5～38mm的玻璃管,灯管内壁涂有荧光粉,两端各有一灯丝,灯丝用钨丝制成,用以发射电子,灯管内充有稀薄的汞蒸气,并含有微量的氩,灯管正常工作时内部气体导通,灯丝发出电子,电子使灯管内壁的荧光粉发出柔和的可见光。

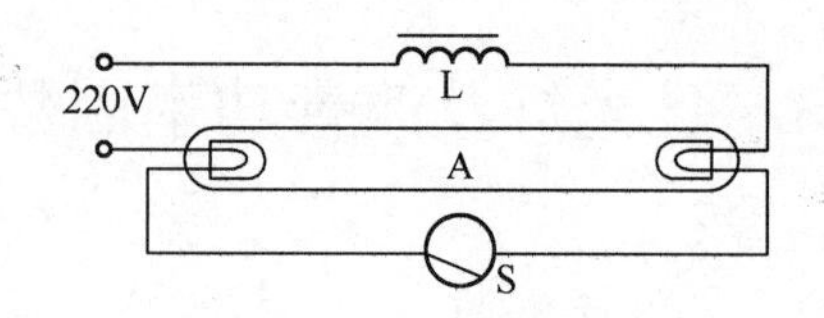

图 4.45 日光灯电路

日光灯管正常工作时,两端由于内部气体导通而使电压低到 50～100V,但在正常工作之前,要使灯管内部气体导通,需要灯管两端的电压超过 1000V。

日光灯电路的工作原理可分为三个阶段:

(1)通电后,日关灯管两端加有交流 220V 电压,不足以使灯管导通,这时启辉器两端因有 220V 电压而导通,启辉器的导通使得日关灯两端的灯丝通电,对灯管预热。

(2)启辉器通电一段时间后(约几百毫秒),自动断开,镇流器在启辉器把电路突然断开的瞬间,由于自感现象而产生一个瞬时高压加在灯管两端,满足激发汞蒸气导电需要的高压要求,使日关灯管成为通路开始发光。

(3)日光灯正常发光后,灯管两端电压约降到 100V 以下,不再满足启辉器导通的条件,此时交流电不再经过启辉器,而仅通过镇流器和灯管,镇流器由于线圈的自感作用起到降压作用,维持灯管两端电压工作在正常状态。

2)用电容器改善电路功率因数

如图 4.45 所示的日光灯线路可以等效为一个具有感性的元件 Z_1,可用图 4.46 说明用电容器改善电路功率因数($\cos\varphi$ 值)的原理。

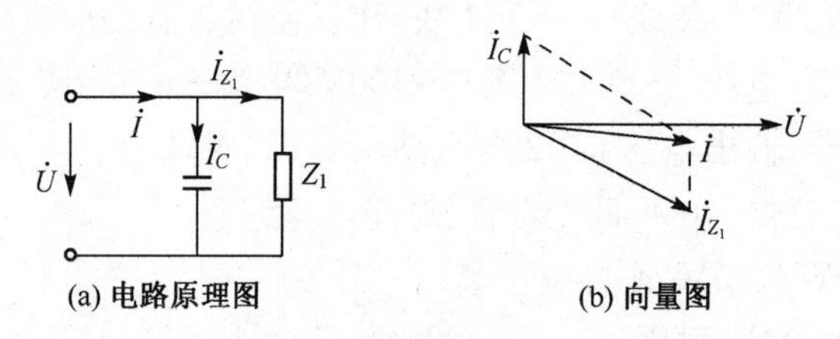

图 4.46 用电容器补偿感性元件的功率因数

图 4.46(a)是用补偿电容器改善感性元件 Z_1 功率因数的电路,其中感性元件 Z_1 支路的电流是 $\dot{I}_{Z_1}$,补偿电容器支路的电流是 $\dot{I}_C$,从图 4.46(b)可以看出,未加补偿电容器时,电路电压 $\dot{U}$ 和电流 $\dot{I}_{Z_1}$ 之间的相位差比较大,加了补偿电容器后,电路电压 $\dot{U}$ 和总电流 $\dot{I}$ 之间的相位差较小,如果补偿电容器选择得好,则电路电压 $\dot{U}$ 和总电流 $\dot{I}$ 之间的相位差最小可以达到 0,这时总电流 $\dot{I}$ 的值最小。

3)并联电容理想值的计算

计算图 4.47 所示并联电容的理想值

$$Z = X_C // Z_1 = X_C // (R + X_L) = (X_C \times R + X_C \times X_L)/(X_C + R + X_L)$$

式中，R 和 X_L 是日光灯电路的等效电阻和等效电抗值，$X_L = \mathrm{j}\omega L$，$X_C = \frac{1}{\mathrm{j}\omega C}$，由此可得

$$Z = \frac{R + \mathrm{j}(\omega L - \omega R^2 C - \omega^3 L^2 C)}{(1 - \omega^2 LC)^2 + \omega^2 R^2 C^2}$$

上式虚部为零时，电路为纯电阻性质，此时电压和电流同相，电流值最小，解得

$$|X_C| = \frac{R^2 + |X_L|^2}{|X_L|}$$

实验内容

(1)日光灯线路的连接与初步测量。

按图 4.47 接线，经指导教师检查后接通实验电源，调节自耦调压器的输出，使其输出电压缓慢增大，直到日光灯刚启辉点亮为止，记下三表的指示值。计算日光灯电路的功率因数、阻抗值，等效电阻值、等效电抗值及等效电感量的值，填入表 4.36 中。

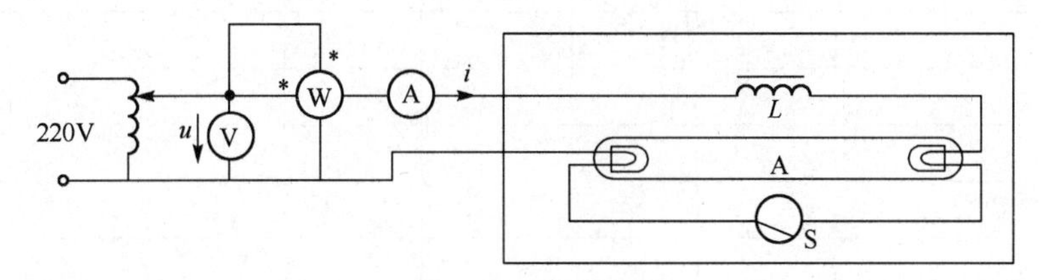

图 4.47　日光灯实验图

(2)日光灯正常工作值测量。

将电压调至 220V，使日光灯正常工作，测量此时的功率 P 、电流 I、电压 U 的值，按照步骤(1)计算并填写表 4.37。

表 4.37　日光灯电路的测量

条件	测量值				计算值			
	P/W	I/A	U/V	$\cos\varphi$	Z/Ω	R/Ω	X_L/Ω	L/H
刚启辉时值								
正常工作值								

(3)电路功率因数的测量与改善。

在图 4.47 的基础上增加并联电容 C，按图 4.48 所示组成实验线路，用并联电容 C 改善日光灯的功率因数。

接通实验电源，将自耦调压器的输出调至 220V，记录功率表、电压表和电流表的读数，计算日光灯电路的功率因数、阻抗值、等效电阻值及等效电抗值的大小，并填入表 4.37 中。

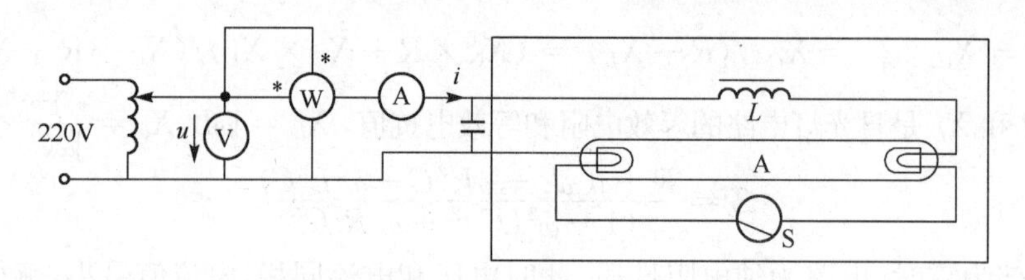

图 4.48 改善日光灯功率因数的实验图

(4)改善功率因数的研究。

改变并联电容器的电容值,进行多次重复测量。比较并找到测量电流相对最小的一个值,必要时将几个电容器并联连接,将各次实验数据填入表 4.38 中。

表 4.38 日光灯功率因数的改善

并联电容值/μF	测量值			计算值			
	P/W	I/A	U/V	$\cos\varphi$	Z/Ω	R/Ω	X/Ω

(5)误差分析。

根据对图 4.46 的推导和表 4.38 得到的数据,计算并联电容的理想值,然后与步骤(4)得到的结果进行对比,分析误差的原因。

注意

➢本实验用交流市电 220V,务必注意用电和人身安全。接线前一定要先断开电源。

➢实验教师在学生实验前要将实验设备准备好,将需要经常更换接线的部分用绝缘性能良好的插头封装好,确保学生安全、方便地进行实验。

➢线路接线正确,日光灯不能启辉时,应检查启辉器及其接触是否良好。

➢功率表要正确接入电路,如发现指针反偏,可交换电压线圈的两根接线。

实验报告要求

(1)完成数据表格中的测量、记录和计算,进行必要的误差分析。

(2)讨论改善电路功率因数的意义和方法。

(3)回答预习提出的思考题,写出装接日光灯线路的心得体会。

实验 14 RLC 串联谐振电路特性研究

实验预习

(1)谐振曲线及 3dB 带宽有何意义?

(2)串联谐振电路可作为何种滤波器使用?

实验目的

(1)观察谐振现象,加深对串联谐振电路特性的理解。

(2)学习测定 RLC 串联谐振电路的频率特性曲线。

(3)掌握谐振电路的谐振频率、通频带和品质因数的测定方法,以及电路参数对这些特性的影响。

实验器材

信号发生器、数字示波器、数字万用表、变阻箱、电感、电容若干。

实验原理

1) RLC 串联电路谐振条件

如图 4.49 所示的 RLC 串联电路,若输入信号 U_{λ} 的角频率为 ω,则该电路的等效阻抗 Z 为

$$Z = R + \mathrm{j}\left(\omega L - \frac{1}{\omega C}\right)$$

可知,当 $\omega L - 1/\omega C = 0$ 时,该电路的阻抗 $|Z|$ 达到最小值,而此时电路中电流 I 达到最大值,所以此时电阻上电压 $U_R = I \cdot R$ 也达到最大,此时电路达到谐振状态。即 RLC 串联电路谐振条件为

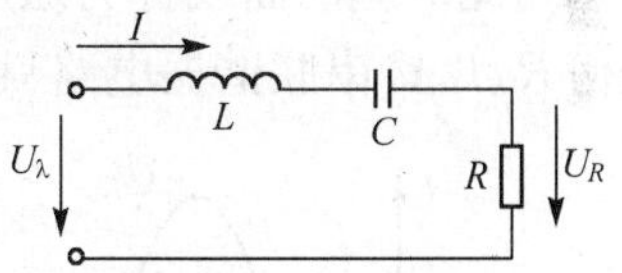

$$\omega L - \frac{1}{\omega C} = 0 \quad 或 \quad f_0 = \frac{1}{2\pi\sqrt{LC}}$$

图 4.49 RLC 串联谐振电路

可知,谐振频率 f_0 仅与元件 L、C 的数值有关,而与电阻 R 和激励源 U_{λ} 的角频率无关。f_0 反映了 RLC 串联电路的一个固有性质。对于每一个 RLC 串联电路,总有一个对应的谐振频率 f_0。

定义谐振时的感抗 ωL 或容抗 $1/\omega C$ 为特性阻抗 ρ,特性阻抗 ρ 与电阻 R 的比值为品质因数 Q,即

$$Q = \rho/R = \omega_0 L/R = \sqrt{L/C}/R$$

2) RLC 串联电路谐振时特性

(1)谐振时,电路的阻抗 $Z = R$ 最小,并且整个电路相当于一个纯电阻回路,激励源的电压与回路电流同相。

(2)由于感抗 ωL 和容抗 $\frac{1}{\omega C}$ 相等,所以,电感上的电压 U_L 和电容上的电压 U_C 数值相等,相位相差 180 °。由于谐振时 $Z=R$, 可知

$$Q=\frac{\omega_0 L}{R}=\frac{1}{\omega_0 CR}=\frac{U_L}{U_R}=\frac{U_C}{U_R}=\frac{U_L}{U_\lambda}=\frac{U_C}{U_\lambda}$$

(3)当激励源电压 U_λ 一定时,电路中的电流达到最大值,该值的大小仅与电阻的阻值有关,与电感和电容的值无关。

3)串联谐振电路频率特性

回路响应电流与激励源角频率的关系称为电流的幅频特性(表明其关系的曲线称为串联谐振曲线),其表达式为

$$I(\omega)=\frac{U_\lambda}{\sqrt{R^2+(\omega L-1/\omega C)^2}}=\frac{U_\lambda}{R\sqrt{1+Q^2(\eta-1/\eta)^2}}=\frac{I_0}{\sqrt{1+Q^2(\eta-1/\eta)^2}}$$

式中, $I_0=\frac{U_\lambda}{R}$; $\eta=\frac{\omega}{\omega_0}$。

在电路的 L、C 和信号源电压 U_λ 不变的情况下,不同的 R 值得到不同的 Q 值。对应不同 Q 值的电流幅频特性曲线如图 4.50 所示。为了研究电路参数对谐振特性的影响,通常采用通用谐振曲线。对上式两边同除以 I_0 作归一化处理,得到通用频率特性

$$\frac{I}{I_0}=\frac{1}{\sqrt{1+Q^2(\eta-1/\eta)^2}}$$

与此对应的曲线称为通用谐振曲线,该曲线的形状只与 Q 值有关。Q 值相同的任何 R、L、C 串联谐振电路只有一条曲线与之对应,如图 4.51 所示。

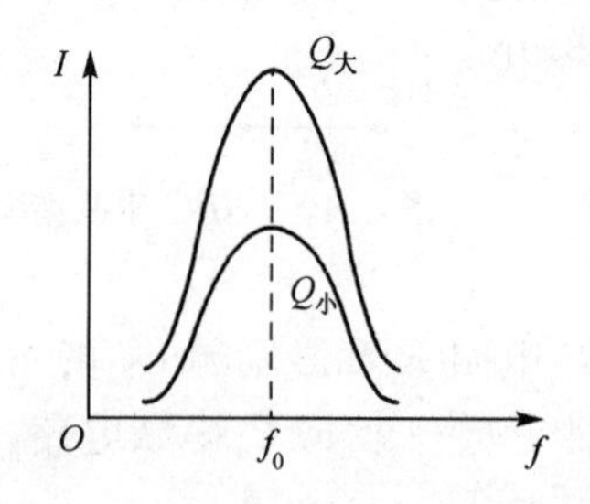

图 4.50 不同 Q 值的电流幅频特性曲线

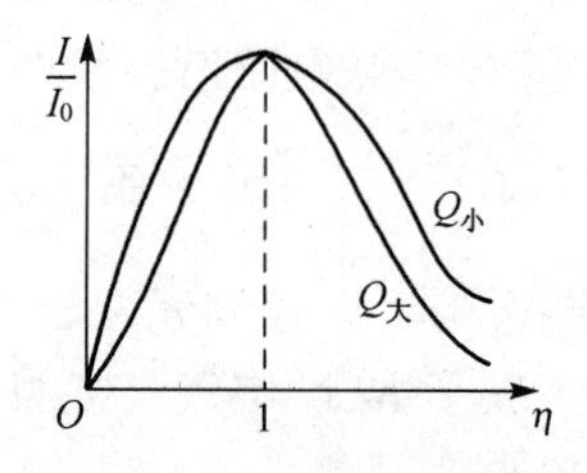

图 4.51 通用谐振曲线

通用谐振曲线的形状越尖锐,表明电路的选频性能越好。定义通用谐振曲线幅值下降至峰值的 0.707 倍时对应的频率为截止频率 f_c。幅值大于峰值的 0.707 倍所对应的频率范围称为通带宽 B。理论推导可得

$$B=\Delta f=f_{c2}-f_{c1}=f_0/Q$$

由上式可知,通带宽与品质因数成反比。

实验内容

(1)观察串联谐振现象。

如图 4.52(a)所示电路连线,使信号源产生信号峰峰值为 $U_{spp}=5V$,将变阻箱调节为 10Ω,连入电路中。由低到高调节信号源输出频率,观察电阻两端电压变化(即示波器 CH2 测量电压)。变化规律为:随着 f 的升高,电阻两端电压逐渐变大,在 $f=f_0$左右时,达到最大,此时电路发生谐振。当 f 继续升高,电阻两端电压逐渐下降。若在上述过程中,电阻两端电压无明显变化,则说明电路出现故障(或电路参数有误),查找原因,排除故障。

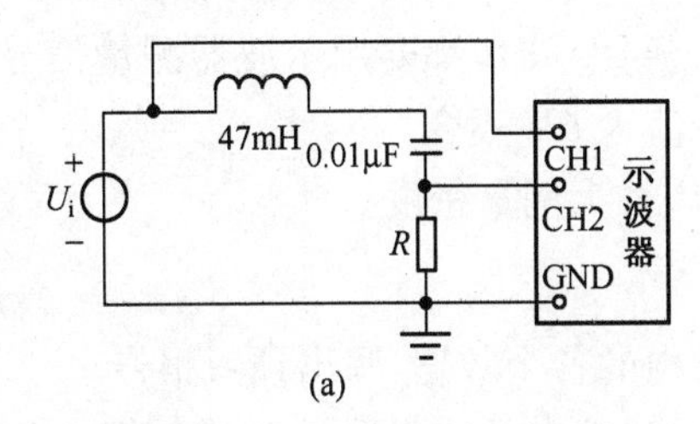

(a)

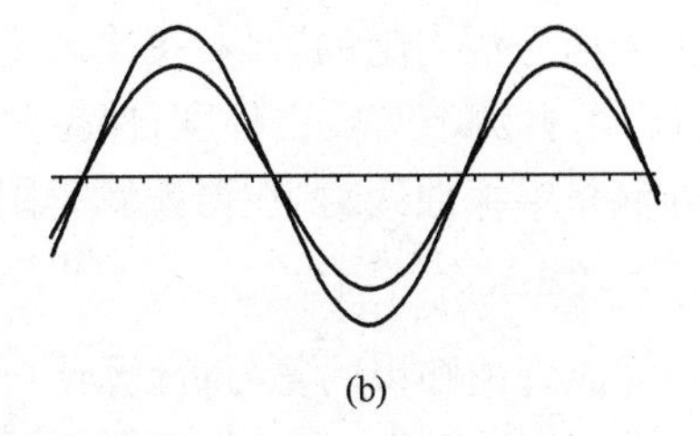

(b)

图 4.52　实验电路图

(2)测量串联谐振的谐振频率 f_0、品质因数 Q 和通频带 Δf。

调节信号源频率使电阻两端电压保持在最大值,用双通道示波器观测电阻两端 U_R 和信号源两端电压,如图 4.52(a)中示波器接法。微调信号源输出频率,使其相位差为零,如图 4.52(b)所示。此时的频率值即为谐振频率 f_0。

保持电路处于谐振状态,测试该谐振点的 U_R、U_L、U_C的有效值,根据 U_R 的值计算出电路谐振时的电流 I_0,填入表 4.39 的相应栏内。调节信号源频率分别为截止频率点 f_{c1}、f_{c2}处(即电流表读数为最大值的 0.707 倍),测试这两点的 I、U_L、U_C的有效值,以及电压、电流波形,填入表 4.39 的相应栏内。

表 4.39　串联谐振电压、电流数据

测试点	频率 f/Hz	端口电流 $I=U_R/R$/mA	电感电压 U_L/V	电容电压 U_C/V	端口电压、 电流波形
谐振点/f_0					
截止频率点/f_{c1}					
截止频率点/f_{c2}					

(3)测定通用谐振曲线。

调节信号源频率,测量回路电流。测量点以 f_0为中心,左右取点。在通频带内,测量点多取几点,测量结果填入表 4.40 中。

(4)改变电阻值使 $R=100Ω$,或者改变电容值使 $C=0.01\mu F$,重复上述测量过程。

表 4.40 谐振曲线(归一化)测量数据

频率 f/Hz								f_0							
回路电流 I/mA															
归一化频率 f/f_0								1							
归一化回路电流 I/I_0								1							

注意

➢使用示波器测量时应该注意共地问题,即示波器地、信号源地和电路地应该"三地合一"。

➢由于信号源内阻的影响,每次改变信号源频率时,都要用示波器测量信号源输出信号幅度,并调节其输出幅度,保持其峰峰值为5V不变。

➢在测量谐振曲线时,在谐振频率附近,应加大测量密度。

实验报告要求

(1)完成理论知识的复习,计算预习要求中的各个数据,写出预习报告。

(2)整理实验数据,用坐标纸绘制谐振曲线,求出品质因数 Q 和通频带 Δf,与理论值进行比较,进行误差分析,给出相应结论。

实验15 二端口网络参数的测试

实验预习

(1)预习电路理论书中的二端口网络的内容,写出网络参数的定义。

(2)预习实验中用到的实验仪器仪表的使用方法。

(3)预习测试二端口网络的参数的测试方法。

实验目的

(1)学会测试无源二端口网络 A 参数的方法。

(2)研究二端口网络参数的特性。

实验器材

直流稳压电源、数字万用表、电阻若干。

实验原理

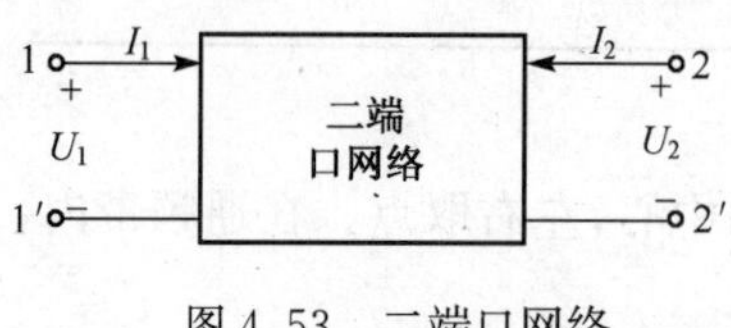

图 4.53 二端口网络

1)二端口网络

对于线性无源二端口网络,可以用网络参数来表征它的特性,这些参数只取决于二端口内部的元件和结构,而与输入无关。网络参数确定后,两个端口处的电压电流关系就唯一确定了,如图 4.53 所示。

2)二端口网络的方程和参数

若按正弦稳态进行分析,无源线性二端口网络的特征方程共有 6 种,常用的有以下 4 种:

(1)Z 参数(开路阻抗参数)。

$\begin{bmatrix} U_1 \\ U_2 \end{bmatrix} = Z\begin{bmatrix} I_1 \\ I_2 \end{bmatrix}, Z = \begin{bmatrix} Z_{11} & Z_{12} \\ Z_{21} & Z_{22} \end{bmatrix}$,对于互易网络有 $Z_{12} = Z_{21}$。

(2)Y 参数(短路导纳参数)。

$\begin{bmatrix} I_1 \\ I_2 \end{bmatrix} = Y\begin{bmatrix} U_1 \\ U_2 \end{bmatrix}, Y = \begin{bmatrix} Y_{11} & Y_{12} \\ Y_{21} & Y_{22} \end{bmatrix}$,对于互易网络有 $Y_{12} = Y_{21}$。

(3)H 参数(混合参数)。

$\begin{bmatrix} U_1 \\ I_2 \end{bmatrix} = H\begin{bmatrix} I_1 \\ U_2 \end{bmatrix}, H = \begin{bmatrix} H_{11} & H_{12} \\ H_{21} & H_{22} \end{bmatrix}$,对于互易网络有 $H_{12} = H_{21}$。

(4)A 参数(传输参数)。

$\begin{bmatrix} U_1 \\ I_1 \end{bmatrix} = A\begin{bmatrix} U_2 \\ -I_2 \end{bmatrix}, A = \begin{bmatrix} Y_{11} & Y_{12} \\ Y_{21} & Y_{22} \end{bmatrix}$,对于互易网络有 $A_{11}A_{22} - A_{12}A_{21} = 1$。

这 4 种网络参数存在内在联系,知道了一套参数则可以求出另外一套参数。

3)二端口网络 A 参数的测试方法

由于在工程上通常采用实验的方法测定 A 参数,再求得其他参数。因此我们在此仅介绍 A 参数的测量方法。

测试时,令端口 2－2′开路或短路,在 1－1′端加直流或交流电压,用仪表测得 1－1′端口的电压和电流,便可以计算出端口 2－2′开路和短路时的入端阻抗 Z_{1O} 和 Z_{1S}。再令端口 1－1′开路或短路,在 2－2′端加直流或交流电压,用仪表测得 2－2′端口的电压和电流,便可以计算出端口 1－1′开路和短路时的入端阻抗 Z_{2O} 和 Z_{2S}。即

开路时

$$Z_{1O} = \frac{U_1}{I_1}\bigg|_{I_2=0} = \frac{A_{11}U_2 - A_{12}I_2}{A_{21}U_2 - A_{22}I_2}\bigg|_{I_2=0} = \frac{A_{11}}{A_{21}}, \quad Z_{2O} = \frac{U_2}{I_2}\bigg|_{I_1=0} = \frac{A_{22}}{A_{21}}$$

短路时

$$Z_{1S} = \frac{U_1}{I_1}\bigg|_{U_2=0} = \frac{A_{11}U_2 - A_{12}I_2}{A_{21}U_2 - A_{22}I_2}\bigg|_{U_2=0} = \frac{A_{12}}{A_{22}}, \quad Z_{2S} = \frac{U_2}{I_2}\bigg|_{U_1=0} = \frac{A_{12}}{A_{11}}$$

若网络为互易网络,则有 $Z_{1O} - Z_{1S} = \dfrac{1}{A_{21}A_{22}}$,又因为 $Z_{2O} = \dfrac{U_2}{I_2}\bigg|_{I_1=0} = \dfrac{A_{22}}{A_{21}}$,所以可以消掉 A_{21},得到 $A_{22}^2 = \dfrac{Z_{2O}}{Z_{1O} - Z_{1S}}$,即可求得 A_{22},一旦求得 A_{22},就可以得到其他的参数了。

实验内容

按图 4.54 所示连接电路。

(1)令端口 2—2′开路，端口 1—1′接 15V 的直流电压，用万用表测量 1—1′的电压 U_{10} 和电流 I_{10}；再令端口 2—2′短路，用万用表测量端口 1—1′的电流 I_{1S}，将结果填入表 4.41 中。

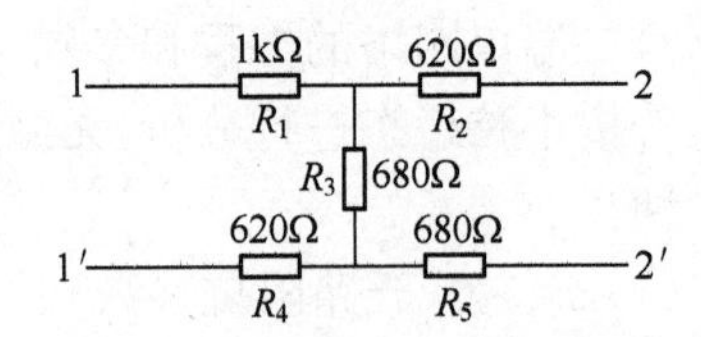

图 4.54　二端口网络参数实验电路图

(2)令端口 1—1′开路，端口 2—2′接 15V 的直流电压，用万用表测量 2—2′的电流 I_{20}；再令端口 1—1′短路，用万用表测量端口 1—1′的电流 I_{1S}，将结果填入表 4.42 中。

表 4.41

<table>
<tr><td rowspan="2">端口 2—2′开路</td><td>U_{10}/V</td><td>I_{10} /mA</td></tr>
<tr><td></td><td></td></tr>
<tr><td rowspan="2">端口 2—2′短路</td><td>I_{1S} /mA</td><td>I_{2S} /mA</td></tr>
<tr><td></td><td></td></tr>
</table>

表 4.42

<table>
<tr><td rowspan="2">端口 1—1′开路</td><td>I_{20} /mA</td></tr>
<tr><td></td></tr>
<tr><td rowspan="2">端口 1—1′短路</td><td>I_{1S} /mA</td></tr>
<tr><td></td></tr>
</table>

实验报告要求

(1)根据实验的测试数据，完成必要的计算，得出网络的 A 参数，同时计算出其他的参数。

(2)回答实验思考题。

(3)报告最后附原始数据。

(4)写出实验中遇到的问题及实验结束后的心得体会。

实验思考题

(1)根据实验测量的结果，判断该网络是否为互易网络。

(2)写出实验中网络的 Y 参数。

(3)思考其他二端口网络的测试方法。

第5章　模拟电子线路实验

实验1　二极管电路的应用

实验预习

(1)掌握二极管的器件功能及工作原理。

(2)熟悉二极管基本电路及其分析方法与应用。

(3)假设图5.5中二极管为理想二极管,画出它的传输特性。若输入电压 $v_i = 20\sin\omega t\,V$,试根据传输特性绘出一个周期的输出电压 v_o 的波形。

实验目的

(1)验证二极管的单向导电性。

(2)二极管在稳压和限幅电路中的应用和工作原理。

实验器材

示波器、数字万用表、直流稳压电源、函数信号发生器、交流毫伏表、元器件若干。

实验原理

二极管电路在电子技术中应用非常广泛,这里只介绍二极管在限幅电路和低电压稳压电路中的应用。

(1)限幅电路。限幅电路的作用是让信号在预置的电平范围内,有选择地传输一部分,如图5.1所示。

图5.1中的二极管为硅管,其门坎电压 $V_{th}=0.5V$,微变电阻 $R_D=200\Omega$,图5.1可等效为图5.2。

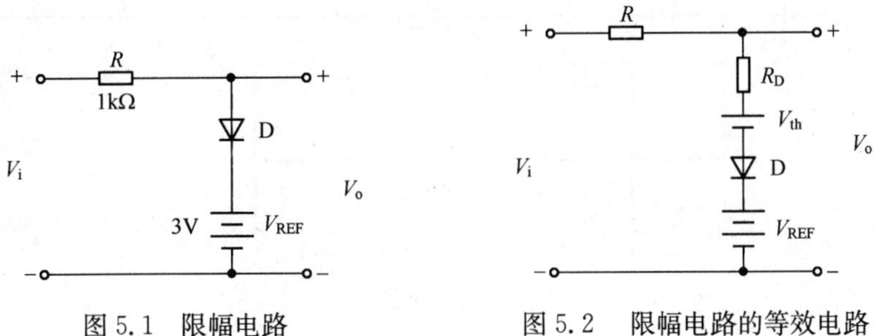

图5.1　限幅电路　　图5.2　限幅电路的等效电路

当输入 $V_i < V_{th} + V_{REF}$ 时，二极管 D 截止，则输出 $V_o = V_i$ 。

当输入 $V_i \geqslant V_{th} + V_{REF}$ 时，二极管 D 导通，则输出 $V_o = (V_i - V_{th} - V_{REF})\dfrac{R_d}{R + R_d} + V_{th} + V_{REF}$。

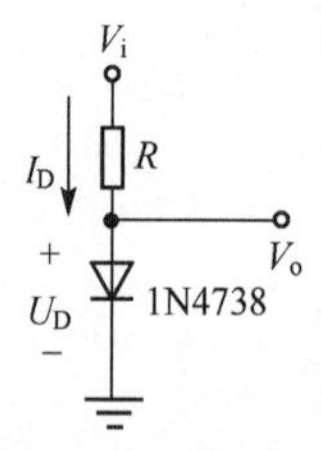

图 5.3　低电压稳压电路图

(2)低电压稳压电路。稳压电源是电子电路中常见的组成部分，利用二极管的正向压降特性，可以获得较好的稳压性能，如图 5.3 所示。

合理选取电路参数，对于硅二极管，可获得输出电压 $V_o = V_D$，近似等于 0.7，若采用几只二极管串联，则可得 3～4V 的输出电压。

实验内容

1)二极管限幅特性的验证

(1)按图 5.4 所示连接电路，然后根据表 5.1 给定输入电压 V_i，用万用表测出相应的输出电压 V_o的值，画出二极管的传输特性。

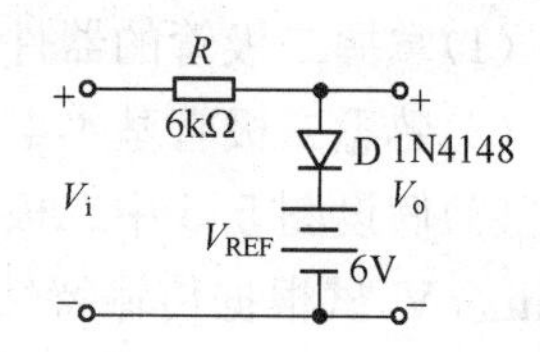

图 5.4　二极管单向限幅电路

表 5.1　二极管单向限幅的参数测试

V_i/V	1	3	5	7	9	11	15
V_o/V							

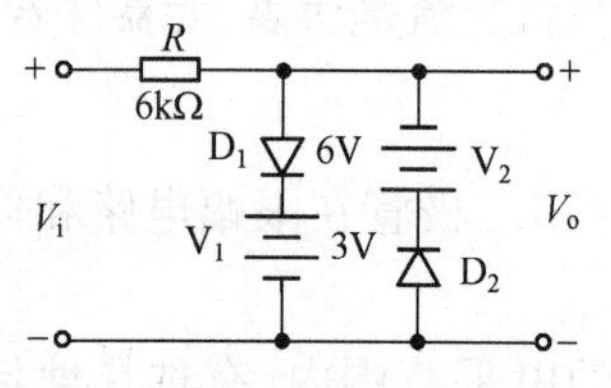

图 5.5　二极管双向限幅电路

(2)按图 5.5 所示连接电路，当输入信号频率为 1kHz，电压幅度分别为表 5.2 所给值时，用示波器测出相应的输出电压 V_o 的值，然后分别画出只有上限幅和上、下都限幅时一个周期内的输出电压 V_o 的波形于图 5.6 所示的示波器面板上。

表 5.2　二极管双向限幅的参数测试

V_i/V	2	4	8	10	12	14	15
V_o/V							

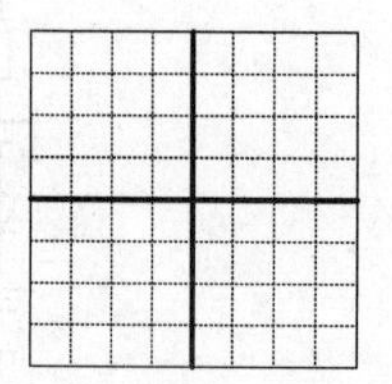

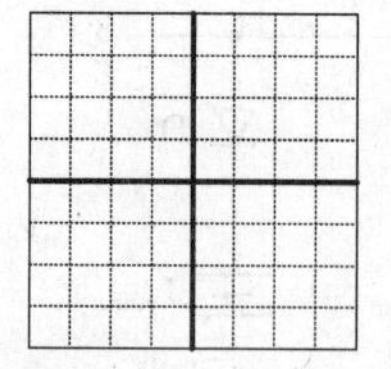

图 5.6　示波器面板

2)二极管稳压特性的验证

实验电路如图5.3所示，直流电源电压为V_i，$R=10k\Omega$，当V_i按表5.3所给值变化时，测出相应的二极管电压的变化，填入表5.3中，然后画出它的传输特性。

表5.3　二极管稳压特性的参数测试

V_i/V	8	9	10	11	12
V_o/V					

实验报告要求

(1)记录、整理实验数据，按实验要求画出波形图。
(2)分析实验结果，得出结论。
(3)回答实验思考题。
(4)写出实验中出现的问题及产生的原因，并找出解决的方法。

实验思考题

图5.3中，电阻R的作用是什么?

实验2　共射极单管放大电路

实验预习

(1)掌握放大电路的组成、器件功能及工作原理。

(2)复习三极管及共射极放大器的工作原理，以及电路参数的理论计算方法。假设在图5.7中，晶体管T的电流放大倍数$\beta=100$，$r_{be}=1k\Omega$，$R_{BB'}=100\Omega$，$R_{B1}=100\ k\Omega$，计算放大器的静态工作点Q，电压放大倍数A_V，输入电阻R_i和输出电阻R_o。

(3)放大器的静态工作点Q由哪些电路参数决定，要改变静态工作点应调节哪些元器件?

实验目的

(1)分析共射极放大电路的性能，加深对共射极放大电路放大特性的理解。

(2)学习共射极放大电路静态工作点的调试方法，分析静态工作点对放大器性能的影响。

(3)掌握放大器电压放大倍数、输入电阻、输出电阻及最大不失真输出电压的测试方法。

实验器材

示波器、数字万用表、直流稳压电源、函数信号发生器、交流毫伏表、元器件若干。

实验原理

共射极放大电路既能放大电流又能放大电压，故常用于小信号的放大。改变电路的静态工作点可调节电路的电压放大倍数，该电路输入电阻居中，输出电阻大，放大倍数大，适用于多级放大电路的中间级。实验电路如图5.7所示，图5.7中电路为一电阻分压式工作点稳定的共射极单管放大器。其中R_{B1}、R_{B2}组成分压电路构成三极管T的偏置电路，用来固定基极电位。发射极电阻R_{E1}和R_{E2}用于稳定放大器静态工作点。R_{B1}、R_{B2}、R_C、R_E构成放大器直流通路。C_1、C_2为耦合电容，起隔直流作用，即隔断信号源、放大器和负载之间的通路，使三者之间无影响；对交流信号起耦合作用，即保证交流信号畅通无阻地通过放大电路。C_E为旁路电容，其大小对电压增益影响较大，是低频响应的主要因素。当在放大器的输入端加上输入信号V_i后，便可在放大器的输出端得到一个与输入信号相位相反，幅度被放大了的输出信号V_o，从而实现了电压的放大。

图5.7中，当流过分压电阻R_{B1}和R_{B2}的电流远远大于晶体管T的基极电流时(一般为5～10倍)，则T的静态工作点为

$$I_{CQ} \approx I_{EQ} = \frac{V_{BQ} - V_{BEQ}}{R_{E1} + R_{E2}}$$

$$V_{CEQ} \approx V_{CC} - I_{CQ}(R_C + R_{E1} + R_{E2})$$

值得注意的是，静态工作点是直流量，必须进行直流分析或用直流电压表和电流表测量。

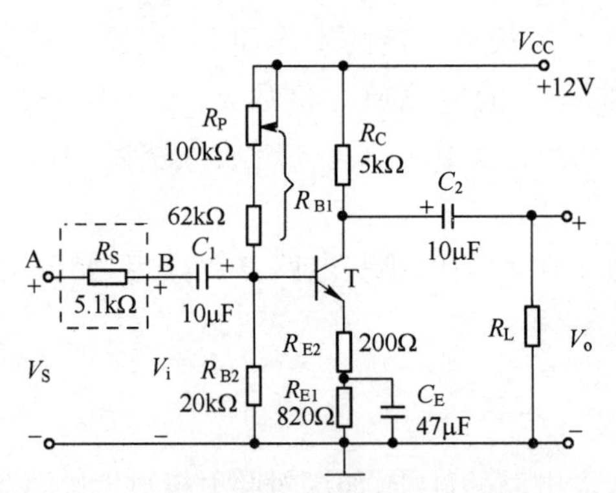

图5.7 共射极单管放大电路原理图

电压放大倍数A_V为

$$A_V = -\beta \frac{R_C // R_L}{r_{be} + (1+\beta) R_{E2}}$$

式中，$r_{be} \approx R_{BB'} + \beta \frac{V_T}{I_{EQ}}$。

输入电阻 R_i 的计算方法为

$$R_i = R_{B1}//R_{B2}//[r_{be} + (1+\beta)R_{E2}]$$

输出电阻 R_o 的计算方法为

$$R_o = R_C$$

1. 放大器静态工作点的测量与调试

1）静态工作点的测量

短接图 5.7 所示电路的输入端，分别用电压表和电流表依次测量晶体管的集电极电流及 3 个管脚对地的电压 V_B、V_C 和 V_E（注意，测量静态工作点时，电压表和电流表都应放在直流挡）。集电极电流的测量方法为间接测量法，即为了避免断开集电极电路，一般采用直接测量 V_C 或 V_E，然后计算出 I_C 的方法。即 $I_C \approx I_E = \frac{V_E}{R_{E1} + R_{E2}}$ 或 $I_C = \frac{V_{CC} - V_C}{R_C}$。

2）静态工作点的调试

放大器静态工作点的调试是指对三极管集电极电流 I_C（或 V_{CE}）的调整与测试。共射极单管放大电路特征曲线如图 5.8 所示。

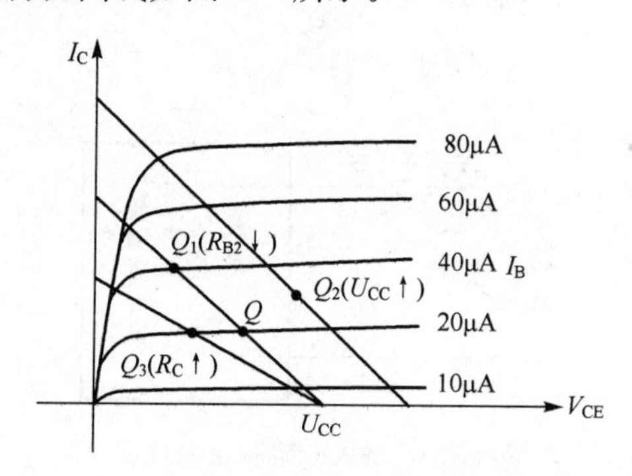

图 5.8　共射级单管放大电路输出特性曲线

静态工作点是否合适，对放大器的性能和输出波形都有很大影响。静态工作点对 V_o 波形失真的影响如图 5.9 所示。如工作点偏高，放大器再加入交流信号后易产生饱和失真（图 5.9(a)）；如工作点偏低，易产生截止失真（图 5.9(b)），这都不符合不失真放大的要求。所以在选定工作点以后还要进行动态调试，即在放大器的输入端加一定的输入电压 V_i，监测输出电压 V_o 的大小和波形是否满足要求。如不满足，则应重新调节静态工作点。

工作点的偏高或偏低不是绝对的，应该是相对信号的幅度而言。如输入信号幅度很小，即使工作点偏高或偏低也不一定会出现失真。确切地说，产生波形失真是

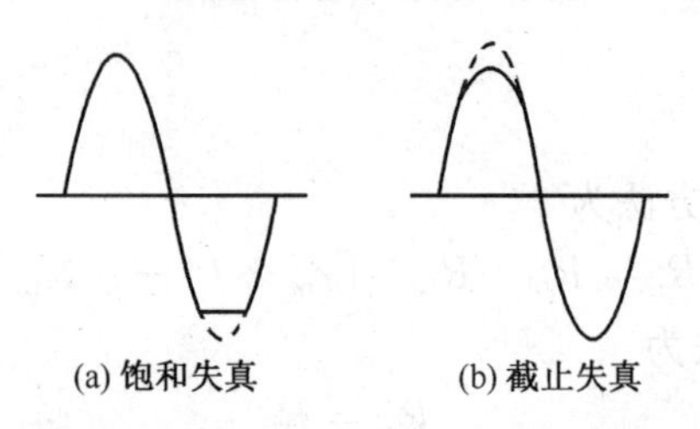

图 5.9 静态工作点对 V_o 波形失真的影响

信号幅度与静态工作点设置配合不当所致。如需满足较大信号幅度的要求，静态工作点最好尽量靠近交流负载线的中点。

2. 放大器动态指标的测量

放大器动态指标包括电压放大倍数、输入电阻、输出电阻、最大不失真输出电压（动态范围）和通频带等。

1）电压放大倍数 A_V 的测量

$$A_V = V_o/V_i（输出开路） \quad 或 \quad A_V = V_L/V_i（输出带负载）$$

2）输入电阻 R_i 的测量

放大器输入电阻的大小，反映放大器消耗前级信号功率的大小，是放大器的重要指标之一。测量原理如图 5.10 所示。在被测放大器前串联一个可变电阻 R，并加入信号。分别测出电阻 R 两端对地电压 V_S 和 V_i，则放大器的输入电阻 R_i 为

$$R_i = \frac{V_i}{V_S - V_i} R_S$$

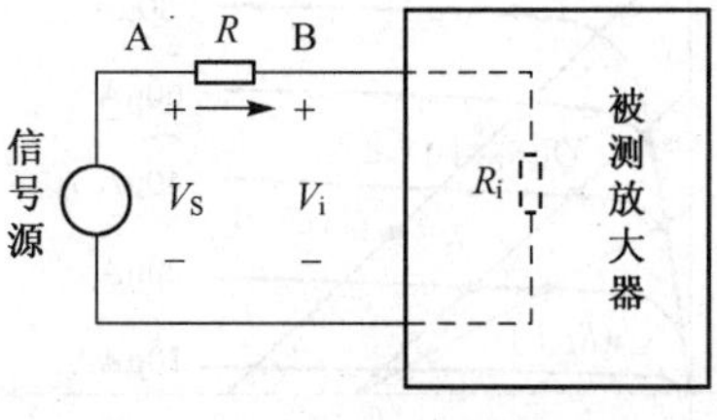

图 5.10 输入电阻测量原理图

3）输出电阻 R_o 的测量

放大器输出电阻的大小表示该放大器带负载的能力。输出电阻 R_o 越小，放大器输出等效电路越接近于恒流源，这时放大器带负载能力越强。输出电阻的测量为后级电路的设计提供了输入条件。R_o 的测量原理如图 5.11 所示，先不加负载 R_L，信号从 V_i 点加入，测出开路电压 V_o；再接上负载 R_L，测得 V_{oL}，则放大器的输出电阻为

$$R_o = \frac{V_o - V_{oL}}{V_{oL}} \cdot R_L = \left(\frac{V_o}{V_{oL}} - 1\right) \cdot R_L$$

4）最大不失真输出电压 $V_{op\text{-}p}$ 的测量（最大动态范围）

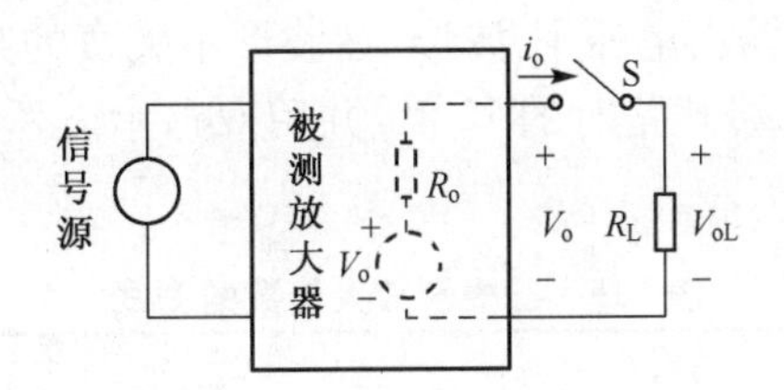

图 5.11　输出电阻测量原理图

如上所述，为了得到最大动态范围，应将静态工作点调在交流负载线的中点。为此在放大器正常工作的条件下，逐步增大输入信号的幅度，用示波器观测 V_o，当输出波形同时出现饱和失真和截止失真时，说明静态工作点已调在交流负载线的中点。然后再反复调整输入信号，使输出信号幅度最大且无失真时，用交流毫伏表测出 V_o，或用示波器直接读出 $V_{op\text{-}p}$。

实验内容

实验电路如图 5.7 所示，三极管的管脚排列如图 5.12 所示。为防止干扰，各电子仪器的公共端必须连在一起，全部接到公共接地端上。

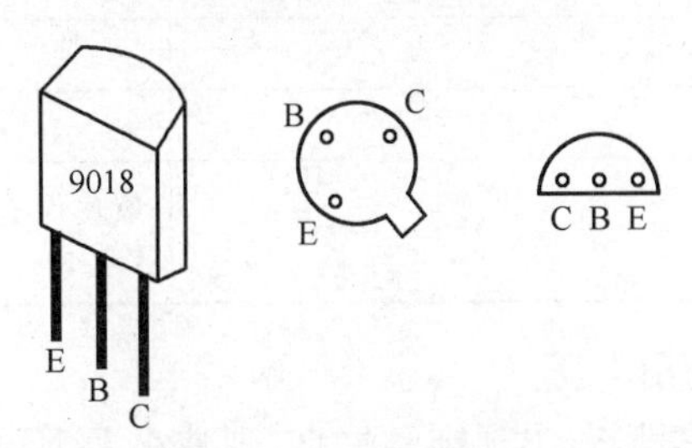

图 5.12　三极管管脚排列

1)静态工作点的调试

检测需要的电子元器件，并按图 5.7 所示连接电路，不接旁路电容。接通直流电源前，先将 R_P 调至最大，函数信号发生器输出调为零。然后接通 +12V 电源，调节 R_P 到一合适数值，如使 $I_{CQ}=1\text{mA}$（即 $V_{R_C}=5.0\text{V}$），测量静态工作点，即测量 V_{CQ}、V_{BQ}、V_{EQ}，并计算 I_{EQ}，将数据填入表 5.4 中。

表 5.4　三极管静态工作点的测试

	V_{CQ}/V	V_{BQ}/V	V_{EQ}/V	I_{EQ}/mA
理论值				
测量值				

2)测量电压放大倍数

当 $V_{R_C}=5.0\text{V}$ 时，在放大器的输入端 B 点加入 $f=1\text{kHz}$，$V_i=50\text{mV}$ 的正弦信

号，用示波器观察放大器输出电压 V_o 波形，在波形不失真的条件下用交流毫伏表分别测量 $R_L=2k\Omega$ 和输出端开路时的 V_o 值，并用双踪示波器观察 V_o 和 V_i 的相位关系，填入表 5.5 中。

表 5.5 三极管放大倍数的测试

	V_o/V	V_{oL}/V	A_V
理论值			
实测值			

3)观察静态工作点对输出波形失真的影响

调节 R_P 使三极管分别处于截止区和饱和区(使 V_{CQ} 分别为最小和最大)，输入端 B 点加入 $f=1kHz$ 的正弦信号。从零逐渐加大输入信号幅度，用示波器观察输出波形，填入表 5.6 中。

表 5.6 调节失真和最佳工作点的参数

测试内容 / 工作状态	V_{CEQ}/V	I_{CQ}/mA	输出波形	失真类型
工作点偏离状态				
最佳工作点状态			最大不失真 V_{omax} = $V_{op\text{-}p}$ =	

4)测量最大不失真输出电压

逐渐加大 B 点输入信号，若出现饱和失真，则减小 R_P 阻值使工作点下降，反之若出现截止失真则增大 R_P 阻值，提高工作点。如此反复调节，直到输出波形同时出现饱和失真和截止失真，测量 V_{CEQ}、I_{CQ}，将结果填入表 5.6 中。随后逐渐减小输入信号幅度，使输出波形刚好不失真，用示波器和交流毫伏表测出 $V_{op\text{-}p}$ 和 V_{omax} 的值，并将测量结果计入表 5.6 中。

5)测量输入电阻和输出电阻

测量输出电阻时，在输入端 B 点加入 $f=1kHz$ 的正弦波信号，令 R_L 分别为 $1k\Omega$ 和空载，在输出信号 V_o 不失真的情况下，用交流毫伏表或示波器测出 V_o、V_{oL} 的值，计入表 5.7 中。

测量输入电阻时，在输入端 A 点加入 $f=1kHz$ 的正弦波信号，在输出信号不失真的情况下，用交流毫伏表或示波器测出 V_S、V_i 的值，填入表 5.7 中。

6)测量幅频特性

改变输入信号的频率(幅值不变)，用逐点法测出相应的输出电压 V_o 值，填入表 5.8中，据此测出上、下限频率。

表 5.7　输入电阻、输出电阻的相关参数测试

测试条件	R_L/Ω	V_o/V	V_{oL}/V	$R_o/k\Omega$	V_S/V	V_i/V	$R_i/k\Omega$
测量值	2k						
	∞						

表 5.8　输入信号频率对输出电压的影响

f/kHz					
V_o/V					

7)旁路电容 C_E对放大电路的影响

C_E对放大器的增益有很大影响，按表 5.9 所示条件进行测量，并在实验报告中简述原因。

表 5.9　旁路电容对增益的影响

测试条件		V_o/V	Av
保持最佳工作点，$R_L=\infty$、$Rs=0$	$C_E=47\mu F$		
	不接 C_E		

8)用 Multisim 仿真实验内容 3)和 7)

实验报告要求

(1)记录、整理实验结果，计算 R_i和 R_o，并把测量值与理论值做比较。

(2)回答实验思考题。

(3)根据测量结果得出结论。

(4)分析引起误差的原因及如何减小误差。

实验思考题

(1)调整静态工作点时，R_{B1}要用一固定电阻与电位器串联，而不能直接用电位器，为什么?

(2)若将 NPN 型三极管换成 PNP 型的，试问 V_{CC}及电容的极性应如何改动?

(3)在示波器上显示的 NPN 型和 PNP 型三极管放大器输出电压的饱和失真和截止失真波形是否相同?

实验 3　射极跟随器

实验预习

(1)复习射极跟随器的工作原理及电路参数的计算方法。

(2)根据图 5.13 所示元器件参数，估算静态工作点，画出交、直流负载线。

实验目的

(1)掌握射极跟随器的特性及测量方法。

(2)进一步学习放大器各项参数测量方法。

(3)掌握射极跟随器的工作原理。

实验器材

示波器、函数信号发生器、数字万用表、直流稳压电源、交流毫伏表、元器件若干。

实验原理

射极跟随器的原理如图 5.13 所示。电路信号由晶体管基极输入,发射极输出。由于其电压放大倍数接近于 1,输出电压具有随输入电压变化的特性,故称之为射极跟随器。该电路具有输入、输出信号同相、输入电阻高、输出电阻低等特点,适合作为多级放大器的输入、输出级。

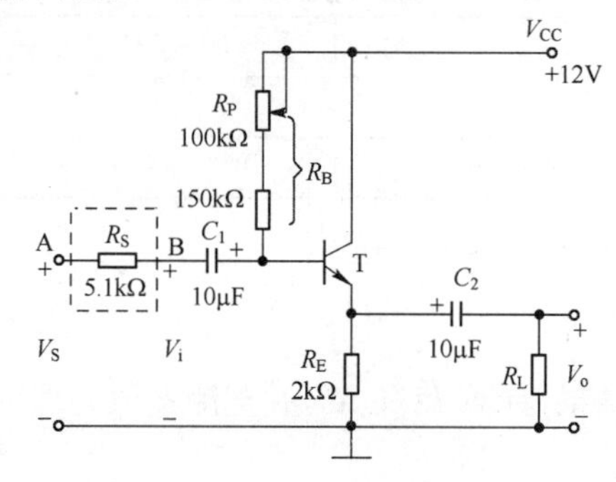

图 5.13 射极跟随器原理图

1)电压放大倍数

$$A_V = \frac{(1+\beta)(R_E//R_L)}{r_{be}+(1+\beta)(R_E//R_L)} \leqslant 1 \tag{5.1}$$

电压放大倍数的计算式(5.1)说明射极跟随器的电压放大倍数小于而接近于 1,且为正值,这是深度电压负反馈的结果。

2)输入电阻

$$R_i = R_B//[r_{be}+(1+\beta)(R_E//R_L)] \tag{5.2}$$

由式(5.2)可知射极跟随器的输入电阻比共射极单管放大器的输入电阻高得多,但由于偏置电阻的分流作用,输入电阻难以进一步提高。

输入电阻的测试方法同共射极单管放大器。

3)输出电阻

$$R_o = \frac{r_{be}}{\beta}//R_E \approx \frac{r_{be}}{\beta}$$

若考虑信号源内阻 R_S,则

$$R_o = \frac{r_{be}+(R_S//R_B)}{\beta}//R_E \approx \frac{r_{be}+(R_S//R_B)}{\beta} \tag{5.3}$$

由式(5. 3)可知,射极跟随器的输出电阻比共射极单管放大器的输出电阻低得多。

输出电阻的测试方法同共射极单管放大器。

4)电压跟随范围

电压跟随范围是指射极跟随器输出电压 V_o 跟随输入电压 V_i 作线性变化的区域。当 V_i 超过某一范围时,V_o 就不能跟随 V_i 作线性变化,即 V_o 波形会产生失真。为了使输出电压 V_o 达到电压幅度最大而且不失真,静态工作点应选在交流负载线的中点。测量时可直接用示波器读取 V_o 的峰峰值或用交流毫伏表读取 V_o 的有效值,即为电压跟随范围。

实验内容

1)静态工作点的调整

按 5. 13 图所示连接电路。将电源 +12V 接入电路,调节 R_P 使三极管 B 极对地电压 V_{BQ} 为 6. 7V。用万用表测量晶体管各极对地的电位,即为该放大器静态工作点,将所测数据填入表 5. 10 中。

表 5. 10　静态工作点的调测

V_E/V	V_B/V	V_C/V	$I_E=\frac{V_E}{R_E}$/mA

2)测量电压放大倍数 A_V

接入负载 $R_L = 1\text{k}\Omega$,在 A 点加入 $f = 1\text{kHz}$ 信号。调整信号发生器的输出信号幅度(此时偏置电位器 R_p 不能旋动),用示波器观察放大器 B 点输入波形和输出波形 V_L,在输出信号幅度最大且不失真的情况下,用示波器或交流毫伏表测 V_i 和 V_L 值,将所测数据填入表 5. 11 中。

表 5. 11　电压放大倍数的调测

V_i/V	V_L/V	$A_V = V_L / V_i$

3)测量输出电阻 R_o

接上负载 $R_L = 2\ \text{k}\Omega$,在 B 点加入 $f = 1\text{kHz}$、信号电压 $V_i = 100\text{mV}$ 的正弦波信号,用示波器观察输出波形,并测量放大器的输出电压 V_L 及负载 $R_L \to \infty$,即 R_L 断开时的输出电压 V_o 的值,则

$$R_o = (V_o/V_L - 1) \cdot R_L$$

将所测数据填入表 5. 12 中。

4)测量放大器输入电阻 R_i(采用换算法)

表 5.12 输出电阻 R_o 的参数测试

V_o/mV	V_L/mV	$R_o=(V_o/V_L-1)\cdot R_L$

在输入端A点和B点之间串入5.1kΩ的电阻 R_S，A点加入 f=1kHz 的正弦信号，用示波器观察输出波形，要求输出波形不失真并分别测量A、B点对地电压 V_S、V_i。则 $R_i=V_i/(V_s-V_i)\cdot R_S=R_S/(V_S/V_i-1)$，将测量数据填入表5.13中。

表 5.13 输入电阻的参数测试

V_S/mV	V_i/mV	$R_i=R_S/(V_S/V_i-1)$

5)测射极跟随器的跟随特性

接入负载 R_L= 2 kΩ 电阻，在A点加入 f =1kHz 的正弦信号，逐渐增大输入信号幅度 V_S，用示波器监视输出端的信号波形，在波形不失真时，测量所对应的 V_i 和 V_L 值，计算出 A_V，将所测的数据填入表5.14中。

表 5.14 射随器跟随特性的测试

	1	2	3	4
V_i/mV				
V_L/mV				
A_V				

6)测试频率响应特性

保持输入信号幅度 V_i 不变，改变信号发生器的频率(注意信号发生器的频率发生变化时，其输出电压也将发生变化)，用示波器监视输出波形，测量不同频率下的输出电压 V_L 值，并记录在表5.15中。

表 5.15 频率响应特性的测试

f /kHz	
V_L/mV	

实验报告要求

(1)绘出实验原理电路图，标明实验的元件参数值。

(2)回答实验思考题。

(3)整理实验数据，说明实验中出现的各种现象，得出有关的结论，画出必要的波形及曲线。

(4)将实验结果与理论计算比较，分析产生误差的原因。

实验思考题

(1)测量放大器的输入电阻时，如何改变基极偏置电阻 R_B 的值，使放大器的工作状态改变？对所测量的输入电阻值有何影响？

(2)如果改变外接负载R_L,问对所测量放大器的输出电阻有无影响?

(3)在图5.13中,能否用晶体管毫伏表直接测量R_S两端的电压,为什么?

实验4 场效应管放大器

实验预习

(1)复习理论教材中有关场效应管的部分内容,并分别用图解法与计算法估算场效应管的静态工作点,求出工作点处的跨导g_m。

(2)在测量场效应管静态工作电压V_{GS}时,能否用直流电压表直接并在G、S两端测量?为什么?

(3)为什么测量场效应管输入电阻时要用测量输出电压的方法?

实验目的

(1)了解结型场效应管的性能和特点。

(2)进一步熟悉放大器动态参数的测试方法。

实验器材

示波器、函数信号发生器、数字万用表、直流稳压电源、交流毫伏表、元器件若干。

实验原理

场效应管和晶体管放大电路工作机理不同,但两种器件之间存在电极对应关系,即栅极G对应基极B,源极S对应发射极E,漏极D对应集电极C,但晶体三极管是电流控制型器件,场效应管是电压型控制器件。按结构可分为结型和绝缘栅型两种类型。由于场效应管栅源之间处于绝缘或者反向偏置,所以输入电阻很高(一般可达到上百兆欧),又由于场效应管是一种多数载流子控制器件,因此热稳定性好,抗辐射能力强,噪声系数小。加之制造工艺简单,便于大规模集成,因此得到越来越广泛的应用。

图5.14所示为MOS型场效应管组成的共源级放大电路。通常场效应管的偏置电路形式有两种:自偏压电路和分压式自偏压电路。自偏压电路只适用于结型场效应管或耗尽型MOS管

$$V_{GSQ}=-I_{DQ}\cdot R_S$$

分压式自偏压电路既适用于增强型场效应管,也能用于耗尽型场效应管。栅极电压

$$V_{GQ}=\frac{R_{g2}}{R_{g1}+R_{g2}}\cdot V_{DD}$$

$$V_{GSQ}=-\left(I_{DQ}\cdot R-\frac{R_{g2}}{R_{g1}+R_{g2}}\cdot V_{DD}\right)$$

对场效应管放大电路静态工作点的确定,可以采用图解法或公式计算。图解法的原理和晶体管相似。用公式进行计算可通过特性方程

$$I_{DQ}=I_{DSS}\cdot\left(1-\frac{V_{GSQ}}{V_{GS(off)}}\right)^2$$

或

$$I_{DQ}=I_{D0}\cdot\left(\frac{V_{GSQ}}{V_{GS(th)}}-1\right)^2$$

由共源放大电路的微变等效电路可知

$$A_u=\frac{V_o}{V_i}=-g_m(R_D//R_L)$$

$$R_i=(R_{g1}//R_{g2})+R_{g3}$$

$$R_o=R_D$$

共源放大电路与共射电路形式相类似,只是共源放大电路的输入电阻要比共射电路的大得多(R_{gs}通常很大),故需要高输入电阻时多宜采用场效应管放大电路,如图5.14所示。

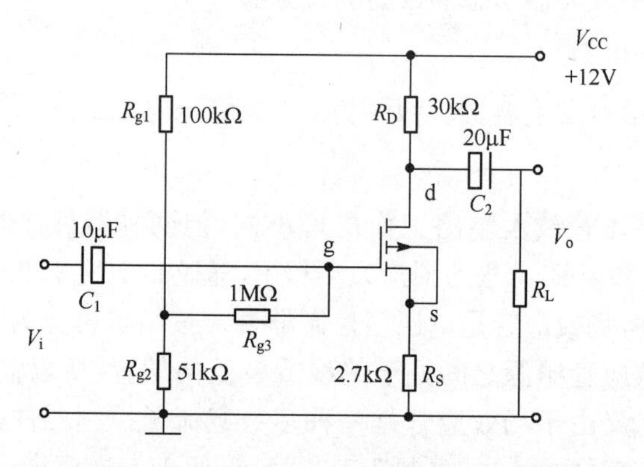

图5.14 结型场效应管共源极放大器

输入电阻的测量方法:

场效应管放大器的静态工作点、电压放大倍数和输出电阻的测量方法,与晶体管放大电路测量方法相同。其输入电阻的测量,从原理上讲,也可采用晶体管所述方法,但由于场效应管的R_i比较大,如直接测输入电压V_S和V_i,则限于测量仪器的输入电阻有限,必然会带来较大的误差。因此为了减小误差,常利用被测放大器的隔离作用,通过测量输出电压V_o来计算输入电阻,测量电路如图5.15所示。

在放大器的输入端串入电阻R,把开关K掷向位置1(即使$R=0$),测量放大器的输出电压$V_{o1}=A_VV_S$;保持V_S不变,把K掷向2(即接入R),测量放大器的输出电压V_{o2}。由于两次测量中A_V和V_S保持不变,故

$$V_{o2} = A_V \cdot V_i = \frac{R_i}{R+R_i} V_S \cdot A_V$$

由此可以求出

$$R_i = \frac{V_{o2}}{V_{o1} - V_{o2}} \cdot R$$

本实验中，R 和 R_i 不要相差太大，可取 $R = 100 \sim 200\text{k}\Omega$。

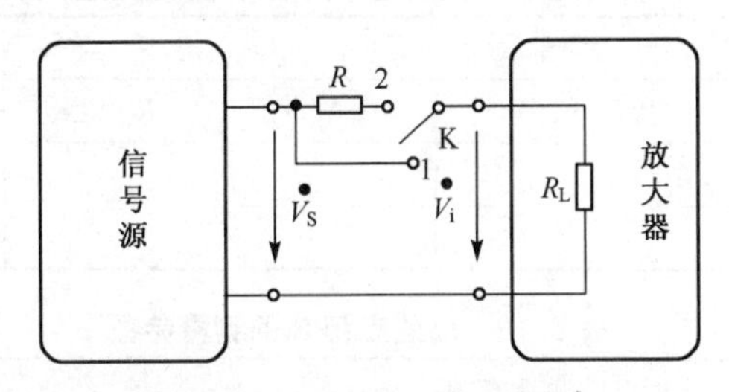

图 5.15 输出电压测量原理图

实验内容

1)静态工作点的测量和调整

按图 5.14 连接电路，场效应管管脚图如图 5.16 所示。将电源+12V 接上，在输入端加 $f=1\text{kHz}$ 正弦波信号，输出端用示波器监视，反复调整 R_{g2} 及信号发生器提供的信号幅度，用示波器观测放大器的输出信号，使输出信号在示波器屏幕上得到一个最大不失真波形，即为该场效应管的静态工作点。然后断开输入信号，用万用表测量管子的各参数，填入表 5.16 中。

图 5.16 场效应管管脚图

表 5.16 静态工作点的调测

测量值					
V_G/V	V_S/V	V_D/V	V_{DS}/V	V_{GS}/V	I_D/mA

2)电压放大倍数 A_V、输入电阻 R_i 和输出电阻 R_o 的测量

(1)A_V 和 R_o 的测量。

在放大器的输入端加入 $f=1\text{kHz}$ 的正弦信号 V_i(50～100mV)，并用示波器监视输出电压 V_o 的波形。在输出电压 V_o 没有失真的条件下，用示波器分别测量 $R_L=\infty$ 和 $R_L=10\text{k}\Omega$ 的输出电压 V_o(注意保持幅值不变)，然后根据共射极单管放大电路输出电阻的计算公式求出 R_o，将测量值和计算值填入表 5.17 中。

(2)R_i 的测量。

按图 5.13 所示改接实验电路，选择合适大小的输入电压 V_S(50～100mV)，将开关K掷向位置1,测出$R=0$时的输出电压V_{o1},然后将开关K掷向位置2(接入R),保持V_S不变,再测量出V_{o2},根据公式

$$R_i = \frac{V_{o2}}{V_{o1} - V_{o2}} \cdot R$$

求出R_i,填入表5.18中。

表5.17 场效应管A_V和R_o的测量参数

测量值					V_i和V_o波形
R_L	V_i/V	V_o/V	A_V	R_o/kΩ	
∞					
10kΩ					

表5.18 场效应管R_i的测量参数

测量值			计算值
V_{o1}/V	V_{o2}/V	R_i/kΩ	R_i/kΩ

3)用Multisim仿真所有实验内容

实验报告要求

(1)整理实验数据,将测量得的A_V、R_i、R_o和理论计算的值进行比较。

(2)把场效应管放大器与晶体管放大器进行比较,总结场效应管放大器的特点。

(3)分析测试中的问题,总结实验收获。

实验思考题

(1)场效应管放大电路与双极型晶体管放大电路比较,有什么优点?

(2)场效应管放大电路有哪几种基本的组态?

实验5 差动放大电路

实验预习

(1)掌握差分放大电路的组成、器件作用及工作原理。

(2)怎样进行静态调零?

(3)实验中如何获得双端和单端输入差模信号?如何获得共模信号?

实验目的

(1)加深对差动放大电路工作原理的理解,学习差动放大电路静态工作点的测试方法。

(2)了解差动放大电路零漂产生的原因及抑制零漂的方法。

(3)学习差动放大电路差模放大倍数、共模放大倍数和共模抑制比的测量方法。

实验器材

示波器、函数信号发生器、数字万用表、直流稳压电源、交流毫伏表、元器件若干。

实验原理

差动放大电路原理图如图 5.17 所示,可以将其看成是由两个电路参数相同的单管交流共射放大器组成的放大电路。差动放大电路对差模输入信号具有放大能力,而对共模输入信号和零点漂移具有很强的抑制作用。差模信号是指电路的两个输入端输入幅值相等、极性相反的信号,共模信号是指电路的两个输入端输入大小相等、极性相同的信号。

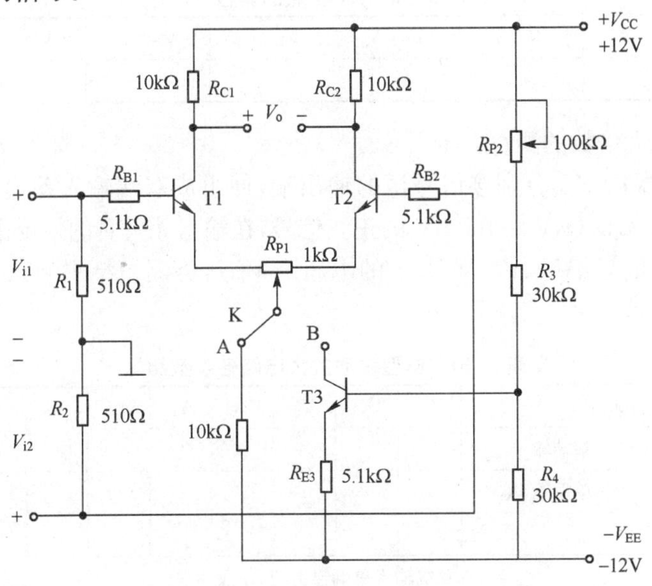

图 5.17　差动放大电路原理图

典型差动放大电路依靠发射极电阻 R_E 的强烈负反馈作用来抑制零点漂移。R_E 越大,其抑制能力越强,但 R_E 越大,就更需增加发射极的电压。为解决这一矛盾,在差动放大电路中常用晶体管组成的恒流源电路来代替电阻 R_E。如图 5.17 所示,当开关 K 打到 A 点时,就构成典型的差动放大电路;当开关 K 打到 B 点时,构成具有恒流源的差动放大电路,它用晶体管恒流源代替发射极电阻 R_E,可以进一步提高差动放大器抑制共模信号的能力。

差动放大电路的输入方式有单端输入和双端输入之分,输出方式有单端输出和双端输出之分。无论输入采用何种方式,其双端输出的差模放大倍数 A_d 都等于单管电压放大倍数,而单端输出的差模放大倍数等于双端输出的一半(空载时),共模放大倍数 A_c 在理想情况下为零,而实际中并不为零。

实验内容

1. 典型差动放大电路

1)静态工作点的调整与测量

将两个输入端的输入信号置为零,接通±12V 的直流电源,调节电位器 R_{P1} 使 $V_o=0$,即 $V_{C1}=V_{C2}$(用数字万用表直流电压挡测量),然后分别测量晶体管 T_1 和 T_2 的基极、发射极、集电极对地电压,并填入表 5.19 中。由于元件参数的离散,有的实验电路有可能最终只能调到 $V_{C1}\approx V_{C2}$。静态工作点调整得越对称,差动放大器的共模抑制比就越高。

表 5.19 静态工作点的调整与测量

参数	V_{B1}/V	V_{C1}/V	V_{E1}/V	V_{B2}/V	V_{C2}/V	V_{E2}/V
$R_E=10\text{k}\Omega$						

2)差模放大倍数的测量

(1)输入端 V_{i1}、V_{i2} 分别接信号源的输出端,便组成双端输入差模放大电路。调节信号源为 $f=1\text{kHz}$, $V_i=100\text{mV}$ 的正弦信号,在输出无失真的情况下,用交流毫伏表或示波器测量 V_o、V_{C1}、V_{C2} 及 R_E 上的电压降 V_{RE1},将测量结果填入表 5.20 中,并计算放大倍数 A_d。

表 5.20 典型差动放大电路各参数测量

1kHz,100mV		V_{C1}	V_{C2}	V_o	V_{RE1}	A_{d1}	A_{c1}	A_{d2}	A_{c2}	A_d	A_c
差模	双端输 入							/			
	单端输 入										
共模											
双端输入单端输出的 K_{CMR}=											

(2)将输入信号 V_{i1}(或 V_{i2})调为零,即组成单端输入差模放大电路,V_{i2}(或 V_{i1})接 $f=1\text{kHz}$, $V_i=100\text{mV}$ 信号,用交流毫伏表或示波器分别测量 V_o、V_{C1}、V_{C2} 及 R_E 上的电压降 V_{RE},计算放大倍数 A_d,并将结果填入表 5.20 中。

3)共模放大倍数的测量

将输入信号 V_{i1} 和 V_{i2} 的正端短接,信号源接入短接点和地之间,便组成共模放大电路,调节输入信号使 $f=1\text{kHz}$, $V_i=100\text{mV}$,在输出电压无失真的情况下,测量 V_{C1}、V_{C2} 和 V_{RE},计算放大倍数 A_c,并将结果填入表 5.20 中。

2. 具有恒流源的差动放大电路

将开关 K 拨向 B 点,不接信号源。

1)调平衡

将两个输入端短接并接地,调节 R_{P1} 和 R_{P2},使 $V_{C1}=V_{C2}$,并等于 $R_E=10k\Omega$ 时的 V_{C1} 值。

2)差模放大倍数的测量

将输入信号 V_{i1} 和 V_{i2} 的正端短接并接入 $f=1kHz$,$V_i=100mV$ 的输入信号,测量 V_{C1}、V_{C2} 和 V_{C3},计算放大倍数并填入表 5.21 中。

表 5.21　具有恒流源的差动放大电路参数的测量

1kHz,100mV	V_{C1}	V_{C2}	V_o	V_{C3}	A_{d1}	A_{c1}	A_{d2}	A_{c2}	A_d	A_c
差模输入										
共模输入										
双端输入单端输出 $K_{CMR}=$										

3)共模放大倍数的测量

按典型差模放大电路共模放大倍数测量的方法进行。

4)用 Multisim 仿真实验内容 2)

实验报告要求

(1)认真整理和处理实验数据,回答实验思考题。

(2)对实验结果进行理论分析,找出误差产生的原因,提出减小实验误差的措施。

(3)认真写出对本次实验的心得体会及意见,提出改进实验的建议。

实验思考题

(1)调零时,应该用万用表还是毫伏表来指示放大器的输出电压?

(2)差动放大器为什么具有高的共模抑制比?

实验 6　集成功率放大电路

预习内容

(1)仔细阅读实验原理中器件参数的介绍。

(2)估算本实验电路的相关参数值。

实验目的

(1)熟悉集成功率放大器的性能特点,并学会应用集成低频功放器件。

(2)掌握集成功放主要指标的测试方法。

实验器材

示波器、数字万用表、直流稳压电源、低频信号发生器、面包板、元器件若干。

实验原理

本实验由集成功率放大器 TDA2030 组成典型的 OTL 低频功率放大电路。实验电路如图 5.18 所示，其外形与引脚如图 5.19 所示。其中，脚 1——同相输入端；脚 2——反相输入端；脚 3——负电源供电端；脚 4——输出端；脚 5——正电源供电端。

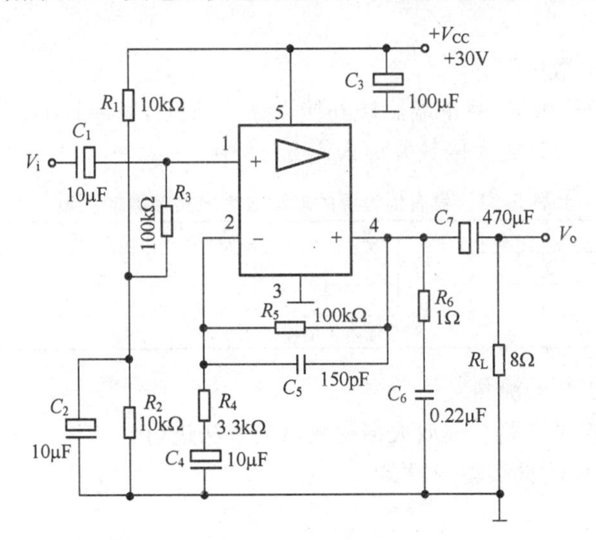

图 5.18 集成功率放大器实验电路图

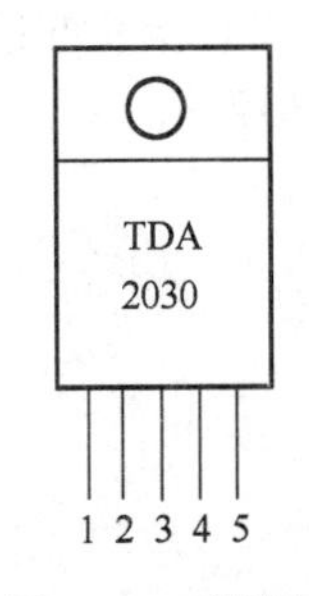

图 5.19 引脚图

集成功放 TDA2030 的电参数及极限参数分别如表 5.22 和表 5.23 所示。

该功率放大器的主要性能如下：

(1)额定输出功率。指在满足规定的非线性失真系数和频率特性指标下，功率放大器所能输出的最大功率。一般由低频信号发生器输入 1kHz 的正弦波信号，在非线性失真系数不超过规定值的情况下，尽量加大输入信号幅度，此时输出最大功率

$$P_o = V_o^2 / R_L$$

式中，R_L为负载值；V_o为负载上电压值。

(2)直流电源功耗。指功放在输出最大功率时的电源功耗

$$P_E = V_{CC} I_{DC}$$

式中，V_{CC}为直流供电电源电压；I_{dc}为输出最大功率时流过集成功放的平均电流值。

(3)效率 η。指功率放大器输出最大功率时，输出功率与直流电源功耗之比，用百分数表示

$$\eta = \frac{P_o}{P_E} \times 100\%$$

(4)频率响应。设定最大输出电压值为 0dB，改变输入信号频率，输出电压幅度下降 3dB 所对应的下限频率 f_L和上限频率 f_H。

表 5.22　TDA2030 的电参数

参数名称	符号	测试条件 $V_{CC}=\pm15V, R_L=8\Omega$	典型参数值
静态电流	I_{CC}/mA		40
偏置电流	$I_B/\mu A$		0.2
输入失调电压	V_{iO}/mV		±2
输入失调电流	I_{iO}/mA		±20
输出功率	P_o(W)	$\gamma=0.5\%$ $A_V=30dB$ $40Hz\leqslant f\leqslant15kHz$	9
谐波失真	$\gamma/\%$	$0.1W\leqslant P_o\leqslant8W$ $A_V=30dB$ $40Hz\leqslant f\leqslant15kHz$	0.1
输入灵敏度	S/mV	$P_o=8W$ $A_V=30dB$ $f=1kHz$	250
带宽(−3dB)	BW/Hz	$P_o=12W$ $A_V=30dB$ $R_L=4\Omega$	10～140000
输入电阻	R_i/MΩ	1 脚	5

表 5.23　TDA2030 的极限参数

极限参数(T_a=25℃)	额定值	单位
电源电压 V_{CC}	±18	V
输入电压 V_i	V_{CC}	V
输出峰值电流 I_{oM}	3.5	A
功耗(T=90℃)P_o	20	W
结温 T_j	−40～+150	℃
工作温度 T_{or}	−20～+75	℃
存放温度 T_s	−40～+150	℃

(5)非线性失真系数

$$\gamma=\frac{\sqrt{V_2^2+V_3^2+\cdots+V_n^2}}{V_1^2}$$

式中,V_1为输出电压的基波分量有效值,$V_2,V_3,\cdots,V_n$为二次、三次,…,n次谐波分量有效值。非线性失真可以用示波器来观察波形的失真,而γ值用失真度测量仪测量。

实验内容

(1)按图5.18所示接好实验电路,在输出端接上等效负载8Ω的电阻(相当于接一个8Ω的喇叭)。在输入端加上频率为1kHz的正弦波信号,在输出端用示波器观察波形。

(2)最大输出功率的测试。

当输入信号频率保持1kHz,幅度逐渐加大到输出电压波形开始有明显失真之前,读出此时输出电压V_o,读出直流电源供电的直流电流I_{dc},计算P_o、P_E和η。

(3)频率响应的测试。

为了防止在测试频率响应时受到非线性失真的影响,应将输入信号幅度降低,$V_i=100mV$,测出f_L与f_H。

附 HA1392集成功率放大器参考实验

本功率放大器采用HA1392集成功率放大器组成双通道集成功率放大器电路,实验板电路如图5.20所示。

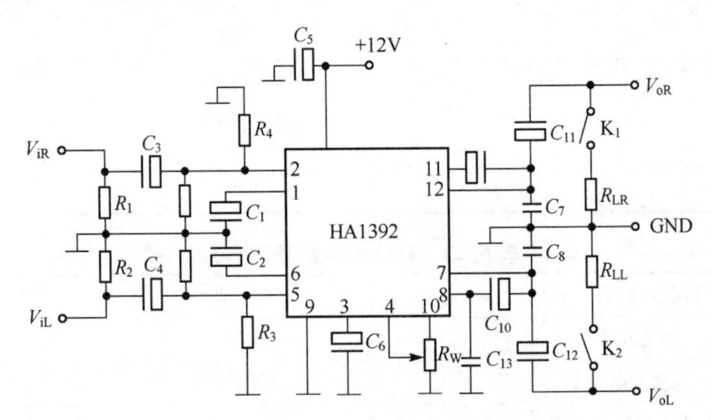

图5.20 HA1392实验板电路图

图5.20中所用元器件值

$$R_{W1}=4.7k\Omega,\quad R_{LR}=R_{LL}=8.2\Omega,\quad R_1=R_2=R_3=R_4=33k\Omega$$

$$C_1=C_2=C_6=C_9=C_{10}=100\mu F/16V,\quad C_3=C_4=10\mu F/16V$$

$$C_5=1000\mu F/25V, C_7=C_8=C_{13}=0.1F,\quad C_{11}=C_{12}=470\mu F/16V$$

HA1392是带静噪功能的双通道音频功率放大器,在电源电压15V和负载4Ω时单通道输出功率可达6.8W,其静态电流小,交越失真也小,其电压增益可通过外接电阻加以调节。HA1392既可接成双通道OTL电路,又可接成单通道BTL电路。

集成功放HA1392其外形与引出脚如图5.21所示。

HA1392的电性能参数和极限参数如表5.24及表5.25所示。

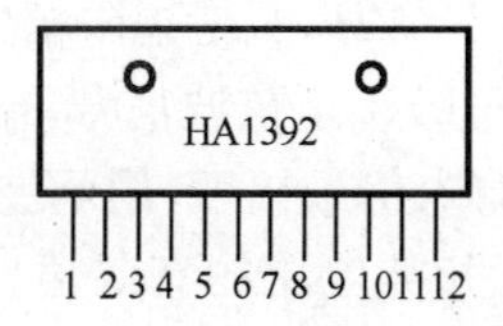

图 5.21　集成功放 HA1392 的引脚图

表 5.24　HA1392 电性能参数表

参数名称	符号	测试条件		参数值		
				最小	典型	最大
静态电流	I_{CC}/mA	$V_1=0$			36	60
偏置电流	I_B/μA	$V_1=1$				1.0
电压增益	G_u/dB	$V_1=46$dB		44	46	48
通道间增益差	ΔG_u/dB	$V_1=146$dB		3.8		±1.5
单通道输出功率	P_o/W	THD=10%	$V_\infty=12$V		4.3	
			$V_\infty=15$V		6.8	
谐波失真度	THD/%	$P_o=0.5$W			0.25	1.0
输出噪声电压	V_{NO}/mV	$R_W=10$kΩ, BW=20～20000Hz			0.4	1.0
电源纹波抑制比	R_{rr}/dB	$f=100$Hz,$V_{DD}=0$dB		40	44	
高音频转折频率	f_H/kHz	$V_1=-46$dB,$G_u=-3$dB		12	20	33
通道串音	CT/dB	$V_1=-46$dB			60	
静噪衰减	A_{cc}/dB	$I_{maxi}=5$mA,$V=-46$dB			60	

表 5.25　HA1392 的极限参数

极限参数($T_a=25$℃)	额定值	单位
电源电压 U_o	25	V
输出峰值电流 I_o	4	A
允许功耗 P_o	15	W
结温 T_j	150	℃
工作温度 T_{or}	−20～+75	℃
存放温度 T_s	−50～+125	℃

实验内容

1)噪声电压 V_N

即输入信号为零时,输出交流电压的有效值。测试方法为将两个通道的输入端与地短路,用毫伏表测量其两个通道的输出电压有效值。

2)最大不失真输出功率

$$P_{om} = V_{om}^2/R_l \text{(只考虑限幅失真)}$$

测试方法为在输入端加 $f=1\text{kHz}$ 正弦波信号，输出端接示波器或交流毫伏表，R_{W1}顺时针旋至最大，缓慢增加输入信号幅度，用示波器观察，当输出电压波形达到最大不失真时，用毫伏表测量正弦波电压的有效值，计算出最大不失真输出功率。（注：应顺时针将音量电位器调至最大）。

3)通道间功率增益差

表达式为

$$\Delta P_o = 10\lg (P_{lom}/P_{rom})$$

测试方法可根据两个通道的 P_{om} 来进行计算。

4)输入灵敏度 S

指最大不失真输出电压时用毫伏表测量其输入电压的有效值，即为输入灵敏度。

5)电压增益 A_u

指在通频带的中心频率附近，输出电压与输入电压之比。其表达式为

$$A_u = 20\lg (V_{om}/V_i)$$

根据定义，测量时电压增益可通过最大不失真输出电压 V_{om}与输入灵敏度之比得出。

6)输出电阻 R_o

输出电阻是用来衡量功率放大器负载特性的，可通过测量开路电压、带载电压及负载电阻来计算其表达式为

$$R_o = (V_{o\infty}/V_o - 1)R_L$$

测试方法为在不失真情况下，通过负载开关的合(on)和关(off)分别用毫伏表测量出 $V_{o\infty}$和 V_o电压的有效值。通过已知负载电阻 R_L(8.2Ω)来计算出 R_o。

7)频带宽度 B

定义为上限频率和下限频率的差，其表达式为

$$B = f_H - f_L$$

测量时首先给定通带中心频率 f_0附近一频率，如 $f=1\text{kHz}$，给一输入电压，该电压不能使输出失真，并记下此输入与输出电压。然后调节信号源将频率向低端变化，当输出电压为频率 $f=1\text{kHz}$ 时的输出电压的$\sqrt{2}/2$ 倍时，此时若输入电压保持不变，则信号源所对应的频率就是下限频率 f_L（一般 HA1392 的输入阻抗较高，故频率变化对输入信号幅度影响不大，若有变化，将输入电压调节到 $f=1\text{kHz}$ 时的输入电压，再调节频率使其为 $f=1\text{kHz}$ 时的输出电压的$\sqrt{2}/2$ 倍）。如将信号源频率升高，同理可测出上限频率 f_H。

8)通道分离度 S_{rp}

指某信道的输出电压 E_1与另一信道串到该信道输出电压之比，其表达式为

$$S_{rp} = 20\lg (E_1/\Delta E_1)$$

测量时本通道输入 $f=1\text{kHz}$ 的正弦波信号，将另一信道输入短路，测试该通道的输出电压 E_1。再将本信道的输入短路，另一信道加入 $f=1\text{kHz}$ 的正弦波信号，测量该信道串入本通道的输出电压 ΔE_1，根据公式算出 S_{rp}。

9)加音乐信号试听

在输入端分别加入立体声音乐信号，将负载开关分别置 off 位置。在输出端接上 8Ω 的音箱负载，将音量电位器逆时针旋到头，然后开启电源将音量电位器顺时针旋到适当位置上，用耳去听(注意，若负载开关在 on 的位置上，即加负载与音箱并联，会使音量下降；在输入端严禁用手触摸，这样会将感应信号加以放大产生很大的噪声)。

实验报告要求

(1)整理实验数据，并进行相应计算以得到各参数的值。

(2)回答实验思考题。

(3)对接不同负载所测量的数据进行分析，掌握功率放大与电压放大各自不同的特点及功率放大器对负载匹配的要求。

实验思考题

(1)在测量集成功放某一条件下的输出功率时，为什么要使输出达到最大不失真状态？

(2)是否负载上得到的电压越大功率也越大？得到的最大功率是什么？

实验 7　运算放大器的应用(Ⅰ)

预习要求

(1)复习理论教材中有关运算电路和波形产生电路的相关内容。

(2)掌握运算放大器的组成、原理及应用。

(3)计算实验内容中待测参数的理论值。

(4)为了不损坏集成电路，实验中应注意什么问题？

实验目的

(1)掌握用运算放大器组成比例、求和电路及波形产生电路的特点及性能。

(2)掌握各电路的工作原理、测试和分析方法。

实验器材

示波器、数字万用表、低频信号发生器、直流稳压电源、面包板、元器件若干。

实验原理

集成运算放大器是具有两个输入端、一个输出端的高增益、高输入阻抗和低输出阻抗的直流放大器，外接负反馈网络后能够完成各种不同的功能。例如，反馈网络为线性电路时，运算放大器能实现放大、加法、减法、微分和积分的功能；反馈网络为非线性电路时，可实现对数、乘法和除法等功能，还可组成各种波形产生电路，如正弦波、三角波、脉冲等。

使用运算放大器时必须注意调节零点和相位补偿。调零的目的是为了提高运算放大器的精度，消除因失调电压和失调电流引起的误差，保证运算放大器输入为零时，输出也为零。相位补偿是通过给具有补偿端的运算放大器增加一些元件，以改变其开环频率响应，使得在保证一定相位裕度的前提下，获得较大的环路增益。

多数情况下将运算放大器视为理想运算放大器，就是将运算放大器的各项技术指标理想化，满足下列条件的运算放大器称为理想运算放大器：失调与漂移均为零，开环电压增益 $A_{Vd}=\infty$，输入阻抗 $R_i=\infty$，输出阻抗 $R_o=0$，带宽 $f_{BW}=\infty$。

理想运算放大器在线性应用时的两个重要特点为：

(1)输出电压与输入电压之间满足关系式 $V_o=A_{Vd}(V_+-V_-)$，由于 $A_{Vd}=\infty$，而 V_o 为有限值，故 $V_+-V_-\approx 0$，即 $V_+\approx V_-$，称为虚短。

(2)由于 $R_i=\infty$，故流进运算放大器两个输入端的电流可视为零，即 $I_{IB}=0$，称为虚断。

这两个特点是分析运算放大器的基本原则，可简化运算放大器电路的计算。

1)反相比例运算

反相比例运算放大器如图5.22所示，输入信号 V_i 通过 R_1 加到运算放大器的反相输入端，同相输入端通过电阻 R_2 和 R_3 的并联接地(为了减小输入级偏置电流引起的运算误差)。电路的输出信号与输入信号之间的关系为

$$V_o=-\frac{R_f}{R_1}\cdot V_i$$

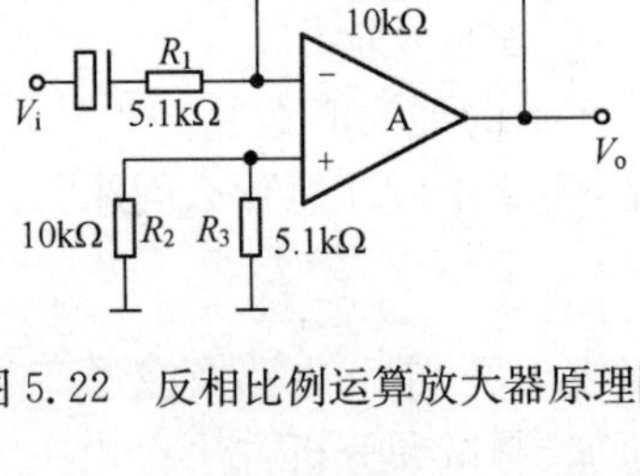

图5.22 反相比例运算放大器原理图

2)加法运算

加法运算电路如图5.23所示，输入信号 V_A 和 V_B 通过电阻 R_1 和 R_2 从反相输入端输入。根据叠加原理，得

$$V_o=-\left(\frac{R_f}{R_1}V_A+\frac{R_f}{R_2}V_B\right)$$

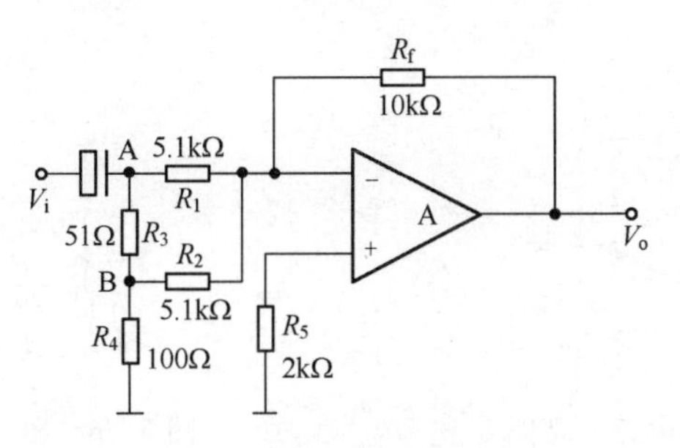

图 5.23 加法运算电路原理图

3)减法运算

减法运算电路如图 5.24 所示,输入信号 V_A 和 V_B 同时加到运放的反相端和同相端,即为差动运算放大器(减法器)。根据叠加原理,得

$$V_o = \frac{R_f}{R}(V_A - V_B)$$

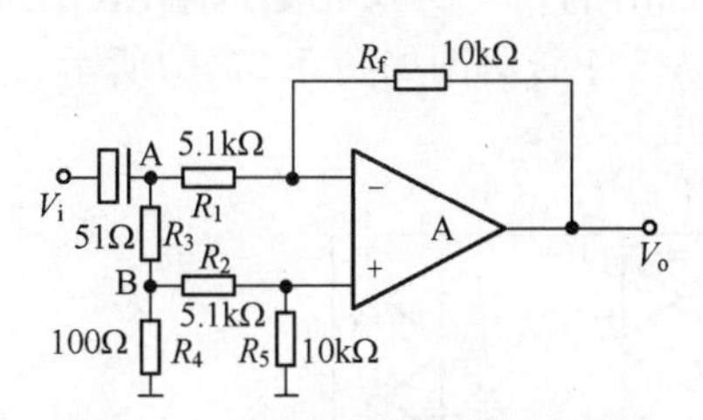

图 5.24 减法运算电路原理图

4)方波产生电路

实验电路如图 5.25 所示,其中 R_2 构成正反馈电路,把输出电压 V_o 的一部分反馈到同相输入端。R_1 和 C 组成积分电路,把输出电压 V_o 经 R_1 对 C 充电后的电压 V_C 反馈到反相输入端,这样运算放大器在电路中起电压比较器的作用。

由分析得方波发生器的频率为

$$f = \frac{1}{2R_f C\ln\left(1+\frac{2R_1}{R_2}\right)}$$

5) RC 正弦波振荡器

实验电路如图 5.26 所示,R_1、C_1 和 R_2、C_2 组成文氏桥振荡器中的串并联选频网络,D_1、D_2 为稳压二极管,R_3、R_W 组成负反馈回路。改变 R_W 可改变负反馈强弱,即调节放大器的放大倍数。

由分析得正弦波发生器的频率为

$$f = \frac{1}{2\pi RC}$$

式中

$$R = R_1 = R_2,\quad C = C_1 = C_2$$

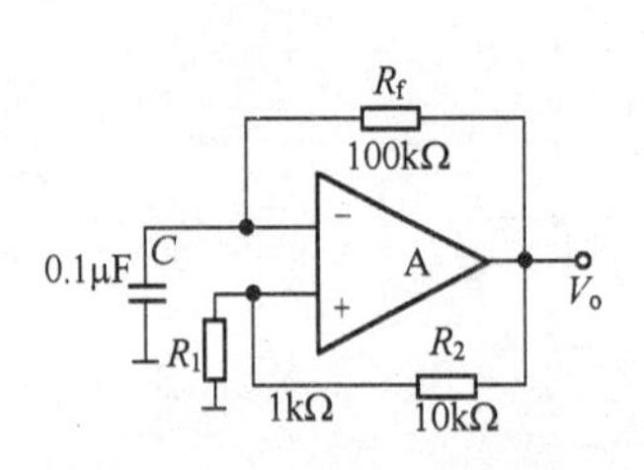

图 5.25 方波产生电路原理图

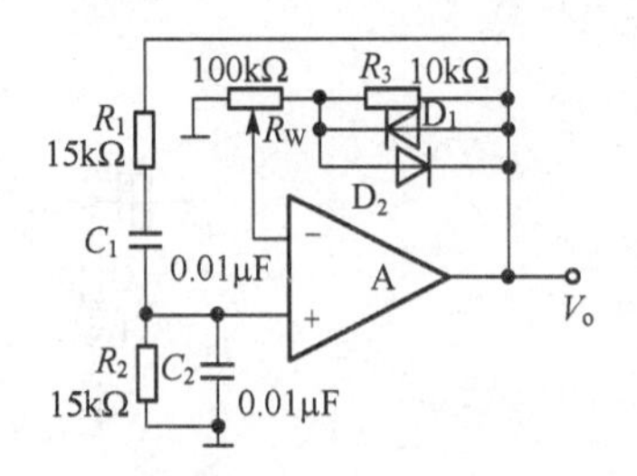

图 5.26 RC 正弦波振荡器原理图

附 LM324 参考实验

LM324 是四运放集成电路，采用 14 脚双列直插塑料封装，内部包含四组形式完全相同的运算放大器，除电源共用外，四组运放相互独立。

每一组运算放大器可用图 5.27(a)所示的符号来表示，它有三个引出脚，其中"V_o"为输出端，"＋"、"－"为两个输入端。"＋"为同相输入端，表示运算放大器输出端信号与输入端信号相位相同；"－"为反相输入端，表示运算放大器输出端信号与输入端信号相位相反。LM324 管脚图如图 5.27(b)所示。

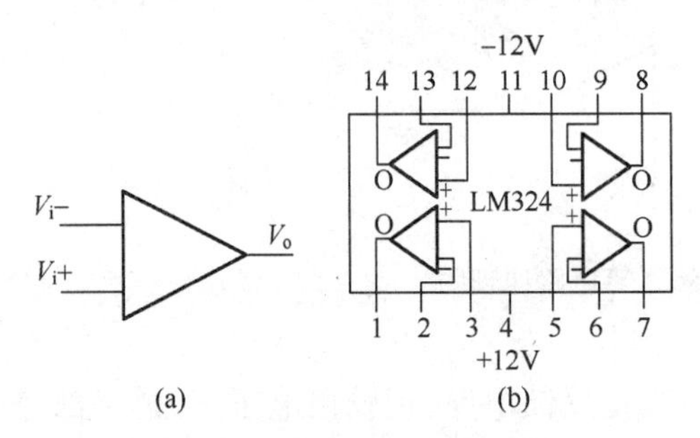

图 5.27 LM324 管脚图

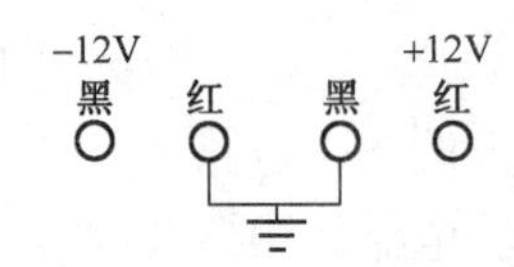

图 5.28 双电源接线法

由于 LM324 四运放电路具有电源电压范围宽、静态功耗小、价格低廉等优点，因此被广泛应用。

实验内容

1)比例器

实验电路如图 5.22 所示，连接好电路，将电源电压±12V 接入电路。按表 5.26 的内容进行测量并记录，V_i的频率为 1kHz。

2)加法运算

实验电路如图 5.23 所示，连接好电路，将电源电压±12V 接入电路，在电路的输入端加入 $f=1$kHz，幅度为一合适的值使 A 点电压分别为 0.3V、0.6V、0.9V。按表 5.27的内容进行测量并记录。

表 5.26　反相比例器测量结果

V_i/V		0.3	0.6	0.9
$V_o=-\frac{R_f}{R_1}\cdot V_i$	测量值			
	理论值			

表 5.27　加法运算测量结果

V_A/V		0.3	0.6	0.9
V_B/V				
$V_o=-\left(\frac{R_f}{R_1}V_A+\frac{R_f}{R_2}V_B\right)$	测量值			
	理论值			

3)减法运算

实验电路如图 5.24 所示，连接好电路，将电源电压±12V 接入电路，在电路的输入端加入 f=1kHz，幅度为一合适的值使 A 点电压分别为 0.3V、0.6V、0.9V。按表 5.28的内容进行测量并记录(表 5.28 中的表达式中 $R=R_1=R_2$)。

表 5.28　减法运算测量结果器

V_A/V		0.3	0.6	0.9
V_B/V				
$V_o=\frac{R_f}{R}(V_A-V_B)$	测量值			
	理论值			

4)方波发生器

实验电路如图 5.25 所示，连接好电路后，接通±12V 电源后，用示波器观察输出方波，测出其频率和幅度并记录。

f = ____________，$V_{p\text{-}p}$ = ____________。

5) RC 正弦波振荡器

实验电路如图 5.26 所示，连接好电路后，接通 ±12V 电源后，用示波器观察输出波形，测出其频率和幅度并记录。

f = ____________，$V_{p\text{-}p}$ = ____________。

6)用 Multisim 仿真实验内容 2)、3)和 5)

实验报告要求

(1)整理实验数据，并与理论值进行比较、分析和讨论，计算振荡器频率。

(2)回答实验思考题。

(3)用坐标纸描绘观察到的各个信号波形。

(4)写出实验心得体会。

实验思考题

集成运算放大器在运算放大器前，为什么要连接成闭环状态调零？可否将反馈支路电阻开路调零？

实验8 运算放大器的应用（Ⅱ）

实验预习

（1）复习理论教材中有关积分电路和微分电路的相关内容。

（2）掌握运算放大器的组成、原理及应用。

（3）掌握设计运算放大器信号运算电路的方法。

实验目的

（1）学会用运算放大器组成积分-微分电路。

（2）掌握积分-微分电路的特点和性能。

（3）进一步熟悉运算放大电路的工作原理。

实验器材

示波器、数字万用表、低频信号发生器、直流稳压电源、交流毫伏表、元器件若干。

实验原理

（1）图 5.29 所示为一积分电路，当运算放大器的开环增益足够大时，可认为

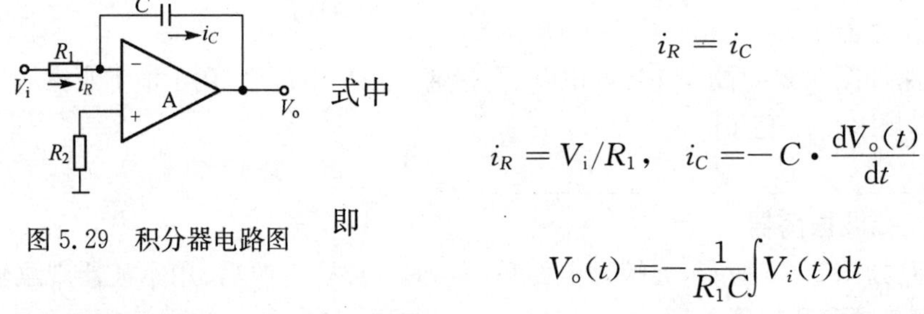

图 5.29 积分器电路图

$$i_R = i_C$$

式中

$$i_R = V_i/R_1, \quad i_C = -C \cdot \frac{dV_o(t)}{dt}$$

即

$$V_o(t) = -\frac{1}{R_1 C}\int V_i(t)\,dt$$

如果电容器两端的初始电压为零，则

$$V_o(t) = -\frac{1}{R_1 C}\int_0^t V_i(t)\,dt$$

上式表明，输出电压 V_o 为输入电压 V_i 对时间的积分，负号表示它们在相位上是反相的。

当输入信号 $V_i(t)$ 是幅度为 A 的阶跃信号时，在它的作用下，电容将以近似恒流方式进行充电，输出电压 $V_o(t)$ 与时间 t 呈近似线性关系，如图 5.30 所示。

$$V_o(t) = -\frac{1}{R_1 C}\int_0^t A\,dt = -\frac{1}{R_1 C}At = -\frac{1}{\tau}At$$

式中，$\tau = R_1C$ 为时间常数，由图 5.30 可知，当 $t = \tau$ 时，有 $V_o(t) = A$。

实际电路中，通常在积分电容两端并接反馈电阻 R_f，作为直流负反馈，目的是减小集成运算放大器输出端的直流漂移，但是 R_f 的存在将影响积分器的线性关系，所以 R_f 的取值应适当。

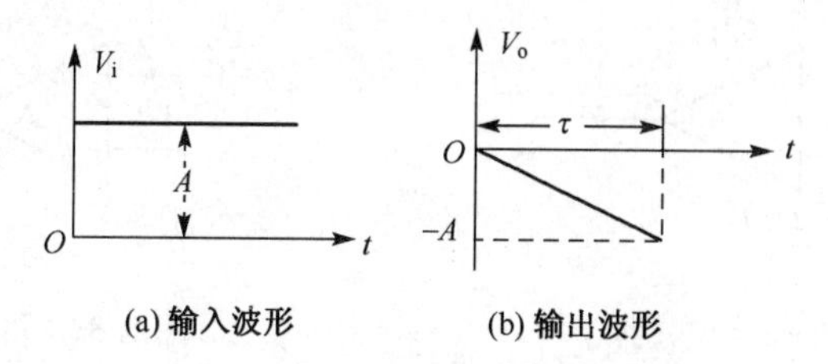

图 5.30　输入电压、输出电压波形图

(2)图 5.31 所示为一微分电路图，当运算放大器的开环增益足够大时，有

$$i_1(t) = C\frac{\mathrm{d}V_i(t)}{\mathrm{d}t}$$

$$i_1(t) = i_f(t)$$

$$V_o(t) = -R_f i_f(t) = -R_f C\frac{\mathrm{d}V_i(t)}{\mathrm{d}t}$$

上式表明输出电压与输入电压的微分关系。

当输入电压 $V_i(t) = A\sin\omega t$ 时，输出电压 $V_o(t) = A\cos\omega t$。

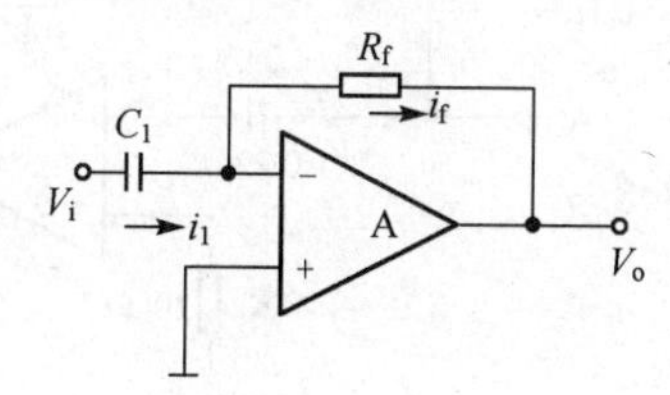

图 5.31　微分器电路图

实际电路中，常在 C 一端串入一电阻，在 R_f 两端并入一电容，解决直流漂移、高频噪声等问题。

实验内容

1)积分器

实验电路按图 5.32 连接。

(1)输入信号 V_i 为正弦信号，其峰峰值为 2V，频率分别为 100Hz、1kHz 时，用双踪示波器同时观察 V_i 和 V_o 的波形，记录 V_o 的幅度及其相对于 V_i 的相位。

(2)输入信号 V_i 为方波信号，其幅度值为 2V，频率为 200Hz 时，用双踪示波器同时观察 V_i 和 V_o 的波形并记录幅度值。

2)微分器

实验电路按图 5.33 连接,为了防止振荡及噪声,实际电路中附加 C_2。

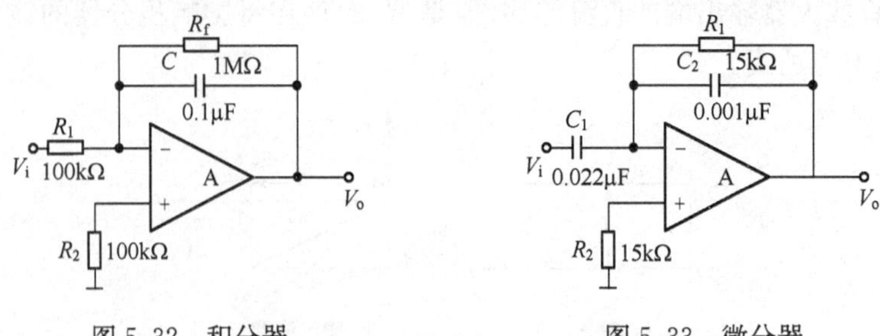

图 5.32　积分器　　　　图 5.33　微分器

(1)输入信号 V_i 为正弦信号,其峰峰值为 2V,频率分别为 100Hz、1kHz,用双踪示波器同时观察 V_i 和 V_o,记录 V_o 和 V_i 的波形及其相位关系。

(2)输入信号 V_i 为方波信号,其幅度值为 2V,频率为 200Hz 时,用双踪示波器同时观察 V_i 和 V_o 的波形并记录幅度值。

3)积分-微分电路

实验电路按图 5.34 连接,输入信号 V_i 为方波信号,其幅度值为 2V,频率为 200Hz,用双踪示波器同时观察 V_i 和 V_o 的波形并记录。

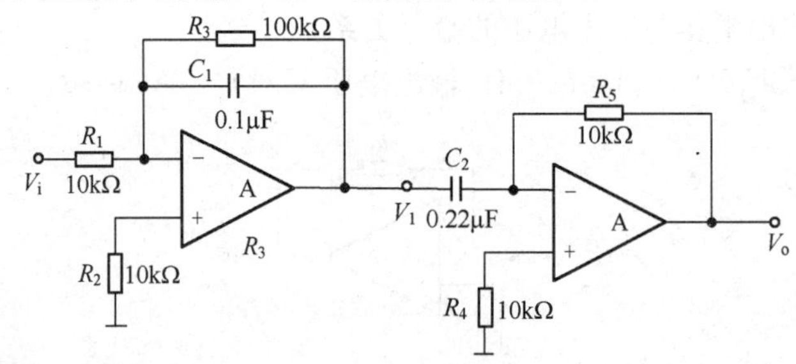

图 5.34　积分-微分实验电路图

4)用 Multisim 仿真所有实验内容

实验报告要求

(1)列表整理实验数据。

(2)用坐标纸描绘观察到的各个信号波形。

(3)回答实验思考题。

(4)写出实验心得体会。

实验思考题

(1)积分电路中,跨接在电容两端的电阻 R_1 起什么作用?

(2)在实际应用中,积分器的误差与哪些因素有关?

(3)产生输入失调电压和输入失调电流的原因有何不同?

实验9 比较电路

实验预习

(1)复习理论教材中有关比较器的内容,熟悉其工作原理及电路参数的计算方法。

(2)画出各类比较器的传输曲线。

实验目的

(1)了解单门限比较器、滞回比较器和窗口比较器的性能特点。

(2)学习比较器传输特性的测试方法。

(3)掌握比较器的电路构成及特点。

实验器材

示波器、数字万用表、低频信号发生器、直流稳压电源、交流毫伏表、元器件若干。

实验原理

电压比较器的功能是能够将输入信号与一个参考电压进行大小比较,并用输出的高(逻辑"1")、低(逻辑"0")电平来表示比较的结果。电压比较器的特点是电路中的集成运算放大器工作在开环或正反馈状态,输入和输出之间呈现非线性传输特性。这种工作在非线性特性下的运算放大器在数字技术和自动控制系统中得到广泛的应用,电压比较器可以组成非正弦波形变换电路(方波、三角波、锯齿波等),广泛应用于模拟与数字电路转换等领域。

单门限比较器只有一个阈值电压。阈值电压指输出由一个状态跳变到另一个状态的临界条件所对应的输入电压值。抗干扰能力一般,如果阈值电压等于零,单门限比较器就变为过零比较器,通常用于信号过零检测。

滞回比较器具有两个阈值电压,当输入逐渐由小增大或由大减小时,阈值电压是不同的。滞回比较器抗干扰能力比较强。

窗口比较器能检测输入电压是否在两个给定的参考电压之间,因而可以对落在范围以内的信号进行选择输出。

1)过零比较器

图5.35(a)所示为加限幅电路的过零比较器电路图。

当 $v_i > 0$ 时,$v_o = -(V_Z + V_D)$;

当 $v_i < 0$ 时,$v_o = +(V_Z + V_D)$。

其电压传输特性如图5.35(b)所示。

2)滞回比较器

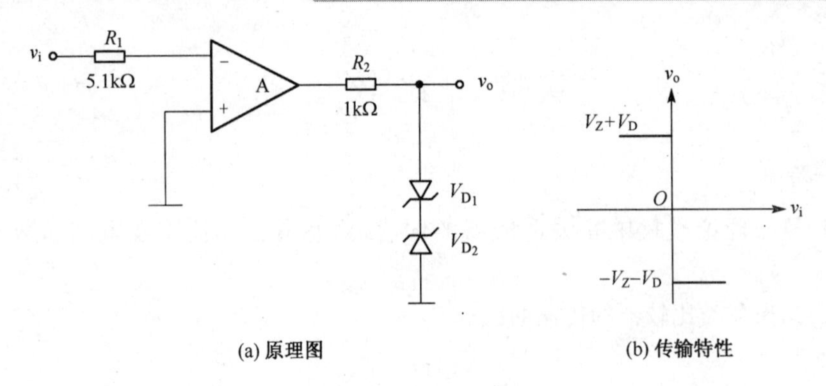

(a) 原理图　　(b) 传输特性

图 5.35　过零比较器

滞回比较器电路如图 5.36(a)所示。通过电阻 R_f 将输出电压反馈到同相输入端，从而引入了正反馈，使同相输入电压与输出电压相关，它具有上、下两个阈值电压。

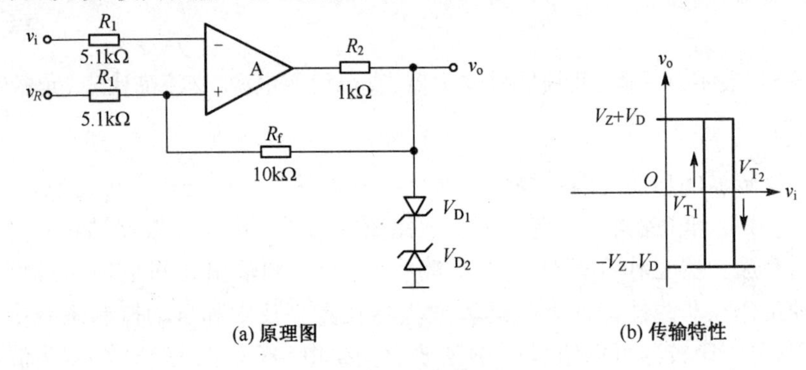

(a) 原理图　　(b) 传输特性

图 5.36　滞回比较器

上限阈值电压为

$$V_{T1}=\frac{R_f}{R_2+R_f}V_R-\frac{R_f}{R_2+R_f}(V_Z+V_D)$$

下限阈值电压为

$$V_{T1}=\frac{R_f}{R_2+R_f}V_R+\frac{R_f}{R_2+R_f}(V_Z+V_D)$$

其电压传输特性如图 5.36(b)所示。

3)窗口比较器

窗口比较器电路如图 5.37(a)所示，如果 $V_{RL}<v_iV_{RH}$，窗口比较器的输出电压 V_o 等于零，否则等于稳压管的稳定电压 V_Z。

其电压传输特性如图 5.37(b)所示。

实验内容

1)过零比较器

图 5.35(a)所示为过零比较器实验电路。

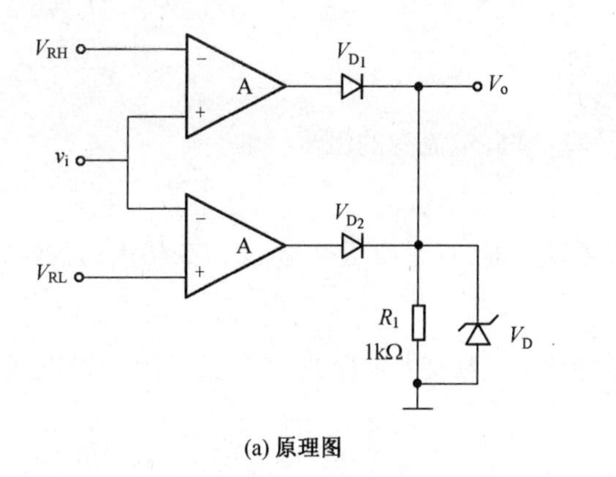

(a) 原理图

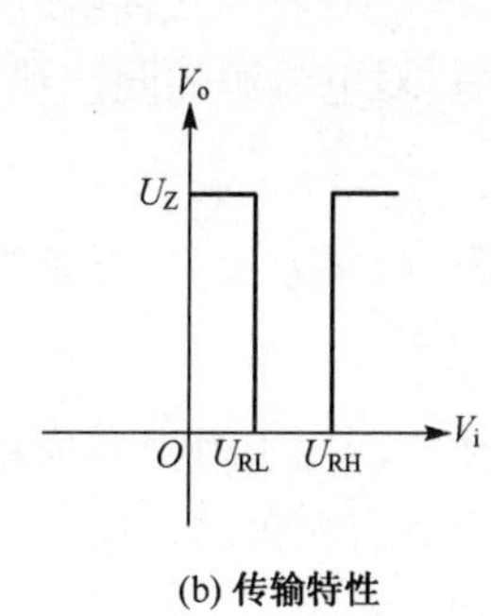

(b) 传输特性

图 5.37　窗口比较器

(1)当 $V_i = 0$ 时,用示波器测量 V_o 的值。

(2)当输入信号为 $V_i = 2V$ 、$f = 200Hz$ 的正弦信号,观测 V_i、V_o波形。

(3)V_i 输入直流电压,改变 V_i的电压值,测量对应的 V_o值,并绘出电压传输特性曲线。

2)滞回比较器

滞回比较器电路如图 5.36(a)所示。

(1)当 $V_R = 2V$,V_i输入直流电压,改变 V_i的电压值,测出 V_o由 $+V_{OM} \rightarrow -V_{OM}$ 时 V_i 的临界值。同时测出 V_o由 $-V_{OM} \rightarrow +V_{OM}$ 时 V_i的临界值,并绘出电压传输特性曲线。

(2)当 $V_R = 0$ 时,重复步骤(1)。

实验报告要求

(1)用坐标纸描绘观测到的各个信号波形和传输特性曲线。

(2)将各个实验结果进行分析讨论。

(3)回答实验思考题。

(4)写出实验心得体会。

实验思考题

(1)比较器是否需要调零?为什么?

(2)将图 5.35(a)中运算放大器的反向输入端接地,同向输入端接 V_i,绘出其传输特性。

实验 10　电流源电路

实验预习

(1)复习理论教材中电流源电路的相关内容。

(2)复合结构的电路有什么优缺点。

实验目的

(1)了解电流源的几种组成形式。

(2)通过对电流源的测试和计算,掌握电流源的恒流特性。

实验器材

示波器、数字万用表、低频信号发生器、直流稳压电源、交流毫伏表、元器件若干。

实验原理

电流源广泛用于模拟集成电路中,它为放大电路提供了稳定的偏置电流,也可以作放大器的有源负载。

1)镜像电流源

镜像电流源的电路原理图如图5.38所示。由于T_1、T_2两管参数完全一致,所以$V_{BE1}=V_{BE2}$,$I_{E1}=I_{E2}$,$I_{C1}=I_{C2}$,当β值较大时,I_{B1}可以忽略,则

$$I_{C2}\approx I_{ref}=\frac{V_{CC}-V_{BE}}{R_{ref}}\approx\frac{V_{CC}}{R_{ref}} \tag{5.4}$$

由式(5.4)可知,若R_{ref}确定,I_{ref}就确定了,I_{C2}也就随之而定,于是I_{C2}是I_{ref}的镜像。此外,T_1管对T_2管具有温度补偿作用,从而I_{C2}的温度稳定性也较好。镜像电流源适用于较大工作电流场合。

2)带缓冲级的镜像电流源

带缓冲级的镜像电流源电路原理如图5.39所示。当T_1、T_2两管β值不够大时,I_{C2}与I_{ref}就存在一定的差别。为了弥补这一缺陷,在电路中增加一个三极管T_3,利用T_3的电流放大作用,减小了I_{B1}对I_{ref}的分流作用,从而提高了I_{C2}与I_{ref}互成镜像的精度。为了避免T_3的电流过小而使β_3下降,在T_3的发射极加了一个电阻R_E,使I_{E3}增大。

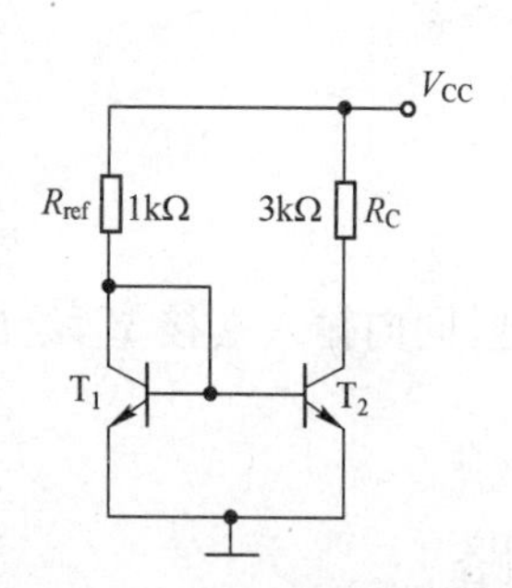

图5.38 镜像电流源原理图

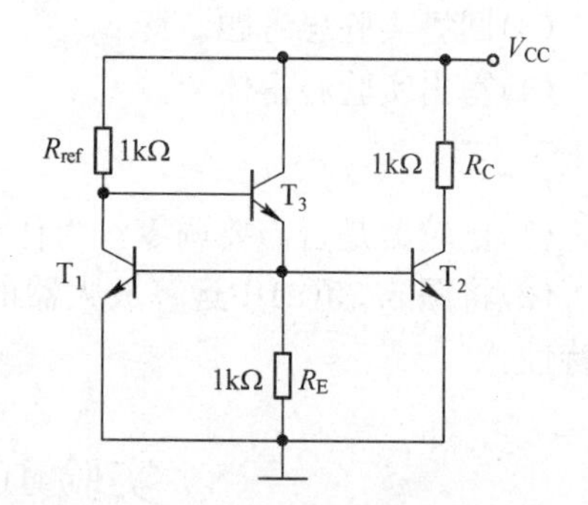

图5.39 带缓冲级的镜像电流源原理图

3)微电流源

微电流源的电路如图5.40所示,与图5.38相比,在T_2的发射极串入电阻R_{E2},则I_{C2}可确定为

$$V_{BE1} - V_{BE2} = \Delta V_{BE} = I_{E2} \cdot R_{E2}$$

$$I_{C2} \approx I_{E2} = \frac{\Delta V_{BE}}{R_{E2}}$$

由于 ΔV_{BE}很小，所以若电阻 R_{E2}阻值不大便可获得微小的工作电流，所以称为微电流源。

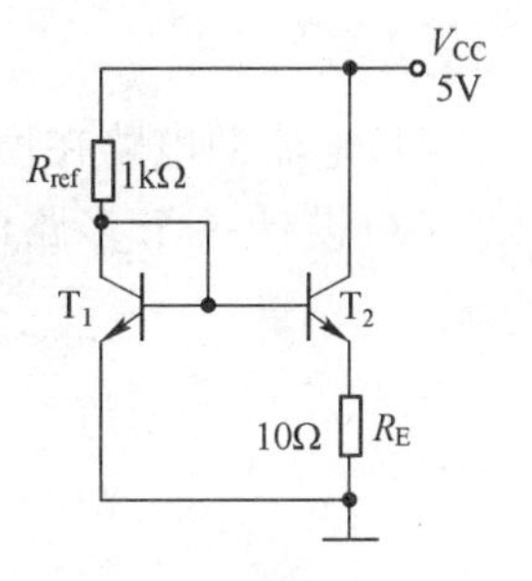

图 5.40　微电流源原理图

实验内容

1)镜像电流源的参数测试

按图 5.38 所示连接电路，V_{CC}=5V，改变 T_2 负载 R_C的值分别为 510Ω、1kΩ、2kΩ、3kΩ，用万用表直流电压挡间接测量，然后计算出 I_{C2}和 I_{ref}的值，填入表 5.29 中。

表 5.29　镜像电流源的参数测试结果

R_C/Ω	510	1k	2k	3k
I_{C2}/A				
I_{ref}/A				

2)带缓冲级的镜像电流源的参数测试

按图 5.39 所示连接电路，V_{CC}=5V，改变 T_2 负载 R_C的值分别为 510Ω、1kΩ、2kΩ、3kΩ，用万用表直流电压挡间接测量，然后计算出 I_{C2}和 I_{ref}的值，填入表 5.30 中。

表 5.30　带缓冲级的镜像电流源的参数测试结果

R_C/Ω	510	1k	2k	3k
I_{C2}/A				
I_{ref}/A				

3)微电流源的参数测试

按图 5.40 所示连接电路，分别改变 V_{CC}、R_{E2}、R_{ref}的值，测量并计算 I_{C2}和 I_{ref}的值，填入表 5.31 中(默认 V_{CC}=15V、R_{E2}=51Ω、R_{ref}=1kΩ)。

表 5.31　微电流源的参数测试结果

	V_{CC}=5V	V_{CC}=15V	R_{E2}=10Ω	R_{E2}=51Ω	R_{ref}=1kΩ	R_{ref}=3kΩ
I_{C2}/A						
I_{ref}/A						

实验报告要求

(1)将各个实验结果进行分析讨论。

(2)回答实验思考题。

(3)写出实验心得体会。

实验思考题

(1)电流源电路在模拟集成电路中起什么作用?

(2)设计一个多路电流源,使得当 I_{ref} 确定后,可以获得不同比例的多路输出电流。

实验11 负反馈放大电路

实验预习

(1)复习理论教材中有关负反馈放大器的内容。

(2)估算实验原理图中负反馈放大电路的静态工作点($\beta_1 = \beta_2 = 100$)。

(3)各指标参数的估算。

实验目的

(1)掌握负反馈放大器性能指标的调节和测试方法。

(2)加深对负反馈对放大器放大特性的理解。

实验器材

示波器、数字万用表、直流稳压电源、低频信号发生器、交流毫伏表、元器件若干。

实验原理

负反馈放大电路由主网络(即无反馈的放大器)和反馈网络组成。反馈网络的作用是把输出信号(电压或电流)的全部或一部分反馈到信号的输入端。如果反馈信号削弱了原输入信号,则为负反馈。负反馈的引入影响了放大电路的性能,它降低了放大倍数,提高了放大电路的稳定性,改变了输入和输出阻抗,展宽了通频带,改善了输出波形。

观察放大器输出回路,若反馈网络从输出端引出,反馈信号正比于输出电压,则为电压负反馈,它能降低输出电阻。若反馈网络不从输出端引出,反馈信号正比于输出电流,而与输出电压无关,则为电流负反馈,它提高了输出电阻。观察放大器输入回路,若反馈网络直接并联在输入端,则为并联负反馈(它能降低输入电阻)。否则,为串联负反馈(它能提高输入电阻)。负反馈分为电压串联反馈、电压并联反馈、电流串联反馈和电流并联反馈。

本实验研究的是电压串联负反馈,如图 5.41 所示,放大器由于引入了电压串联负反馈,故输入电阻增加,输出电阻减小。

图 5.41 中 T_1、T_2 组成两级电压放大器,并以 RC 方式耦合。在电路中通过 R_f 把输出电压 V_o 引回到输入端,加在晶体管 T_1 的发射极上,在发射极电阻 R_{F1} 上形成反馈电压 V_f。类似于晶体管放大电路,负反馈放大电路也是应用晶体管的电流放大

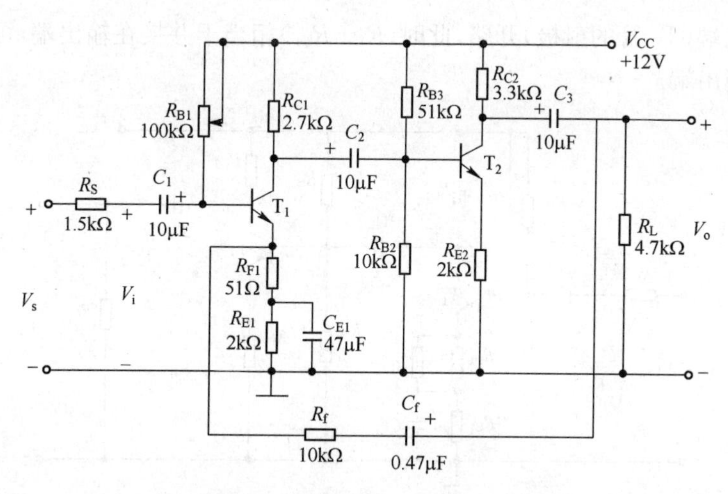

图 5.41 负反馈放大器实验电路

作用来放大信号，由于两次反相，所以输出电压与输入电压同相，R_f、C_f支路引入交流电压串联负反馈，用于改善放大器的性能。

主要性能指标

(1)闭环电压放大倍数

$$A_{Vf}=\frac{A_V}{1+A_VF_V}$$

式中，$A_V=V_o/V_i$ 为基本放大器(无反馈)的电压放大倍数，即开环电压放大倍数；$1+A_VF_V$ 为反馈深度，它的大小决定了负反馈对放大器性能改善的程度。

(2)反馈系数

$$F_V=\frac{R_{F1}}{R_{F1}+R_f}$$

(3)输入电阻

$$R_{if}=(1+A_VF_V)R_i$$

式中，R_i为基本放大器的输入电阻。

(4)输出电阻

$$R_{of}=\frac{R_o}{1+A_{Vo}F_V}$$

式中，R_o为基本放大器的输出电阻；A_{Vo}为基本放大器输出空载时的电压放大倍数。

本实验还需要测量基本放大器的动态参数，怎样实现无反馈而得到基本放大器呢？不能简单地断开反馈支路，而是要去掉反馈作用，但又要把反馈网络的影响(负载效应)考虑到基本放大器中去。

(1)在画基本放大器的输入回路时，因为是电压负反馈，所以可将负反馈放大器的输出端交流短路，即令 $V_o=0$V，此时 R_f相当于并联在 R_{F1}上。

(2)在画基本放大器的输出回路时，由于输入端是串联负反馈，因此须将反馈放大器的输入端(T_1 管的射极)开路,此时(R_f+R_{F1})相当于并接在输出端,可近似认为 R_f并接在输出端。

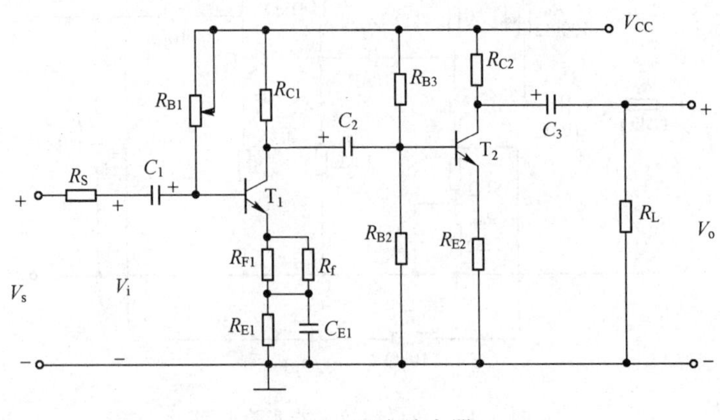

图 5.42 基本放大器

实验内容

1)静态工作点的测量

按图 5.41 所示连接电路,使 $V_{CC}=12V$,$V_i=0$。调节 R_{B1}使 $V_{C1}=9V$。用万用表直流电压挡分别测出三极管 T_1 和 T_2 三个管脚对地的电压 V_{B1}、V_{C1}、V_{E1}和 V_{B2}、V_{C2}、V_{E2},并记入表 5.32 中。

表 5.32 电压串联负反馈放大电路静态工作点的测量

	V_B/V	V_C/V	V_E/V
三极管 T_1			
三极管 T_2			

2)观测负反馈对电路电压放大倍数的影响

(1)按图 5.42 连接电路,即将反馈电阻 R_f并接到 R_{F1}两端,则得到无反馈的基本放大电路。

(2)在输入端加入 $f=1kHz$,$V_i=100mV$ 的正弦信号,用示波器观察输出电压信号,在保证输出信号不失真的条件下,对基本放大电路的动态参数进行测量,并将结果计入表 5.33 中。

(3)按图 5.41 连接电路,得到电压串联负反馈放大电路,在输入信号不变、输出信号不失真的情况下,对反馈放大电路的动态参数进行测量,并将结果填入表 5.33 中。

3)观测负反馈对电路输入电阻的影响

(1)基本放大电路。

按图 5.42 连接电路,测出此时的输出电压 V_o。然后在输入端串联 $R_S=1.5k\Omega$

的电阻，并增大输入信号使 V_o等于未加入 R_S时的值，用示波器或交流毫伏表测出此时输入端的信号 V_S、V_i的值，填入表 5.34 中。

表 5.33　加入负反馈前后电压放大倍数的变化

	V_i/mV	V_o/mV	A_V
基本放大器			
负反馈放大器			

(2)负反馈放大电路。

按图 5.41 连接电路，记下此时的输出电压 V_o，然后在输入端串联 $R_S=1.5\text{k}\Omega$ 的电阻，并增大输入信号使输出电压等于未加入 R_S时的值 V_o，用示波器或交流毫伏表测出此时输入端的信号 V_S、V_i的值，填入表 5.34 中。

表 5.34　负反馈对电路输入电阻的影响

	V_S/mV	V_i/mV	R_i/kΩ
基本放大器			
负反馈放大器			

注意　R_i 的计算方法与共射极单管放大电路中 R_i 的求法相同。

4)观测负反馈对电路输出电阻的影响

(1)先使电路接成无反馈的基本放大电路(即按图 5.42 所示连接电路)，在输入端加入 $V_i=100\text{mV}$、$f=1\text{kHz}$ 的正弦信号，测出输出电压 V_{oc}(用示波器或交流毫伏表)，再使输出端接入 $R_L=4.7\ \text{k}\Omega$ 的负载电阻，测出输出电压 V_{oL}，填入表 5.35 中。

(2)再使电路接成带负反馈的放大电路(按图 5.41 所示连接电路)，在输入端加入$V_i=100\text{mV}$、$f=1\text{kHz}$ 的正弦信号，分别测出空载和带载 4.7kΩ 时的输出电压 V_{oc} 和 V_{oL}，计入表 5.35 中。

表 5.35　负反馈对电路输出电阻的影响

	V_{oc}/mV	V_{oL}/mV	R_o/kΩ
基本放大器			
负反馈放大器			

注意　R_o 的计算方法与共射极单管放大电路中 R_o 的求法相同。

5)观察负反馈对输出波形失真的影响

(1)按图 5.42 所示连接电路，增大输入信号的幅度直至输出电压波形产生失真，用示波器观测输出电压 V_o。

(2)按图 5.41 所示连接电路，观察失真波形 V_o有何变化，并绘出前后两种波形作一比较。

6)用Multisim仿真加入反馈前后放大器增益、输入电阻、输出电阻的变化

实验报告要求

(1)整理实验数据,并按要求填入相应的表格中。

(2)分析加入负反馈前后电路参数的变化,总结负反馈对放大器性能的影响,并与理论值相比较,分析测量结果的正确性。

实验思考题

(1)负反馈的加入可以使某些参量得到稳定,而另一些参量则是条件稳定量,在以上实验中应如何验证条件稳定量?如何研究温度变化对放大器性能指标的影响?

(2)调试中发现哪些元件对放大器的性能影响最明显?为什么?

(3)负反馈对放大器性能的改善程度取决于反馈深度,反馈深度是不是越大越好?为什么?

实验12 *RC*有源滤波电路

实验预习

(1)复习教材中有关滤波器的内容。

(2)分析实验电路图5.44和图5.45,写出它们的增益特性表达式。

(3)讨论计算实验电路图5.44、图5.45的截止频率,以及图5.46所示电路的中心频率。

(4)画出实验内容中三个电路的幅频特性曲线。

实验目的

(1)熟悉*RC*有源滤波器的构成及其特性。

(2)学会测量*RC*有源滤波器幅频特性。

实验器材

示波器、数字万用表、直流稳压电源、低频信号发生器、交流毫伏表、元器件若干。

实验原理

滤波器的功能是让一定频率范围内的信号通过,抑制或急剧衰减此频率范围外的信号。根据对频率范围的选择不同,可分为低通、高通、带通和带阻4种滤波器,它们的幅频特性如图5.43所示。

具有理想幅频特性的滤波器是很难实现的,只能用实际的幅频特性去逼近理想的。一般来说,滤波器的幅频特性越好,其相频特性越差,反之亦然。集成运算放大器单纯由*RC*元件组成的滤波器称为无源滤波器,*RC*元件和集成运算放大器一起组成了有源滤波器。在有源滤波器中集成运算放大器起着放大的作用,大大提高了电

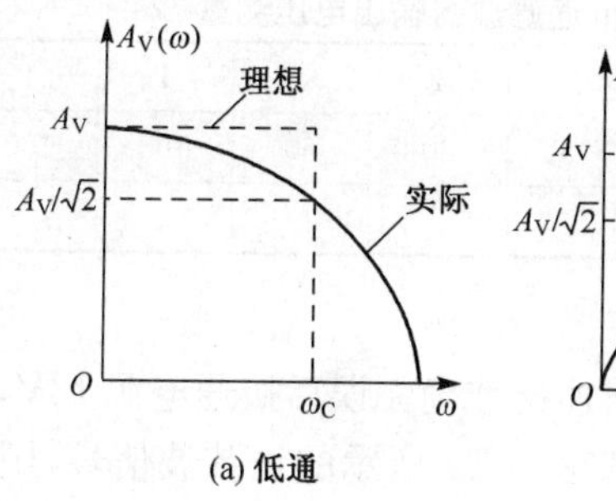

(a) 低通

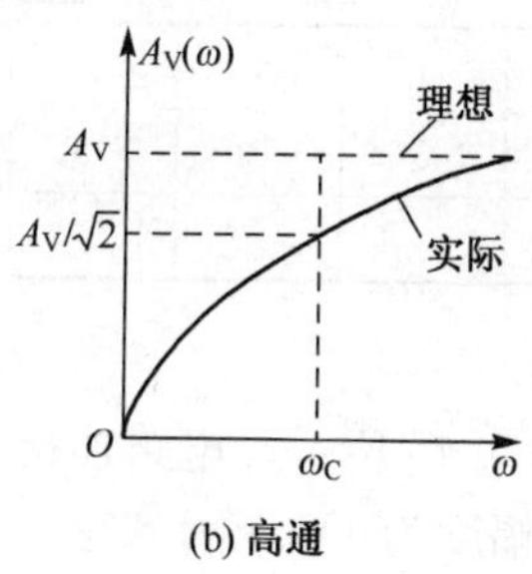

(b) 高通

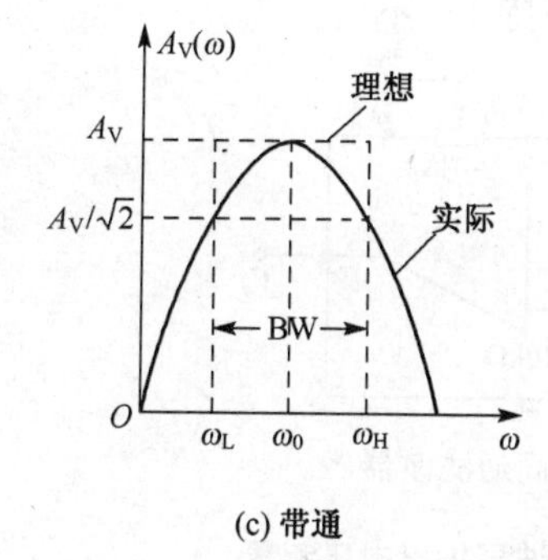

(c) 带通

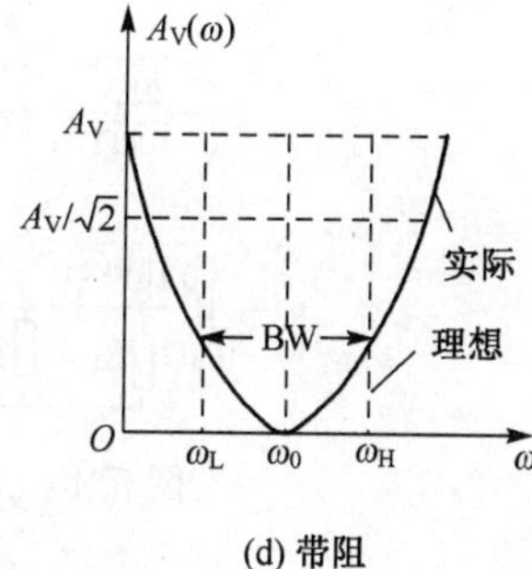

(d) 带阻

图 5.43　滤波器的幅频特性

路的增益。因集成运算放大器的输入阻抗高，输出阻抗很低，增强了电路的带负载能力，有源滤波器中的集成运算放大器是作为放大元件，所以应工作在线性区。

实验内容

1)低通滤波器

实验电路如图 5.44 所示，电路连接准确无误后接通电源 12V，将信号发生器接入 V_i，并使其输出幅度为 1V、频率按表 5.36 所示的正弦波信号，用毫伏表测量相应的输出电压 V_o，并填入表 5.36 中。注意，当频率发生变化时，要用毫伏表监测信号发生器的输出信号，使之幅度保持 1V 不变。

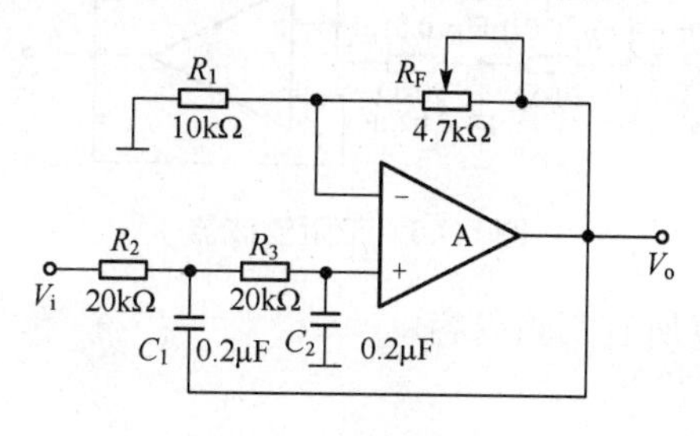

图 5.44　低通滤波器

表 5.36 低通滤波器输出电压测量

V_i/V	1	1	1	1	1	1	1	1	1
F/Hz	5	10	15	30	60	100	150	200	300
V_o/V									

2)高通滤波器

实验电路如图 5.45 所示。电路连接准确无误后接通电源 12V,将信号发生器接入 V_i,并使其输出幅度为 1V、频率按表 5.37 所示的正弦波信号,用毫伏表测量相应的输出电压 V_o,并填入表 5.37 中。

注意 信号发生器输出信号的幅度保持 1V 不变。

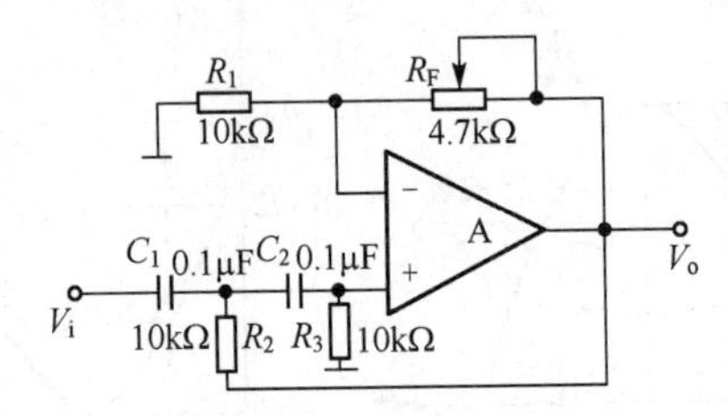

图 5.45 高通滤波器

表 5.37 高通滤波器输出电压测量

V_i/V	1	1	1	1	1	1	1	1	1
F/Hz	10	16	50	100	130	160	200	300	400
V_o/V									S

3)带阻滤波器

实验电路如图 5.46 所示,电路连接准确无误后,先实测电路的中心频率。测出中心频率后,依照前面的方法,以实测的中心频率为中心测出电路的幅频特性。将结果填入自己设计的表格。

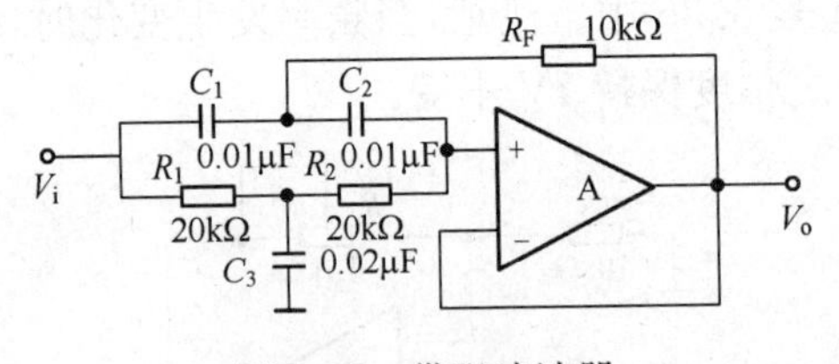

图 5.46 带阻滤波器

4)用 Multisim 仿真所有实验内容

实验报告要求

(1)总结、整理实验数据。

(2)进行误差分析和实验现象分析。

(3)回答实验思考题。

(4)总结本次实验的收获体会。

实验思考题

(1)简述集成运算放大器故障的判断方法。

(2)在本次实验中,若集成运算放大器不工作将产生什么现象?为什么?

第6章 综合设计类实验

6.1 设计举例

综合设计类实验是基础实验的扩展和延伸，是对学生分析解决复杂问题的综合能力进行培养的重要途径。综合设计性实验一般要求学生根据指定的条件或器件，设计出满足性能指标的电路，并能自行搭建硬件电路、调试电路。它是对学生的一项综合性工程训练，该类实验的开设使得学生从验证性实验转移到加强基本技能的训练，从小单元局部电路为主的实验转移到多模块、综合系统实验；从单一的实验室内实验形式转移到课上课下、实验室内外的多元化实验形式，培养了学生自主学习的能力和分析问题、解决问题的能力。

综合设计类实验的设计步骤如图6.1所示。

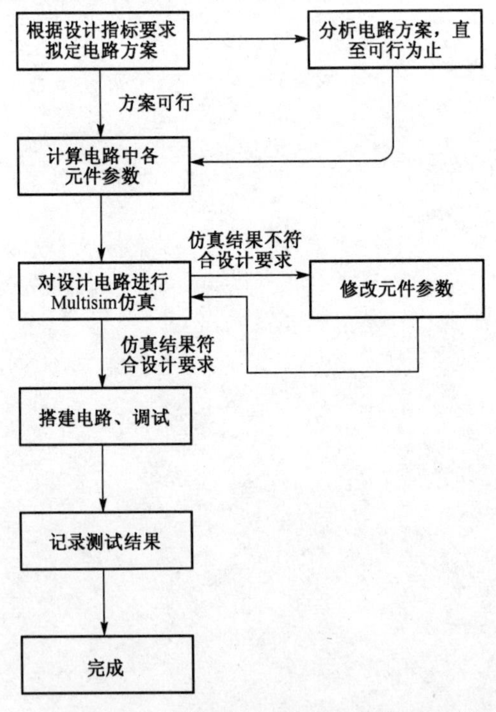

图6.1 综合设计类实验的设计流程图

在这里，我们举一个例子来具体说明此类实验的完成过程。

例 6.1　设计一放大器，已知条件：$V_{CC}=+12V$，$R_L=2k\Omega$，$V_i=10mV$，$R_S=75\Omega$。

性能指标要求：$A_V>40$，$R>2k\Omega$，$R<3k\Omega$，$f_L<100Hz$，$f_H>100kHz$，电路稳定性好。

1)拟定电路方案

采用分压式射极偏置电路，电路结构如图 6.2 所示，此电路的优点是有稳定的静态工作点，三极管选用 C9018，$\beta=80$。

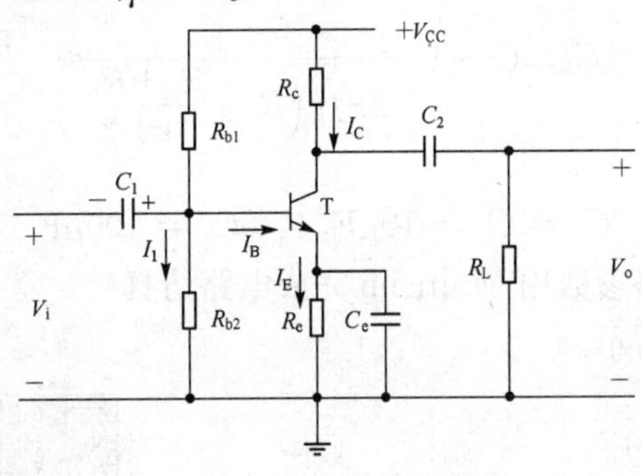

图 6.2　电路图

2)计算电路中元件参数

在实际情况下，为使 Q 点稳定，I_1 越大于 I_{BQ} 越好，V_{BQ} 越大于 V_{BE} 越好，兼顾其他指标。对于硅管，一般取 $I_1=(5\sim10)I_{BQ}$，$V_{BQ}=(3\sim5)V$。

(1)要求

$$R_i>2k\Omega,\quad R_i\approx r_{be}\approx200\Omega+\beta\frac{26mV}{I_{CQ}}$$

所以

$$I_{CQ}<\frac{26\beta}{2000-200}mA=1.16mA$$

一般取 $I_{CQ}=(0.5-2)mA$，$V_{BQ}=(3-5)V$，在这里取 $I_{CQ}=1mA$，$V_{BQ}=3V$，得到

$$R_E\approx\frac{V_{BQ}-V_{BE}}{I_{CQ}}=2.3k\Omega$$

取标称值 $R_e=2.2k\Omega$。

(2)一般取 $I_1=(5\sim10)I_{BQ}$，而 $I_{BQ}=\frac{I_{CQ}}{\beta}$，所以

$$R_{b2}=\frac{V_{BQ}}{I_1}=30k\Omega,\qquad R_{b1}\approx\frac{V_{CC}-V_{BQ}}{V_{BQ}}R_{b2}=90k\Omega$$

取 $R_{b2}=30k\Omega$，R_{b1} 为 $30k\Omega$ 的固定电阻和 $100k\Omega$ 的可调电阻串联。

(3)要求 $A_V>40$，$A_V=-\beta\frac{R'_L}{R_{b2}}$，得

$$R'_L\approx\frac{A_VR_{b2}}{\beta}\approx1.1k\Omega=R_C\parallel R_L$$

所以

$$R_C = \frac{R'_L \cdot R_L}{R'_L - R_L} = 2.4\text{k}\Omega$$

取 $R_C = 2.4\text{k}\Omega$。

(4)
$$C_1 \geqslant (3\sim10)\frac{1}{2\pi f_L(R_S + R_{b2})}$$

$$C_2 \geqslant (3\sim10)\frac{1}{2\pi f_L(R_C + R_L)}$$

$$C_3 \geqslant (3\sim10)\frac{1}{2\pi f_L\left(R_e \parallel \dfrac{R_s + R_{be}}{1+\beta}\right)}$$

一般取 $C_1 = C_2$,计算得

$$C_1 = C_2 = 10\mu\text{F}, \quad C_e = 100\mu\text{F}$$

3)根据计算的电路参数用Multisim完成电路仿真

电路图如图6.3所示。

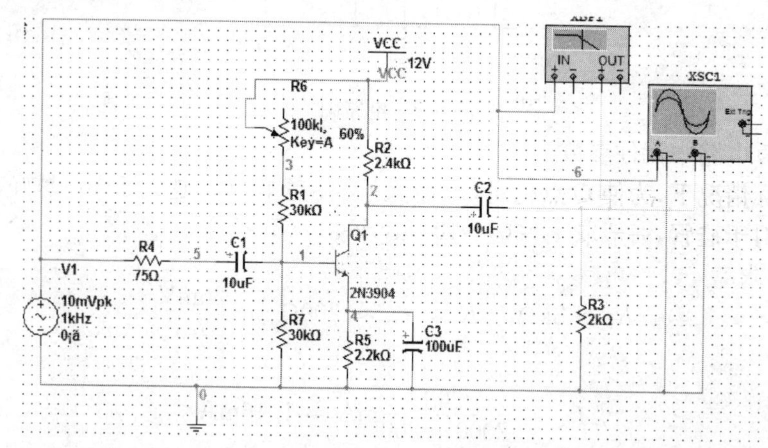

图6.3 设计电路图

(1)测试静态工作点 V_{BQ}、V_{CQ} 分别如图6.4所示,显然,满足放大条件,工作点合适。

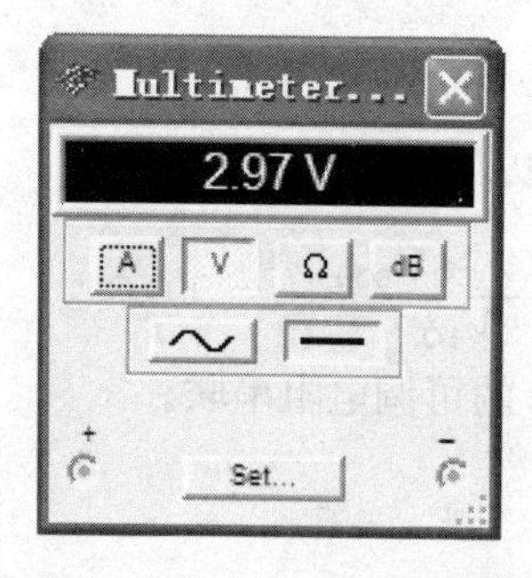

图6.4 V_{BQ} 和 V_{CQ} 测试结果图

(2)测试放大倍数 A_V,A 通路为输入信号,B 通路为输出信号,由图 6.5 中可以看出输入信号为 5mV/div,峰峰值约 10mV,输出信号为 200mV/div,峰峰值约 400mV,放大倍数 $A_V \approx 40$,满足性能指标要求。

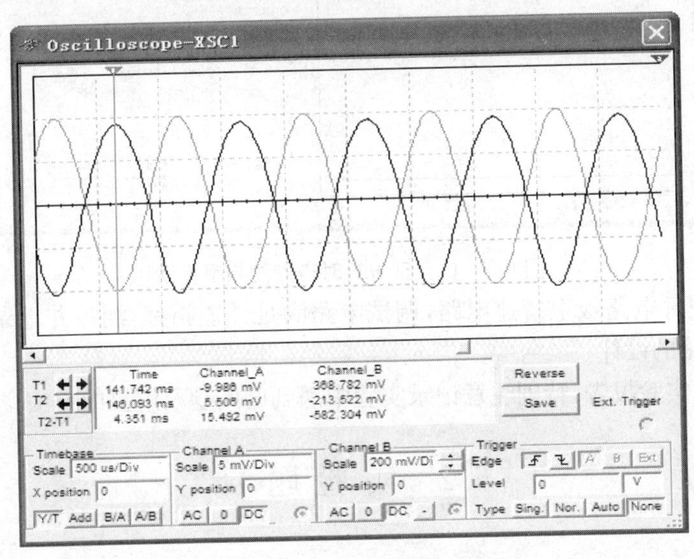

图 6.5 放大倍数仿真结果

(3)测试频率特性。图 6.6 所示为上述电路的频率特性测试结果,可以看出此时电路的低频特性不能满足性能指标要求 $f_L > 20\text{Hz}$。

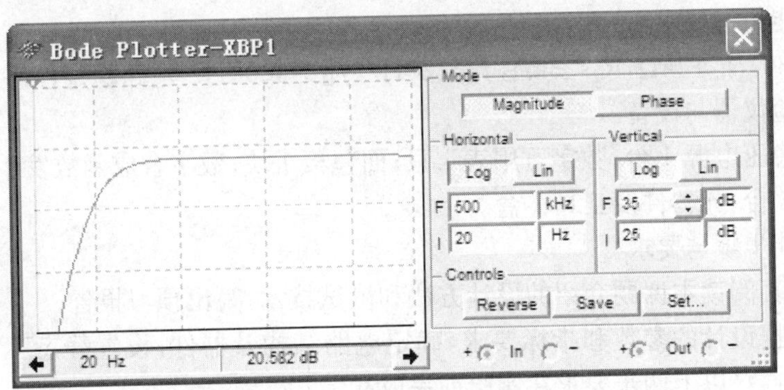

图 6.6 频率特性测试结果

由于在该电路结构形式下,影响 f_L 的因素主要是三极管的结电容及三极管发射极并入的电容 C_e,所以调节电容 C_e 的大小。可以看到,当调节 $C_e = 500\mu F$ 时,得到的频率特性如图 6.7 所示,可以看出此时 20Hz 处增益满足通带增益要求,符合指标要求。

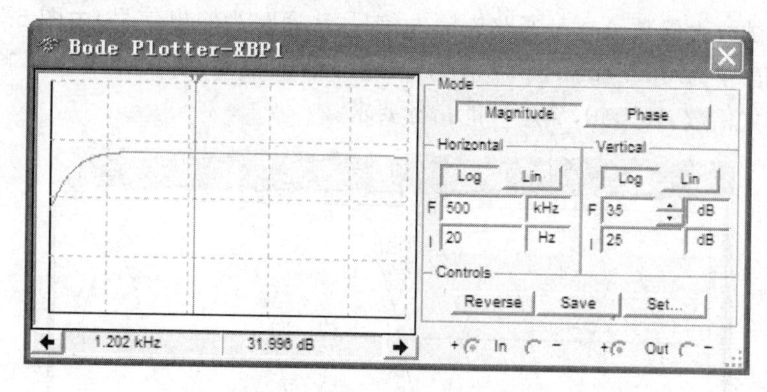

图 6.7 C_e=500μF 时得到的频率特性

(4)在硬件电路板上搭建电路,调试电路满足性能指标,测量并记录结果,即可完成放大电路的设计

(5)完成实验报告,特别注意记录实验中遇到的问题及解决的方法

6.2 实验题目

实验课题1 单级阻容耦合晶体管放大器设计

1)已知条件

$V_{CC}=+12V$,$R_L=2k\Omega$,$V_i=10mV$,$R_C=50\Omega$。

2)性能指标要求

$A_V>30$,$R_i>2k\Omega$,$R_o<3k\Omega$,$f_L<20Hz$,$f_H>500kHz$,电路稳定性好。

3)实验仪器与设备

直流稳压电源1台;数字万用表1只;面包板1块;数字合成函数发生器1台;双踪示波器1台;元器件及工具1盒。

4)设计步骤与要求

(1)认真阅读本课题介绍的设计方法和测试技术,写出预习报告。

(2)根据设计的参数和指标要求,确定电路结构及器件,设置静态工作点,计算电路元件参数(以上两步要求在实验前完成)。

(3)利用 Multisim 设计工具对设计的电路进行仿真,同时应用 Multisim 提供的各种虚拟仪器对电路参数进行测试,并不断调整电路参数,使电路满足各项设计指标要求。

(4)若在 Multisim 下测试电路符合设计指标要求,则在面包板上搭建相应的硬件电路,并对电路的各项指标进行测试,若电路与设计要求有偏差,可以对电路参数进行微调。

(5)所有实验完成后，写出设计报告，设计报告要求包括以下几个方面：① 设计要求；②对设计要求进行分析；③设计时涉及的原理及模型(理论)；④实际设计中的一些问题；⑤最终设计出的电路及仿真结果(波形、频率特性、功耗等)；⑥实际测试结果及分析；⑦心得体会及对本设计的想法，或者对本课程的一些想法或意见。

实验课题 2　放大器设计

1)已知条件

信源内阻 $R_S=200k\Omega$，输入信号幅度为 $0\sim1V_{p\text{-}p}$，负载阻抗 $R_L=300\Omega$。

2)性能指标要求

在通带范围内 $A_V=3$，$f_L<20Hz$，$f_H>20kHz$，电路总功耗低于 50mW。

3)扩展指标要求(满足以下一项均可)

负载阻值 $R_L=75\Omega$；单管电路结构；电路总功耗在 30mW 以下；其他有突出特点或创新结构。

4)实验仪器与设备

直流稳压电源 1 台；数字万用表 1 只；面包板 1 块；F40 型数字合成函数发生器 1 台；双踪示波器(DS5062 或 TDS1002)1 台；元器件及工具 1 盒。

5)设计步骤与要求

(1)认真阅读本课题介绍的设计方法和测试技术，写出预习报告。

(2)根据设计的参数和指标要求，确定电路结构及器件，设置静态工作点，计算电路元件参数(以上两步要求在实验前完成)。

(3)利用 Multisim 设计工具对设计的电路进行仿真，利用 Multisim 提供的各种虚拟仪器对电路进行测试，调整电路参数，使电路满足各项设计指标要求。

(4)若在 Multisim 下测试电路符合设计指标要求，则按照仿真电路在面包板上搭建相应电路，对电路的各项指标进行测试，若电路与设计要求有偏差，可以对电路参数进行微调。

(5)所有实验完成后，写出设计报告。

实验课题 3　稳压电路设计

1)已知条件

输入信号幅度为 9.5～20V，频率为 50Hz，内阻 2Ω 脉动直流，负载电流0～0.5A。

2)性能指标要求

输出电压幅度为 $5V_{DC}$，且在负载电流的额定变化范围内，$\Delta V_o\leqslant100mV$。

3)扩展指标要求(满足以下一项均可)

电路采用开关电源结构；$\Delta V_o\leqslant40mV$；负载电流 0～1A；其他有突出特点或创新结构。

4)实验仪器与设备

直流稳压电源1台;数字万用表1只;面包板1块;F40型数字合成函数发生器1台;双踪示波器(DS5062或TDS1002)1台;元器件及工具1盒。

5)设计步骤与要求

(1)认真阅读本课题介绍的设计方法和测试技术,写出预习报告。

(2)根据设计的参数和指标要求,确定电路及器件,计算电路元件参数(以上两步要求在实验前完成)。

(3)利用Multisim设计工具对设计的电路进行仿真,利用Multisim提供的各种虚拟仪器对电路进行测试,调整电路参数,使电路满足各项设计指标要求。

(4)若在Multisim下测试电路符合设计指标要求,则按照仿真电路在面包板上搭建相应电路,对电路的各项指标进行测试,若电路与设计要求有偏差,可以对电路参数进行微调。

(5)所有实验完成后,写出设计报告。

实验课题4 滤波电路设计

1)已知条件

输入信号为主信号与干扰信号的混合信号,其中主信号为1000Hz,$1V_{p\text{-}p}$正弦波,干扰1为1400Hz,$0.7V_{p\text{-}p}$正弦波;干扰2为260Hz,$0.9V_{p\text{-}p}$正弦波;干扰3为5000Hz,$3V_{p\text{-}p}$正弦波。

2)性能指标要求

整理出只含主信号频率的脉冲信号,对相位抖动、脉宽是否恒定不作要求。

3)实验仪器与设备

直流稳压电源1台;数字万用表1只;面包板1块;F40型数字合成函数发生器2台;双踪示波器(DS5062或TDS1002)1台;元器件及工具1盒。

4)设计步骤与要求

(1)认真阅读本课题介绍的设计方法和测试技术,写出预习报告。

(2)根据设计的参数和指标要求,确定电路及器件,计算电路元件参数(以上两步要求在实验前完成)。

(3)利用Multisim设计工具对设计的电路进行仿真,利用Multisim提供的各种虚拟仪器对电路进行测试,调整电路参数,使电路满足各项设计指标要求。

(4)若在Multisim下测试电路符合设计指标要求,则按照仿真电路在面包板上搭建相应电路,对电路的各项指标进行测试,若电路与设计要求有偏差,可以对电路参数进行微调。

(5)所有实验完成后,写出设计报告。

实验课题 5　波形产生电路设计

1)已知条件

设计一个函数信号发生电路,要求能产生方波、三角波和正弦波。

2)性能指标要求

频率范围为 1～10Hz,10～100Hz;输出电压为方波 $U_{p-p} \leqslant 24V$,三角波 $U_{p-p} = 8V$,正弦波 $U_{p-p} > 1V$;波形特性为方波上升时间 $t_r < 100\mu s$,三角波失真度 $\gamma < 2\%$,正弦波失真度 $\gamma < 5\%$。

3)实验仪器与设备

直流稳压电源 1 台;数字万用表 1 只;面包板 1 块;双踪示波器(DS5062 或 TDS1002)1 台;元器件及工具 1 盒。

4)设计步骤与要求

(1)认真阅读本课题介绍的设计方法和测试技术,写出预习报告。

(2)根据设计的参数和指标要求,确定电路及器件,计算电路元件参数(以上两步要求在实验前完成)。

(3)利用 Multisim 设计工具对设计的电路进行仿真,利用 Multisim 提供的各种虚拟仪器对电路进行测试,调整电路参数,使电路满足各项设计指标要求。

(4)若在 Multisim 下测试电路符合设计指标要求,则按照仿真电路在面包板上搭建相应电路,对电路的各项指标进行测试,若电路与设计要求有偏差,可以对电路参数进行微调。

(5)所有实验完成后,写出设计报告。

参考文献

操长茂，胡小波. 2009. 电工电子技术基础实验. 武汉：华中科技大学出版社
陈小平，李长杰. 2008. 电路实验与仿真设计. 南京：东南大学出版社
付扬. 2007. 电路与电子技术实验教程. 北京：机械工业出版社
顾江，鲁宏. 2008. 电子电路基础实验与实践. 南京：东南大学出版社
康华光，陈大钦. 2003. 电子技术基础. 4版. 北京：高等教育出版社
梅开乡，梅军进. 2010. 电子电路实验. 北京：北京理工大学出版社
沈小丰. 2007. 电子线路实验. 北京：清华大学出版社
王冠华. 2008. Multisim10电路设计及应用. 北京：国防工业出版社
王连英. 2009. 基于Multisim10的电子仿真实验与设计. 北京：北京邮电大学出版社
王振宇，李香萍，沈艳. 2004. 实验电子技术. 北京：电子工业出版社
吴大正. 2009. 电路基础. 西安：西安电子科技大学出版社
余佩琼，孙惠英. 2009. 电路实验教程. 北京：人民邮电出版社
于卫，李志军，谢勇. 2008. 模拟电子技术实验及综合实训教程. 武汉：华中科技大学出版社
曾浩，罗小华. 2008. 电子电路实验. 北京：人民邮电出版社
张咏梅，陈凌霄. 2002. 电子测量与电子电路实验. 北京：北京邮电大学出版社
周开邻，王彩君，杨睿. 2009. 模拟电路实验. 北京：国防工业出版社